JAVA 语言程序设计

陈军峰 主编

国家开放大学出版社 · 北京

图书在版编目（CIP）数据

JAVA 语言程序设计 / 陈军峰主编 . —北京：国家开放大学出版社，2019. 6（2023. 5 重印）

ISBN 978 - 7 - 304 - 09832 - 2

Ⅰ. ①J… Ⅱ. ①陈… Ⅲ. ①JAVA 语言—程序设计 Ⅳ. ①TP312. 8

中国版本图书馆 CIP 数据核字（2019）第 108573 号

JAVA 语言程序设计

JAVA YUYAN CHENGXU SHEJI

陈军峰　主编

出版·发行：国家开放大学出版社

电话：营销中心 010 - 68180820　　总编室 010 - 68182524

网址：http://www.crtvup.com.cn

地址：北京市海淀区西四环中路 45 号　　**邮编：**100039

经销：新华书店北京发行所

策划编辑：白　娜　　**版式设计：**李　响

责任编辑：白　娜　　**责任校对：**刘　鹤

责任印制：武　鹏　马　严

印刷：三河市鹏远艺兴印务有限公司

版本：2019 年 6 月第 1 版　　2023 年 5 月第 5 次印刷

开本：787mm × 1092mm　1/16　　**印张：**17. 25　　**字数：**384 千字

书号：ISBN 978 - 7 - 304 - 09832 - 2

定价：36. 00 元

（如有缺页或倒装，本社负责退换）

意见及建议：OUCP_KFJY@ ouchn. edu. cn

PREFACE

前 言

《Java 语言程序设计》一书是国家开放大学计算机相关专业“Java 语言程序设计”课程配套的文字教材。为突出“案例教学”与学生自主学习的特点，在兼顾程序设计语言基本理论的基础上，本教材内容以实际的应用案例为主线，注重理论与实践相结合，强调工程应用，实现基于程序设计语言的面向应用、面向实战的课程学习目标。

“Java 语言程序设计”是一门计算机相关专业的基础课程，是所有相关专业学生学习程序设计的入门课程。本教材围绕如何基于程序设计语言从实用的角度来解决具体的实际问题，通过具体的技术应用案例，由浅入深，阐述了计算机程序设计语言的相关概念、学习方法、基本思路、基本用法、应用场景和注意事项等。本教材力求突出“实用性”和“可操作性”特点，在帮助学生掌握实用技术及其基本原理的同时，能够进行实操实训，每个步骤均可以自行执行和学习研究。本教材以案例的形式阐述关键技术，循序渐进，图文并茂，注重启发性，力求浅显易懂，培养学生的课程学习兴趣，以满足学生自主学习的需要。

本教材共分为 8 章。第 1 章 Java 语言概述，介绍 Java 语言的前生今世，并对 Java 语言的基本结构、运行环境的安装、开发环境的安装和使用进行详细介绍；第 2 章主要介绍 Java 语言中的常用数据类型，在了解这些数据类型的基础上掌握其主要的用法；第 3 章主要介绍程序设计语言中的顺序、条件和循环三种结构，并结合具体的案例和代码示例对这三种结构进行深入的分析和讲解；面向对象程序设计是目前程序设计领域的主流方法，第 4 章和第 5 章详细介绍面向对象技术，并在其中介绍类、对象、面向对象的基本特征和如何基于面向对象技术在实际场景中针对具体的问题进行分析和设计，这部分内容是本教材最为核心和关键的部分，也是篇幅最大的章节；第 6 章围绕 Java 语言中的异常处理机制展开，介绍在 Java 语言中异常的概念、基本用法、应用场景以及如何自定义异常；第 7 章介绍 Java 语言中的多线程技术，其中涵盖了基本概念和实现多线程的不同方法；第 8 章是本教材的一个综合案例，在其中介绍了一个实际项目所需要用到的各类技术栈，并结合实际项目的需求选取合适的技术框架解决项目的具体问题。本教材的每章均设计有导言、学习目标、本章小结、参考资料和自测题，为学生自主学习提供全面的信息与方法指导。

本教材由国家开放大学史红星副教授组织设计，由北京三快在线科技有限公司的陈军峰负责大纲设计并撰写。清华大学黄维通教授、北方工业大学吴富锁教授认真审阅了全部书稿，提出了大量宝贵的修改意见。本教材在撰写过程中，得到上述各位的不懈支持，在此一并致谢。

由于作者水平有限，加之时间仓促，错误和不足之处在所难免，敬请广大师生批评指正。

编　者

2019 年 3 月

CONTENTS

目 录

第1章　Java语言概述

导　言

Java语言是目前在信息技术领域中使用较广泛的面向对象编程语言之一，Java语言功能强大，其语法也非常简单，易学易用，允许开发者基于面向对象技术和优雅的编程方式解决现实中各类复杂的业务问题和技术问题。

Java语言经过了近20年的发展，已经从单一功能编程语言发展成为庞大的语言生态系统，在企业应用、Web应用和移动端应用等多个领域，构建起完整的技术解决方案。在实际的企业级项目中，Java语言已经成为开发语言的主流，在各行各业的互联网和信息化潮流中发挥着越来越大的中流砥柱作用。Java语言版本演进迭代的速度很快，语言功能越来越强大和易用，新的语言特性也随着时代的演进不断融入其中。最近几年，Java商标的拥有者——甲骨文公司升级了Java语言演进发布的策略，根据甲骨文公司的最新信息，未来将每6个月发布一个Java语言的开发版本，届时Java语言将会更快地吸收业界的各种反馈，融入越来越多的特性。

本章将首先介绍Java语言的功能特点、发展和演变历程，详细讲解JDK以及Java运行环境；然后介绍Java语言的技术生态系统，帮助读者了解目前Java语言在各个领域的应用前景和解决方案。本章还将介绍Java语言的集成开发环境Eclipse的安装和基本使用方法与技巧，为后续编写Java语言的开发代码提供工具支持。

学习目标

学习完本章之后，你将可以：

【掌握】

（1）Java语言开发包和Java语言运行环境。

（2）Eclipse的安装和基本使用方法与技巧。

【理解】

（1）Java语言的特点以及功能。

（2）Java语言的基本运行原理。

【了解】

（1）Java语言的发展历程以及版本更迭。

（2）Java语言在各个领域的生态系统。

1.1 Java 的历史与现状

Java 语言第一次登台亮相是在 1995 年 5 月 23 日，Sun 公司在 Sun World 会议上正式发布 Java 和 Hot Java 浏览器，其最初是用于解决在网页中执行小程序的技术，IBM、Apple（苹果）、DEC、Adobe、HP（惠普）、Oracle 和微软等各大公司都纷纷停止了自己的相关开发项目，竞相购买 Java 的使用许可证，并为自己的产品开发了相应的 Java 平台。

此后，Sun 公司每 2～3 年推出一个版本，不停地推出新的 Java 版本，提供功能更为强大、不断支持融入更多特性的 JDK（Java Development Kit，Java 开发工具包）；在 Oracle 公司收购 Sun 公司之后，Oracle 公司拥有了 Java 所有的相关知识产权，并计划以 6 个月为一个版本升级周期；所有这些升级和推广都将 Java 语言从一个开发网页小程序的技术，演变成一门拥有强大功能、完备类库和活跃社区的通用开发语言。

Java 语言包 JDK 主要的版本历史如表 1－1 所示。

表 1－1　Java 语言包 JDK 主要的版本历史

Java 版本	时　间	升级内容
Java 首次推出	1995 年 5 月 23 日	开发网页小程序
JDK 1.0	1996 年 1 月	正式版，JIT① 编译器
JDK 1.1	1997 年 2 月	新功能，更多类库
JDK 1.2	1998 年 12 月	J2SE/J2EE/J2ME 拆分
JDK 1.3	2000 年 5 月	新特性，类库扩展
JDK 1.4	2002 年 2 月	计算能力提升，新特性
JDK 5.0	2004 年 9 月	重大更新：泛型/注解等； 采用新的版本命名体系
JDK 6.0	2006 年 12 月	提升性能和稳定性，JavaDB 在 JDK 中支持
JDK 7.0	2011 年 7 月	引入动态语言支持
JDK 8.0	2014 年 3 月	新增 Lambda 和 JavaFX
JDK 9.0	2017 年 9 月	新增 G1 算法和模块化
JDK 10.0	2018 年 3 月	局部变量和更优的垃圾回收算法
JDK 11.0	2018 年 9 月	优化 JVM② 和新的 HTTPClient
JDK 12.0	2019 年 3 月	低暂停时间的 GC，新增微基准测试套件

① JIT（Just-In-Time）是一种提高程序运行效率的方法。JIT 编译器，中文译为“即时编译器”。

② JVM（Java Virtual Machine，Java 虚拟机）是一种用于计算设备的规范。它是一个虚构出来的计算机。

除了 JDK 本身的发展之外，谷歌公司于 2007 年正式对外开放了 Android 移动操作系统（以下简称 Android），允许移动设备和软件开发商在其上开发智能手机产品，用以对抗苹果公司的 iOS 移动操作系统。在 Android 上，Java 语言以其庞大的开发者社区成为官方推荐的开发语言。到 2017 年年末，Android 已经超越了其他移动操作系统，成为市场上手机出货量最大的移动操作系统，Java 语言扩展到了移动开发平台上。

回首 Java 语言的发展历程，可以发现在当下的 Java 语言已经广泛应用于 Web 应用程序开发、企业应用开发、分布式系统和移动开发等诸多领域和行业，拥有了数量惊人的各类开发者和使用者，成为计算机程序设计和信息领域标志性的程序设计语言。

1.2　Java 语言的特性

Java 语言作为一门拥有庞大应用群体的通用编程工具，具有诸多特点。

1. Java 语言是易学的

Java 语言的语法非常简单易学，没有太多晦涩难懂的概念和理论，代码中大部分内容都是对象、类和方法，便于大多数技术人员学习和使用。

2. Java 语言是强制面向对象的

Java 语言提供类、接口和继承等元素，为了简单起见，只支持类之间的单继承，但其支持接口之间的多继承，并支持类与接口之间的实现机制。

3. Java 语言是分布式的

Java 语言支持互联网应用的开发，从诞生那天开始，就以服务大规模的互联网应用为主要目标，通过提供大量的类库实现分布式应用。换句话说，Java 语言天生就是为互联网应用设计和开发的。

4. Java 语言是健壮的

Java 语言的强类型机制、异常处理、垃圾的自动收集等是其健壮性的重要基石。在 Java 程序代码中，基于异常机制强制开发者处理程序中出现的各类错误和问题，极大地降低了问题发生的概率，提升了程序的健壮性。

5. Java 语言是安全的

Java 语言通常被用在网络环境中，为此 Java 语言提供了一整套的安全机制以防止恶意代码的攻击，其中包括隔离的类加载（ClassLoader）机制、JVM 环境、分配不同的名字空间以防替代本地的同名类和字节码检查等技术。

6. Java 语言是体系结构中立的、跨平台的程序语言

Java 程序代码在 Java 平台上被编译为体系结构中立的字节码格式（后缀为 class 的文件）后，可以在安装了任何 JVM 的机器或环境中直接运行，屏蔽了操作系统的差异性，使低成本、快速开发、跨平台应用成为可能。

7. Java 程序运行效率高效

在最新的 JVM 中，Java 程序的运行效率是非常高的，接近原生程序的执行效率，如果在本地编译，则与本地代码的执行效率一致。

8. Java 语言原生支持多线程和并发执行

在 Java 语言中，线程是一种特殊的对象，它必须由 Thread 类或其子（孙）类来创建。Java 从语言层面上直接支持多线程的操作和处理，可以充分发挥目前多核 CPU 的优越性能。这个特点也是 Java 语言被各个领域和行业广泛应用的重要原因之一。

9. 自动垃圾回收

Java 语言的内存管理由 JVM 统一实现，不需要开发者自行管理，从而简化了开发者的开发模型，降低了开发复杂度。

总之，任何一门编程语言的流行都有其闪光和成功之处，也有其应用的场景以及不足之处。Java 语言是一门简单易用、语法优雅、类库丰富的程序设计语言，适合初学者作为入门语言来学习。

1.3 JDK 以及 Java 运行环境

在谈到一门程序设计语言的时候，需要首先安装语言的安装包和运行环境。在 Java 语言中，有两个非常重要的关于安装包和运行环境的概念：JDK 和 JRE（Java Runtime Environment，Java 运行环境）。

JRE 是一整套 Java 运行环境的程序包，包含运行 Java 程序必需的环境的集合，以及 JVM 标准实现及 Java 核心类库；Java 程序的运行需要依赖 JRE。JDK 是专门提供开发者使用的开发包，其内置了 JRE，同时也提供了诸多的开发类库和工具包，主要解决开发者在开发程序、调试程序以及打包发布过程中的工具支持等问题。

作为开发者，需要了解 JDK 中包含的基本组件和常用命令，虽然这些命令都已经被集成到了 Eclipse 之类的集成开发环境中，但还是非常有必要去了解一下的。如图 1－1 所示为 Java 语言中常见命令列表。

JDK 中自带了非常多的命令，其中主要的常用命令有以下几个：

（1）javac——编译器，将源程序转成字节码。

（2）jar——打包工具，将相关的类文件打包成一个文件。

（3）java——运行编译后的 Java 程序（. class 后缀的），会出现并保持一个控制台命令行的窗口。

（4）javaw——与 java 命令相对，运行 Java 程序刚开始会出现命令行的控制台，当主程序运行之后，则控制台命令行的窗口会消失。

（5）jconsole——对 Java 程序进行系统调试和监控的工具。

（6）jps——查看当前主机上运行的 Java 程序。

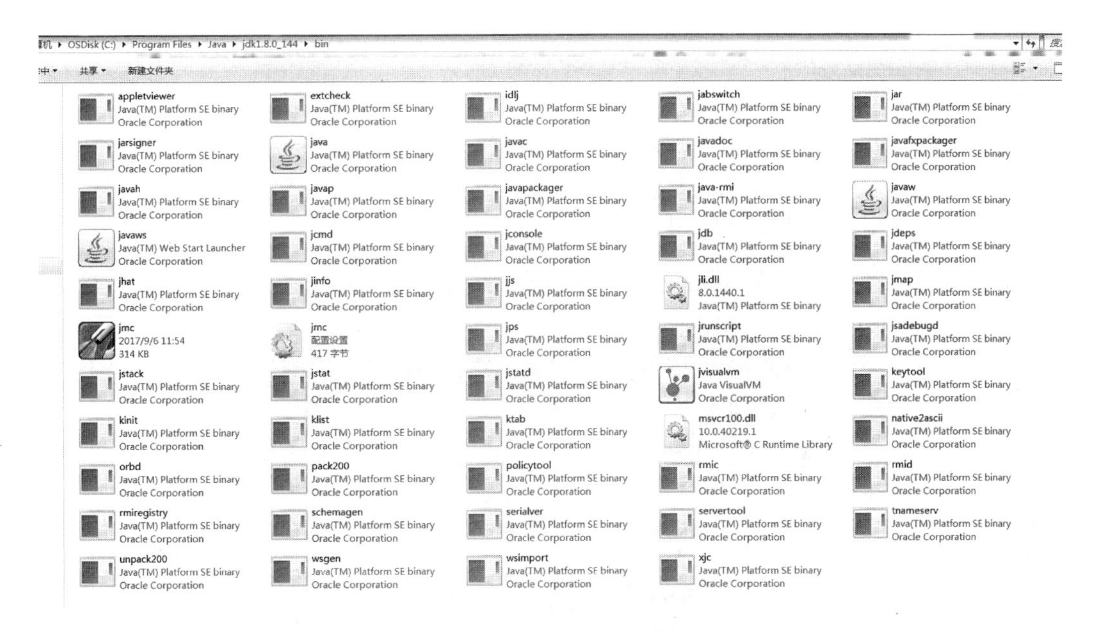

图 1－1　Java 语言中常见命令列表

（7）jinfo/jstat/jstack/…——JVM 的调试和管理工具。

限于篇幅，这里就不再一一列举 JDK 中自带的所有命令了，感兴趣的同学可以自行上网了解更多的命令使用信息。

在了解了 JDK 和 JRE 之后，接下来将从整体上了解 Java 的语言体系，学习 JDK 和 JRE 在整个语言体系中所处的不同位置和作用。

从图 1－2 中可以发现，JRE 负责屏蔽不同操作系统的差异，编译并执行 Java 程序。JDK 提供给上层应用进行开发和构建的基础类库。

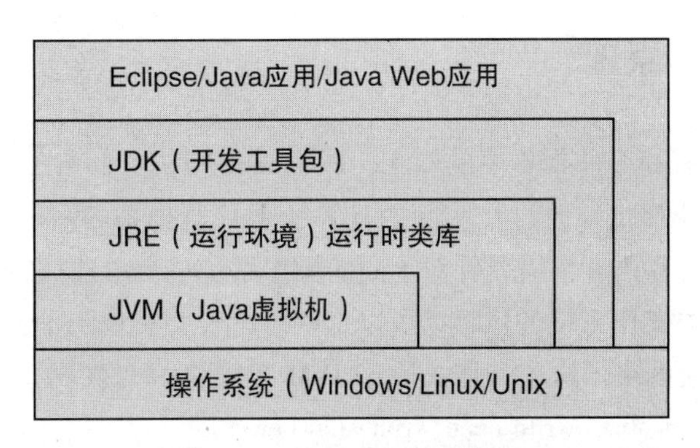

图 1－2　JDK/JRE 层次结构

在 Java 语言体系中，JDK 和 JRE 都包含什么内容呢？图 1－3 是从甲骨文公司官方网站的 Java 说明文档中提取的关于 JDK 和 JRE 类库。

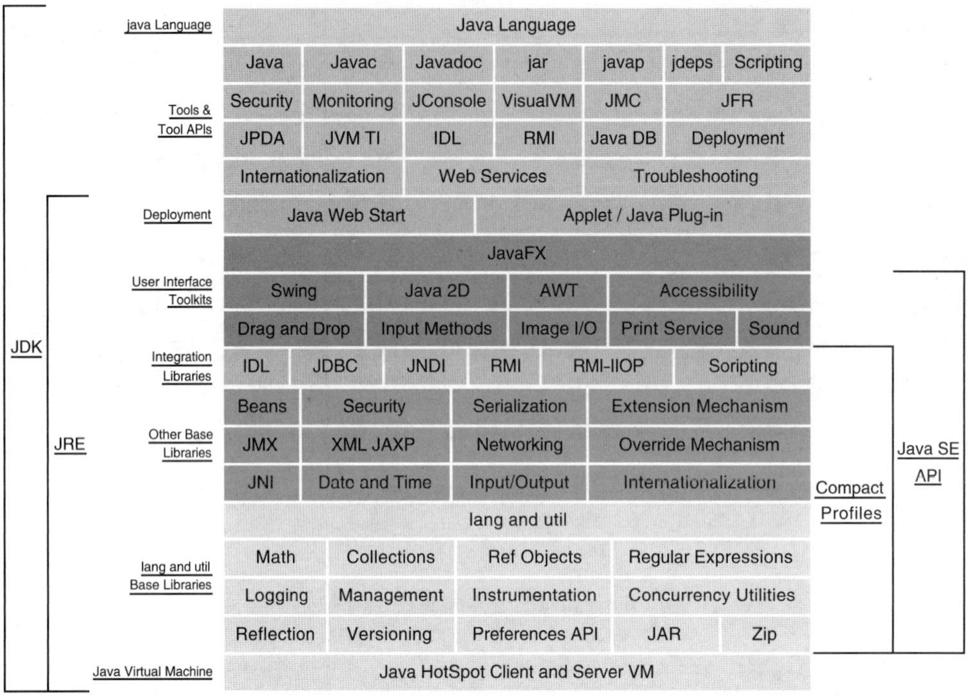

JDK
JRE
java Language
Java Language
Tools & Tool APIs
Java | Javac | Javadoc | jar | javap | jdeps | Scripting
Security | Monitoring | JConsole | VisualVM | JMC | JFR
JPDA | JVM TI | IDL | RMI | Java DB | Deployment
Internationalization | Web Services | Troubleshooting
Deployment
Java Web Start | Applet / Java Plug-in
JavaFX
User Interface Toolkits
Swing | Java 2D | AWT | Accessibility
Drag and Drop | Input Methods | Image I/O | Print Service | Sound
Integration Libraries
IDL | JDBC | JNDI | RMI | RMI-IIOP | Scripting
Other Base Libraries
Beans | Security | Serialization | Extension Mechanism
JMX | XML JAXP | Networking | Override Mechanism
JNI | Date and Time | Input/Output | Internationalization
lang and util
lang and util Base Libraries
Math | Collections | Ref Objects | Regular Expressions
Logging | Management | Instrumentation | Concurrency Utilities
Reflection | Versioning | Preferences API | JAR | Zip
Java Virtual Machine
Java HotSpot Client and Server VM
Compact Profiles
Java SE API

图 1 -3　关于 JDK 和 JRE 类库

从图 1 -3 中可以发现，Java 语言体系提供了丰富完善的类库，覆盖了实际应用中的方方面面。Java 语言经过 20 多年的发展和演进，积累了大量的实践经验，这些经验都融入 Java 语言体系不同层次的类库中。

1.4　Java 的运行原理

在 Java 世界中，有一个非常重要的概念，即 Java 虚拟机（Java Virtual Machine，JVM）。它是一个虚构出来的计算机，通过在实际的计算机上仿真模拟各种计算机功能来实现。在 Java 语言诞生之前，编程语言都需要针对不同的操作系统平台单独进行编译和发布，在程序代码中存在大量对有关操作系统的依赖，所以这些语言若要实现跨平台将会非常困难。

Java 语言一开始就解决了这个问题，基于 JVM 实现将一套代码运行在不同的操作系统中，即一次编写，到处运行（write once，run anywhere）。

Java 语言在运行的目标机器和编译程序之间加入了一层抽象的虚拟接口。编译程序只需要面向虚拟机，生成虚拟机能够理解的代码，然后由解释器将虚拟机代码转换为特定系统的机器码执行。在 Java 语言中，这种供虚拟机理解的代码叫作字节码（ByteCode，class 文件的内容），它不面向任何特定的处理器和操作系统，只面向 JVM。每一种平台（Windows、

Linux 或 UNIX 等）的解释器都是不同的，但是实现的虚拟机是相同的。Java 源程序经过编译器编译后变成字节码，字节码由虚拟机解释执行，虚拟机将每一条要执行的字节码发送给解释器，解释器将其翻译成特定机器上的机器码，然后在特定的机器上运行。如图 1－4 所示为 Java 代码的编译与执行。

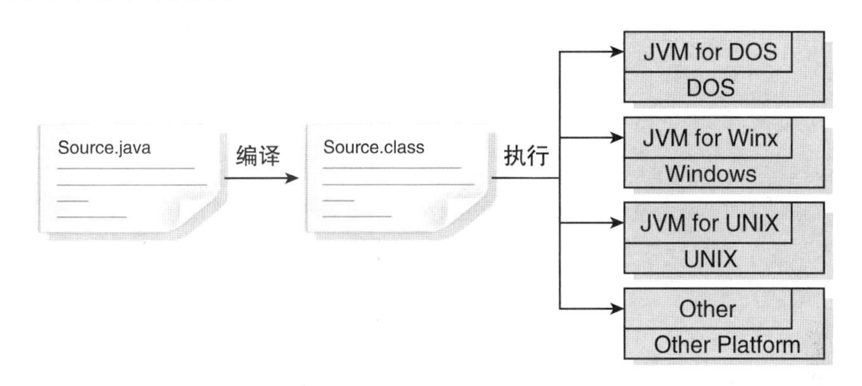

图 1－4　Java 代码的编译与执行

Java 作为一门编译型语言，其执行流程如下：

```
*.java→*.class→机器码
java 编译器(编译)→虚拟机(解释执行)→解释器(翻译)→机器码
```

将 Java 源代码编译为 class 文件，由虚拟机根据目标机器所在的操作系统的不同，再将其翻译成能够在不同机器上运行的机器码。这就是 Java 程序被编译和执行的基本流程。

1.5　Java 语言生态系统

根据 2017 年 12 月份发布的 TIOBE 编程语言排行榜①，Java 语言依然以 13.268% 的使用率占据榜首，与第二名 C 语言和第三名 C ++ 语言的使用率总和相差不多。

因为 Java 语言从开始就是一门开源且强调社区支持的语言，所以基于 Java 语言构建起了各种满足不同业务和场景需求的开源技术方案，很好地解决了行业实际需求，同时极大地降低了商业公司和业界的开发成本，推动着新技术和新方法的学习与传播。

在 Java 企业应用开发这个领域，从开始的 EJB（Enterprise Java Bean）② 技术方案，到后来的 SSH（Struts、Spring、Hibernate）③ 技术方案；之后随着互联网时代的微服务兴起，

---

① TIOBE 编程语言排行榜是编程语言流行趋势的一个指标，每月更新，这份排行榜排名基于互联网有经验的程序员、课程和第三方厂商的数量。

② EJB 代表企业 Java Beans。EJB 是 J2EE 平台的一个重要组成部分。

③ SSH 为 Struts + Spring + Hibernate 的一个集成框架，是目前较流行的一种 Web 应用程序开源框架。

以 Spring Boot[1] 为代表的微服务技术方案以及 Spring Cloud[2] 和 Dubbo[3] 的服务化技术解决方案，越来越为业界所接受并使用。以上所提到的这些都是基于 Java 开源的技术方案，并且遵循开放的标准，这些技术方案能够免费被不同行业的公司和开发者学习和使用。

Java 作为官方首推的开发语言，被用于开发 Android 上的各类应用。在 Android 上也出现了非常多的基于 Java 的著名类库和第三方工具类，这些类库都是开源且可以免费被开发者使用的，例如，React Native（基于 JavaScript 来开发 Android/iOS 移动应用技术方案）、RxJava（异步且基于事件的驱动库）、Retrofit（HTTP 请求类库）、OkHttp（HTTP 请求类库）等开源类库，这些类库为开发过程中常见的基础功能提供了解决方案，极大地提升了广大开发者的开发效率。

在大数据和计算领域，基于 Java 语言实现的离线分布式计算方案 Hadoop、流式计算框架 Spark 和 JStorm（来自阿里巴巴捐献给 Apache 的顶级项目）等项目在业界都是使用非常广泛的开源技术解决方案。

在开源项目社区 Github 上，汇聚了数以万计的各类开源项目。基于语言将项目进行分类，可以看到基于 Java 语言有 39 万多个开源项目，这些开源项目数量庞大、种类繁多，涉及开发过程中碰到的各类技术问题，由此可知 Java 开源项目社区的活跃程度。同时，开源项目社区也为 Java 的开发者提供了丰富的知识和工具宝库，在解决各类问题时，可以优先在已有的项目中寻找各类技术解决方案。如图 1－5 所示为 Github 网站的 Java 开源项目。

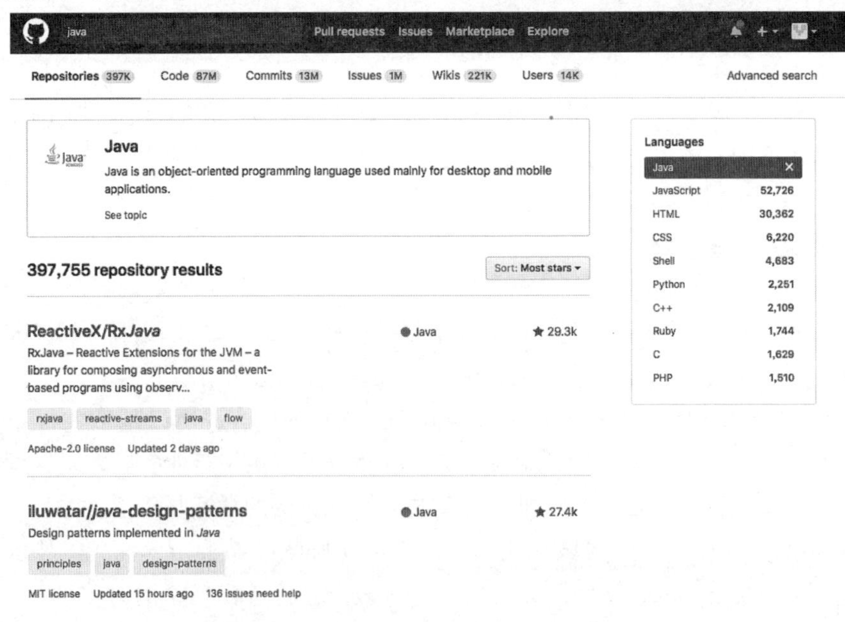

图 1－5　Github 网站的 Java 开源项目

---

① Spring Boot 是由 Pivotal 团队提供的全新框架，其设计目的是简化新 Spring 应用的初始搭建以及开发过程。

② Spring Cloud 是一系列框架的有序集合。它利用 Spring Boot 的开发便利性巧妙地简化了分布式系统基础设施的开发。

③ Dubbo 是阿里巴巴公司开源的一个高性能优秀的服务框架，使得应用可通过高性能的 RPC 实现服务的输出和输入功能，可以和 Spring 框架无缝集成。

Java 语言是一门开放、开源的编程语言，以 Java 语言为基础，衍生出了诸多完整且强大的技术解决方案和类库，这些类库和技术解决方案为开放、开源的 Java 语言注入了源源不断的发展力量。

1.6　开发环境安装

Eclipse 是著名的跨平台和自由集成开发环境（Integrated Development Environment, IDE）。由于 Eclipse 具有众多插件的支持，从而使得其拥有其他功能相对固定 IDE 软件很难具有的灵活性和功能丰富性。Eclipse 及其衍生的工具链是 Java 社区使用最为广泛的开发工具。同时，Eclipse 提供非常多的插件集合，用以构建强大的开发工具集，这些工具集和插件覆盖了在应用领域绝大多数的常用功能。

1.6.1　JDK 安装

在安装 Eclipse 之前，首先需要安装 JDK，本书使用 JDK 8 作为默认的开发环境。首先从 Oracle 公司下载 JDK。Oracle 公司是目前 Java 语言的版权拥有者，其官方网站提供了最新的 Java 运行环境的下载。

（1）登录 Oracle 公司的 Java 官方网站，下载 JDK 8，如图 1－6 所示。

下载地址：http://www.oracle.com/technetwork/java/javase/downloads/index.html。

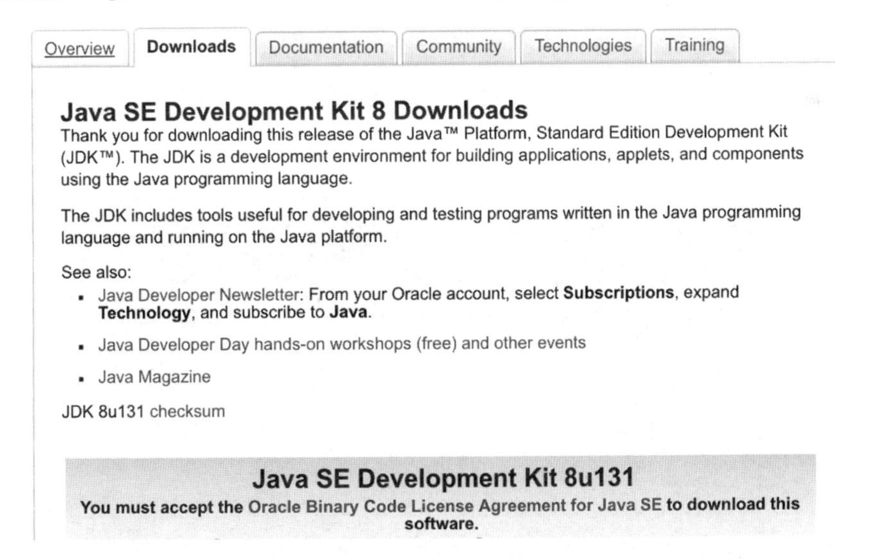

图 1－6　选择下载 JDK 8

目前笔者使用的是 JDK 8 update 131，单击 Downloads Tab 页即可进入版本选择界面。

单击 Accept License Agreement 按钮接受软件协议后，并单击 Windows x86 所在行右侧的红色向下箭头按钮，如图 1－7 所示，即可下载相应版本的 JDK 工具。

Java SE Development Kit 8u131

You must accept the Oracle Binary Code License Agreement for Java SE to download this software.

Thank you for accepting the Oracle Binary Code License Agreement for Java SE; you may now download this software.

Product / File Description	File Size	Download
Linux ARM 32 Hard Float ABI	77.87 MB	jdk-8u131-linux-arm32-vfp-hflt.tar.gz
Linux ARM 64 Hard Float ABI	74.81 MB	jdk-8u131-linux-arm64-vfp-hflt.tar.gz
Linux x86	164.66 MB	jdk-8u131-linux-i586.rpm
Linux x86	179.39 MB	jdk-8u131-linux-i586.tar.gz
Linux x64	162.11 MB	jdk-8u131-linux-x64.rpm
Linux x64	176.95 MB	jdk-8u131-linux-x64.tar.gz
Mac OS X	226.57 MB	jdk-8u131-macosx-x64.dmg
Solaris SPARC 64-bit	139.79 MB	jdk-8u131-solaris-sparcv9.tar.Z
Solaris SPARC 64-bit	99.13 MB	jdk-8u131-solaris-sparcv9.tar.gz
Solaris x64	140.51 MB	jdk-8u131-solaris-x64.tar.Z
Solaris x64	96.96 MB	jdk-8u131-solaris-x64.tar.gz
Windows x86	191.22 MB	jdk-8u131-windows-i586.exe
Windows x64	198.03 MB	jdk-8u131-windows-x64.exe

图 1－7　选择相应版本的 JDK 工具

由于笔者使用的是 64 位的 Windows 7 操作系统，所以选择下载了 Windows x64 架构的 JDK。如果读者使用的是 Windows XP 或者 32 位的 Windows 7 操作系统，则需要下载 Windows x86 架构的 JDK；在 JDK 11 之后就不再提供 x86 版本的 JDK 了。

（2）下载完成后，选中安装包进行安装。在安装过程中，选择安装路径后，单击“下一步”按钮，如图 1－8 所示。

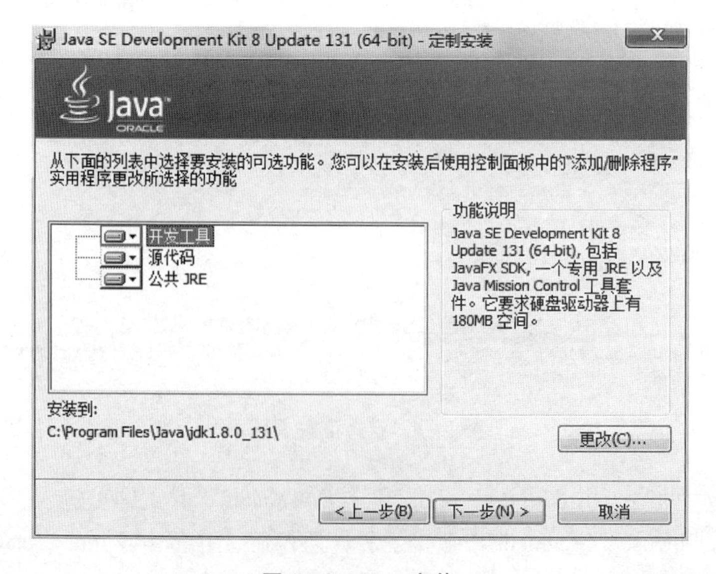

图 1－8　Java 安装

整个安装过程大约需要 20 分钟，显示安装完成界面时，单击“关闭”按钮，即可完成安装，如图 1－9 所示。

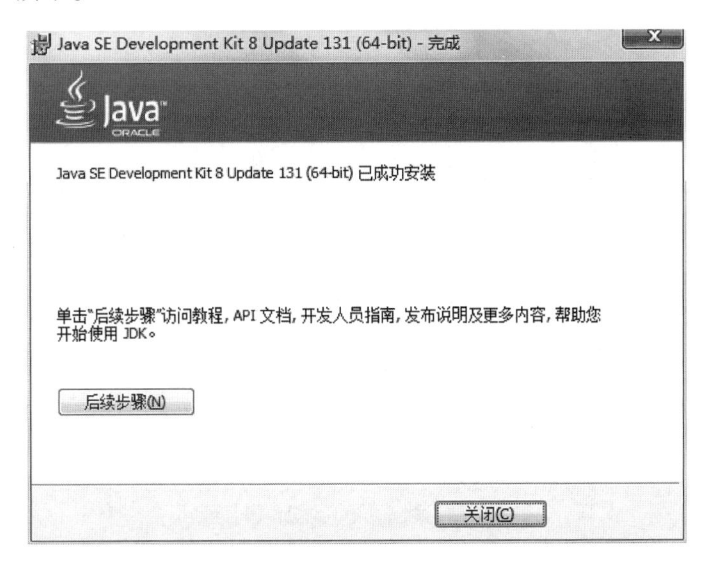

图 1－9　Java 安装完成

（3）配置环境变量 Path 和环境变量 classpath。鼠标右击“计算机”，在弹出的快捷菜单中选择“属性”，在打开的页面左侧单击“高级系统设置”，在弹出的“系统属性”对话框中单击“环境变量”按钮，就可以看到环境变量设置界面了。如图 1－10 所示。

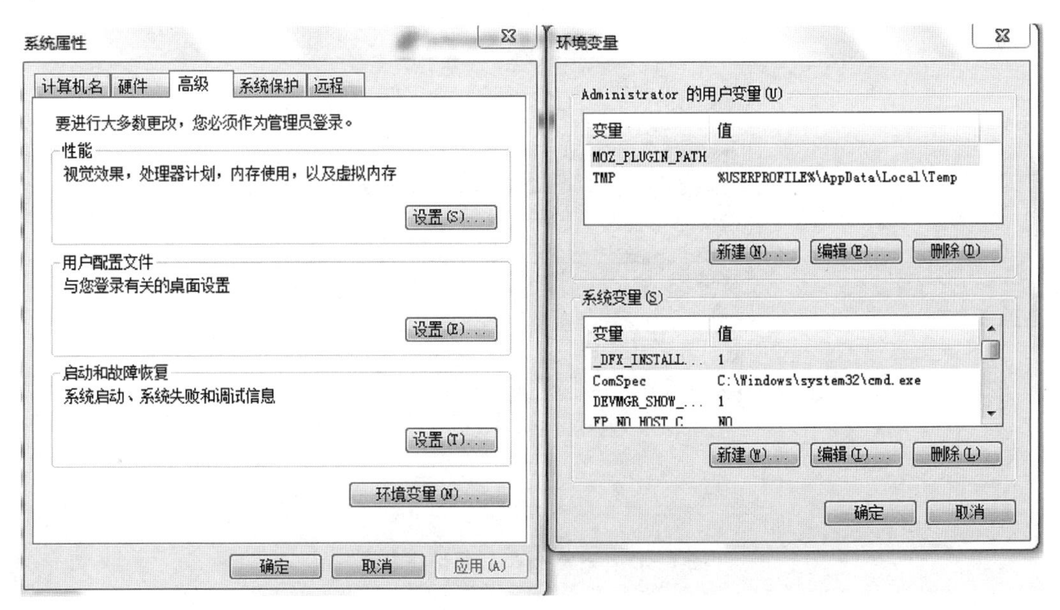

图 1－10　打开环境变量设置界面

如果当前操作系统中没有安装过 Java，则须添加系统环境变量 JAVA_HOME，单击系统变量下的“新建”按钮，输入 Java 所在的安装路径即可，如图 1 - 11 所示。

图 1 - 11　设置环境变量 JAVA_HOME

设置 Path 路径为“% JAVA_HOME% /bin;”，这是 Windows 操作系统中引用 JAVA_HOME 的方式。单击“确定”按钮，保存设置信息，如图 1 - 12 所示。

图 1 - 12　设置 Java 运行环境变量

（4）验证 Java 安装状态。在 Windows 操作系统中，可以使用快捷键 Win + R 调出“运行窗口”，启动命令行，在其中输入 Java 命令，然后按回车键，即可看到关于 Java 命令的帮助信息，由此可知环境变量已经生效，如图 1 – 13 所示。如果当前已经打开了命令行，则须将其关闭后重新打开方可生效。

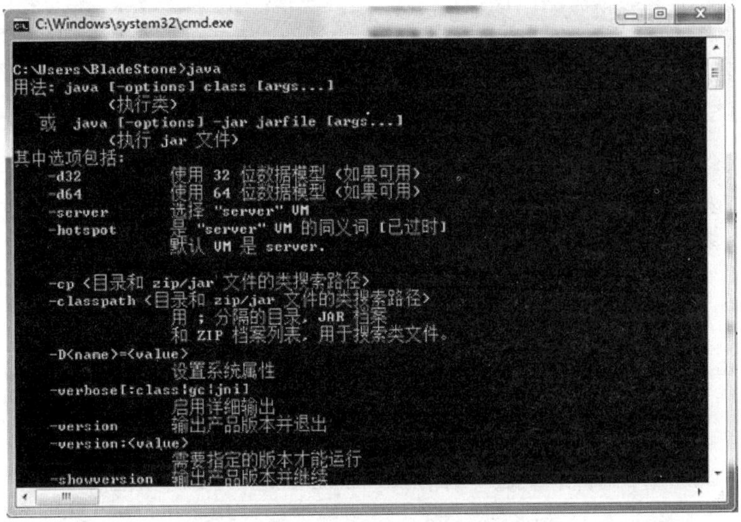

图 1 – 13　验证 Java 安装状态

1.6.2　Eclipse 安装

Eclipse 是 Java 社区最为流行的功能完善的集成开发环境，提供了开发 Java 程序必需的各种辅助工具。Eclipse 除了功能强大之外，最关键的是这个工具还是免费的和开源的，任何人都可以免费下载和使用。Eclipse 提供了强大的插件体系，开发者可以根据需要直接从 Eclipse 的插件市场上下载和安装需要的插件，非常便利。

Eclipse 最早由 IBM 公司开发，后来 IBM 公司将所有的代码和版权捐献给了 Eclipse 社区，之后就一直由 Eclipse 社区负责维护和开发，各类插件都是由社区爱好者和各类公司开发提供，并免费供开发者使用。

本节将介绍在 Windows 操作系统中下载并安装 Eclipse 的过程。Eclipse 目前支持不同版本的 Windows、Linux 和 macOS 操作系统，在各个不同的平台上都可以正常使用。由于 Eclipse 的官方网站每次升级之后都会进行改版，所以应以用户最终看到的页面为准，这里仅做参考性指导。

（1）登录 Eclipse 官方网站，在浏览器中输入以下网址：http://www.eclipse.org。然后在打开的页面上单击“Download”按钮，进入下载页面，如图 1 – 14 所示。

Eclipse 官方网站会根据当前的操作系统选择匹配的 Eclipse 版本，如图 1 – 15 所示。

图 1-14　Eclipse 官方网站

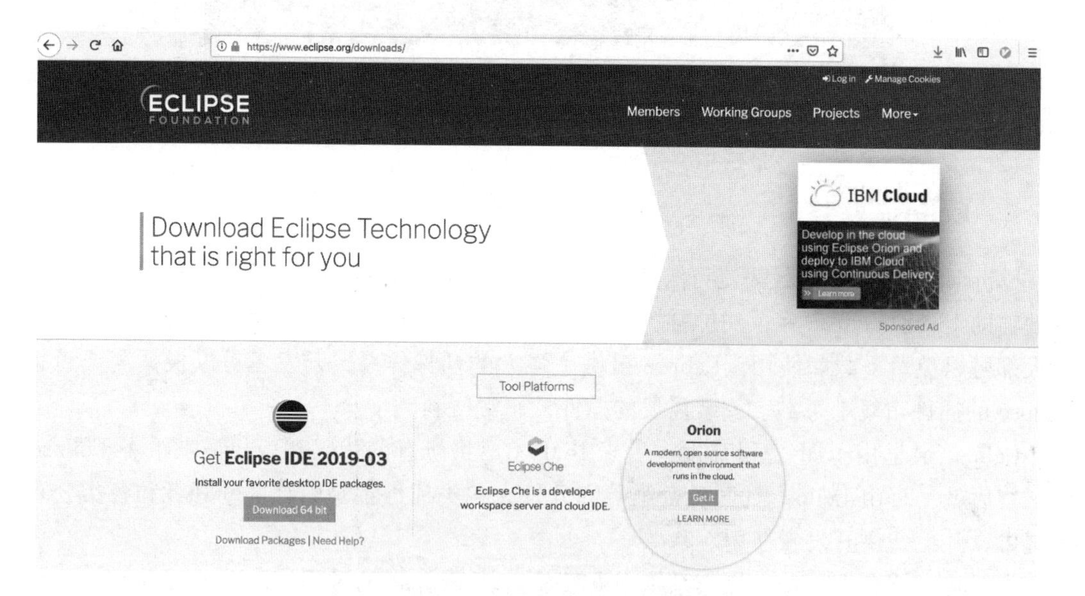

图 1-15　Eclipse 下载页面

由于笔者使用的是 64 位的 Windows 7 操作系统，所以 Eclipse 就默认适配 64 位的系统，选择 64 位的 Eclipse 版本。单击“Download 64 bit”按钮，在跳转的页面单击“Download”按钮，如图 1-16 所示，等待下载完成。

（2）下载完成之后，单击下载的可执行安装程序，进入安装界面，将提示可供选择的 Eclipse 版本，如图 1-17 所示。

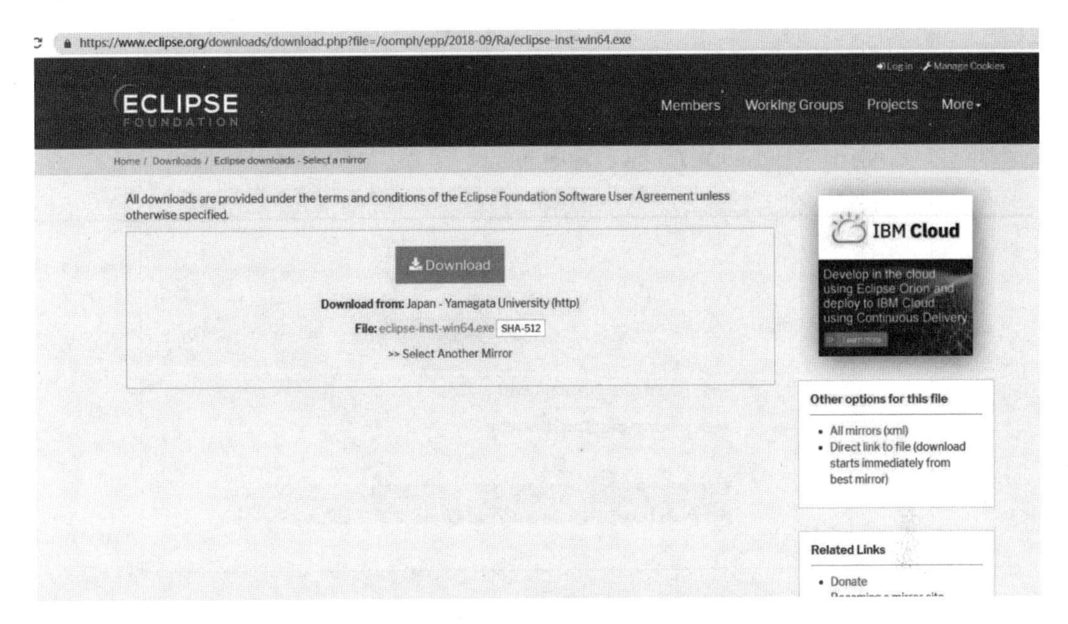

图 1－16　下载地址

图 1－17　版本选择

“Eclipse IDE for Java EE Developers”是面向企业级应用开发的工具包，其余的是面向不同语言的开发工具。这里选择“Eclipse IDE for Java Developers”，该版本基本可以满足我们的开发需求，单击选中该版本后，进入 Eclipse 安装界面，如图 1－18 所示。

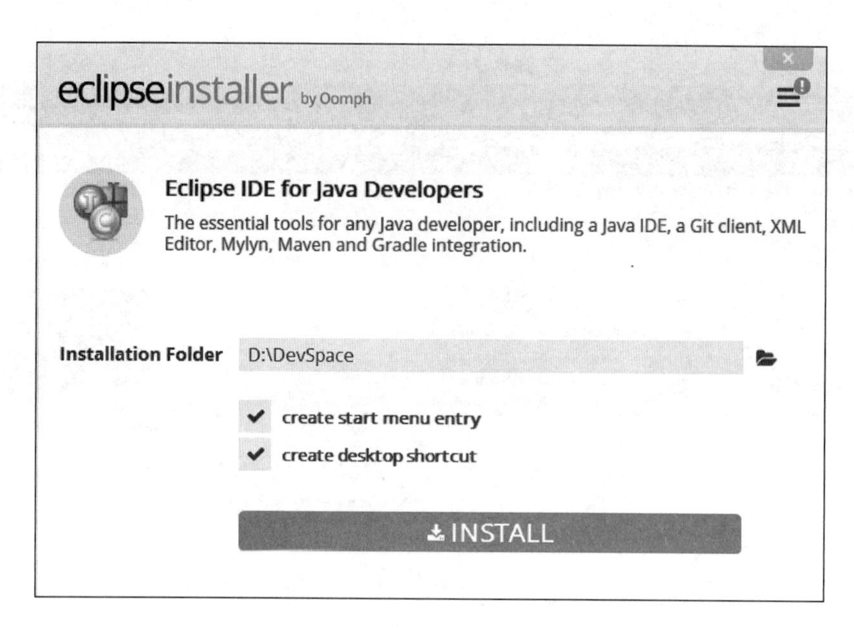

图 1－18　Eclipse 安装界面

（3）选择安装的目录。安装目录下的两个复选框分别表示：是否需要在开始菜单中创建菜单项；是否在桌面上创建快捷图标。用户可根据情况对复选框进行勾选，此处勾选这两个复选框，然后单击“INSTALL”按钮。进入用户协议，单击“Accept Now”按钮，如图 1－19 所示。

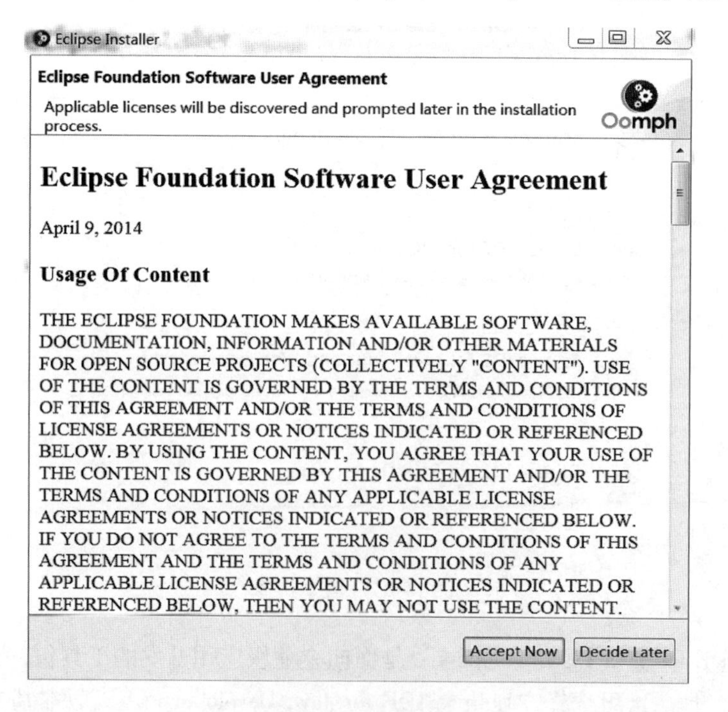

图 1－19　接受协议

单击“Accept Now”按钮后，进入安装过程，由于 Eclipse 的安装需要从远程下载文件，故安装过程可能会持续几分钟，视具体网络情况而定，如图 1-20 所示。

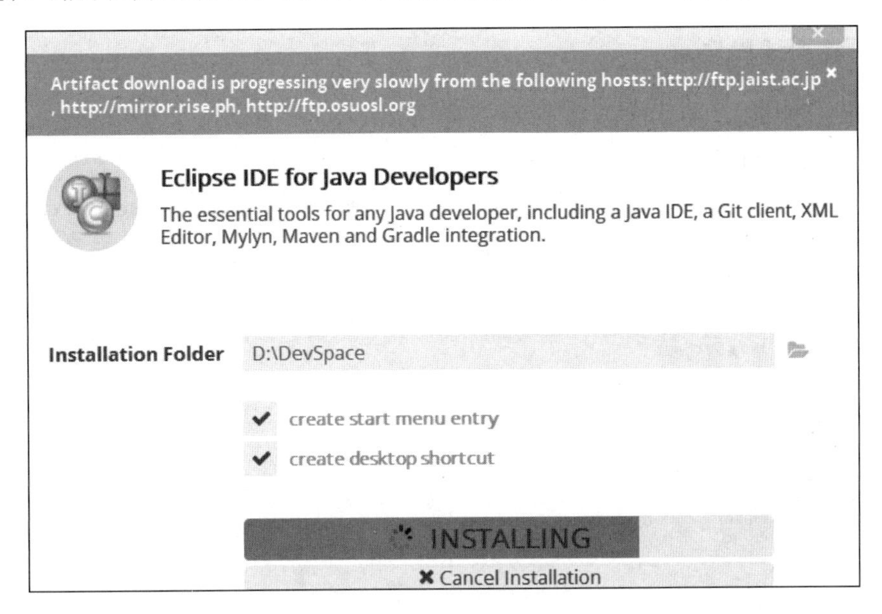

图 1-20　安装 Eclipse

安装成功之后，就可以看到如图 1-21 所示的界面了。

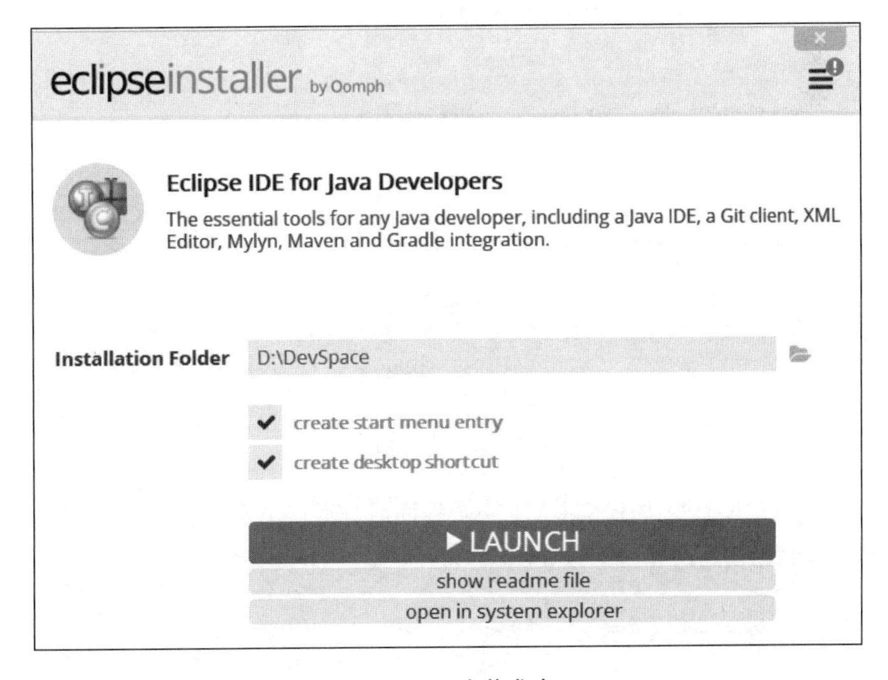

图 1-21　安装成功

当看到这个界面之后，就表示整个安装过程已经完成了。单击“LAUNCH”按钮启动Eclipse，也可以通过单击 Windows 的开始菜单或桌面上的快捷方式，直接启动 Eclipse。

1.6.3　创建测试程序

下面基于 Eclipse，将 1.7 节中的示例程序在 Eclipse 中进行编辑和执行，用以展示Eclipse 的使用方法和技巧。

（1）启动 Eclipse 之后，首先需要创建一个 Java 项目。执行 File→New→Java Project，打开新建项目界面，输入新建的项目名称“helloworld”，如图 1－22 所示。

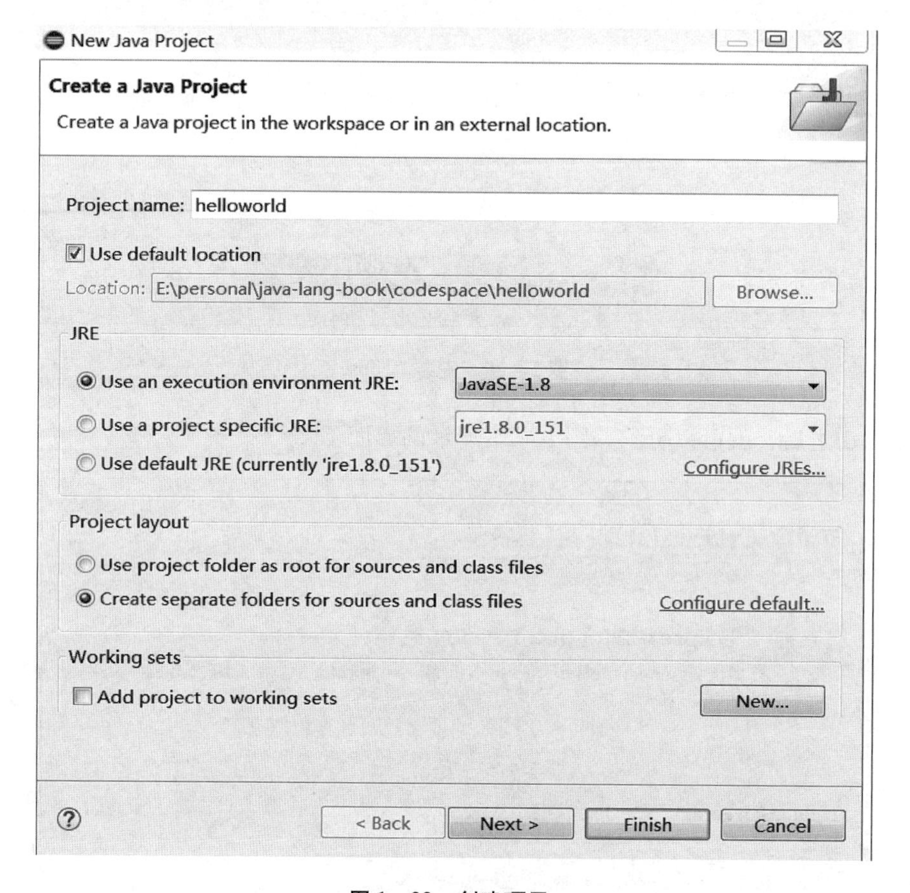

图 1－22　创建项目

（2）然后单击“Next”按钮，进入下一个界面后，直接单击“Finish”按钮，项目即创建成功，可以看到新创建的项目结构如图 1－23 所示。

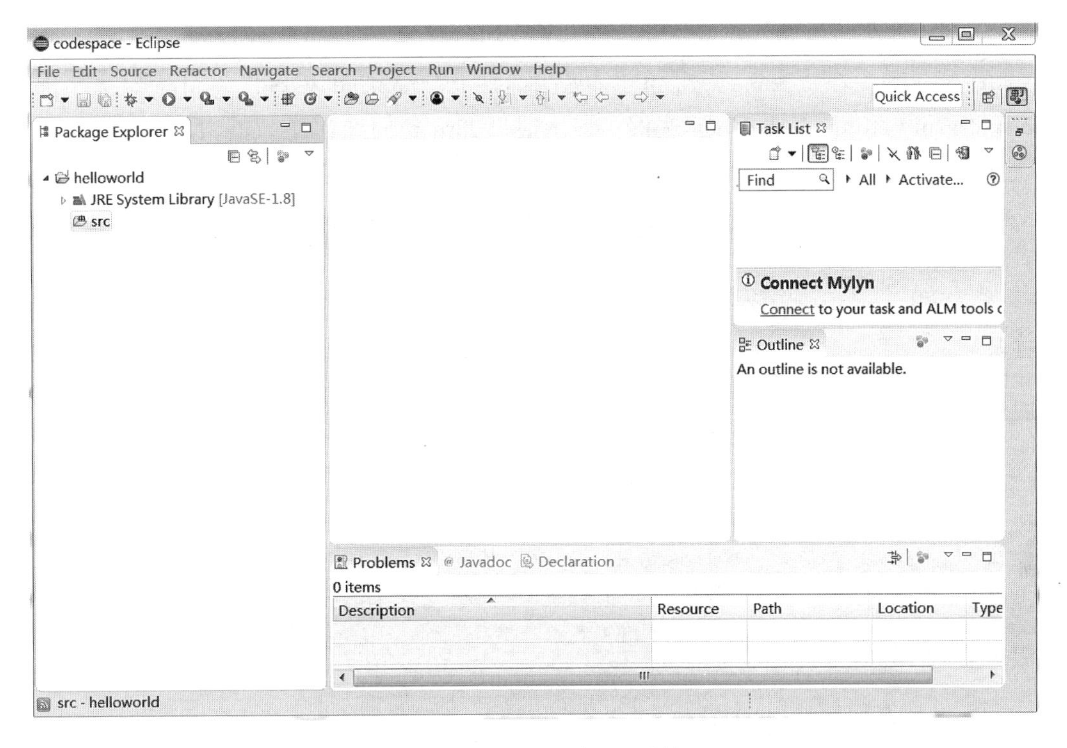

图 1－23　新创建的项目结构

（3）右击源代码目录 src，在弹出的快捷菜单中选择 New→Package，创建 Java 包，可以看到如图 1－24 所示的界面，在“Name”后的文本框中输入“org. open. java”，单击“Finish”按钮，如图 1－24 所示，完成 Java 包的创建。

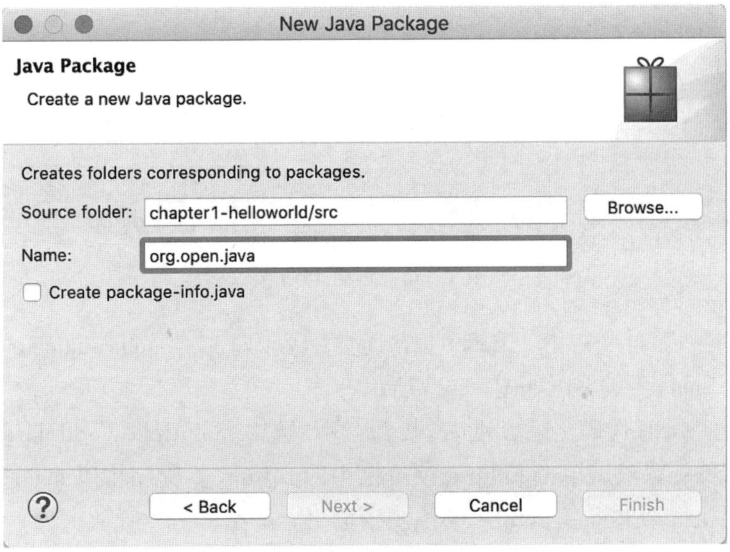

New Java Package
Java Package
Create a new Java package.
Creates folders corresponding to packages.
Source folder: chapter1-helloworld/src　Browse...
Name: org.open.java
Create package-info.java
< Back　Next >　Cancel　Finish

图 1－24　创建 Java 包

(4) 选中新生成的包 org. open. java，鼠标右击 New，在弹出的快捷菜单中选择 Class，创建新的 Java 类，在“Name”后的文本框中输入“MainHelloWorld”。同时勾选“public static void main(String[ ]args)”复选框，表示通过 Java 类向导创建 main 函数，作为整个程序执行的入口，如图 1 - 25 所示。单击“Finish”按钮，完成创建 Java 类。

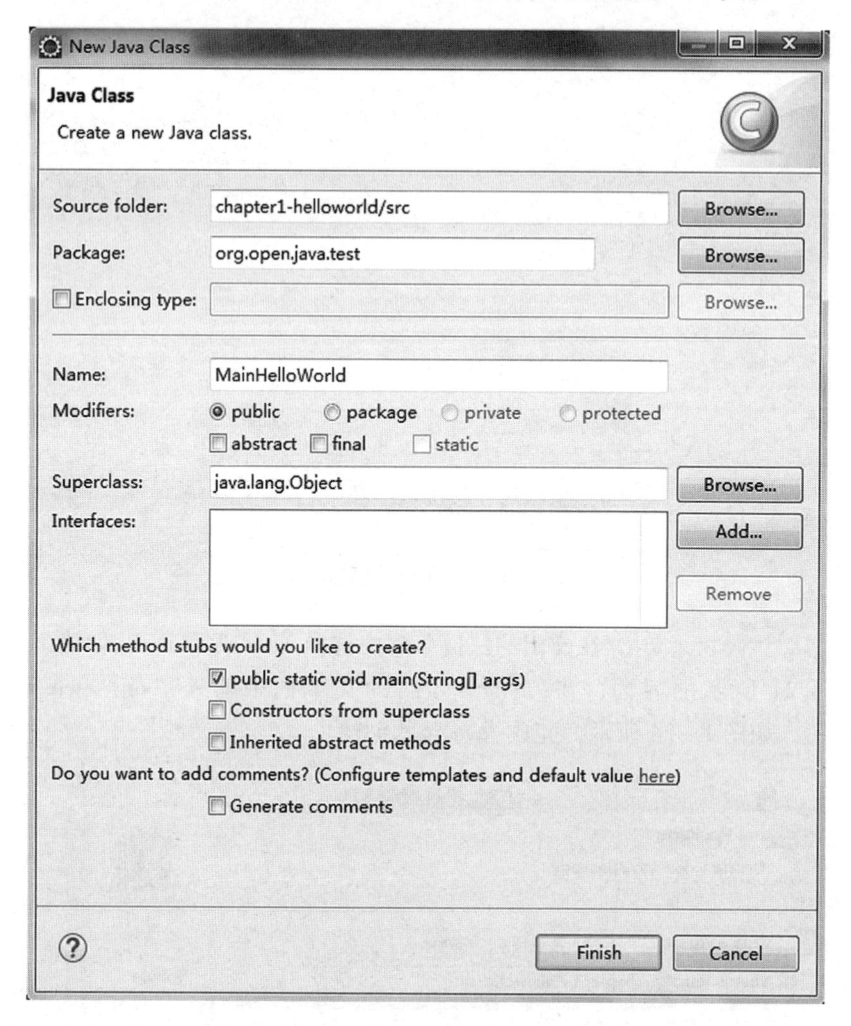

图 1 - 25　创建 Java 类

(5) 继续创建 Robot 类。由于 Robot 是普通类，无须勾选“public static void main(String[ ] args)”复选框。Robot 类编辑图如图 1 - 26 所示。

(6) 在创建完所有代码之后，准备执行程序。选中 MainHelloWorld. java 的类，让其作为当前正在编辑的类，然后单击 Eclipse 菜单栏中的“Run”，程序将以 main 方法作为入口，开始执行。程序执行结果将在 Eclipse 的控制台输出，如图 1 - 27 所示。

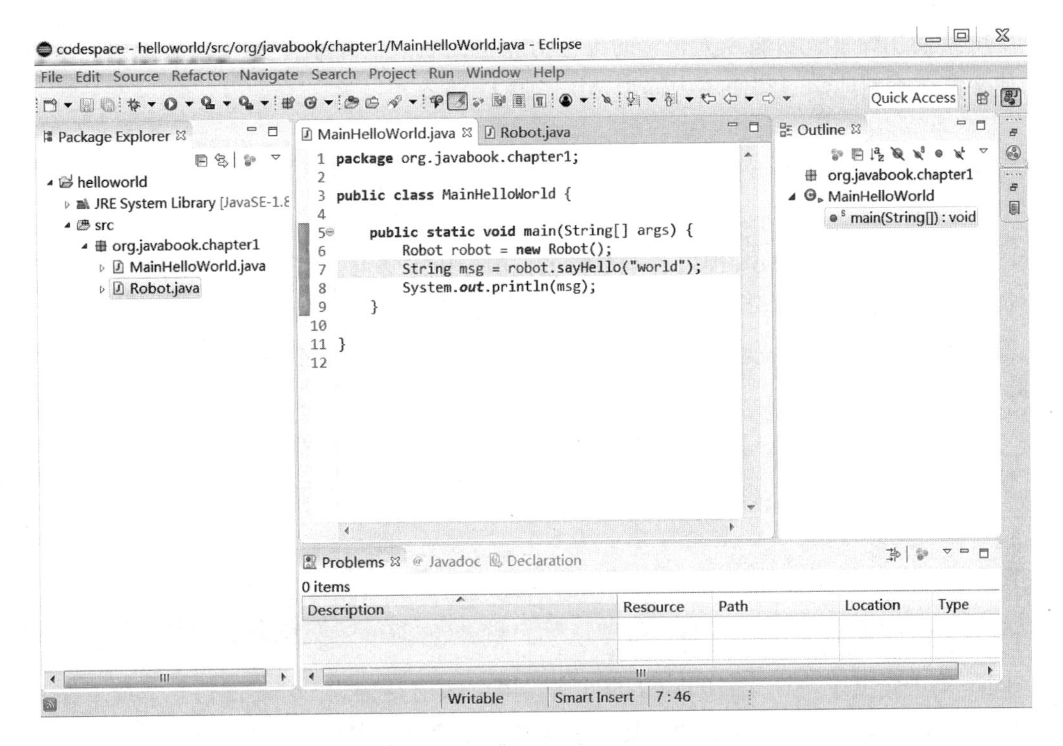

图 1－26　Robot 类编辑图

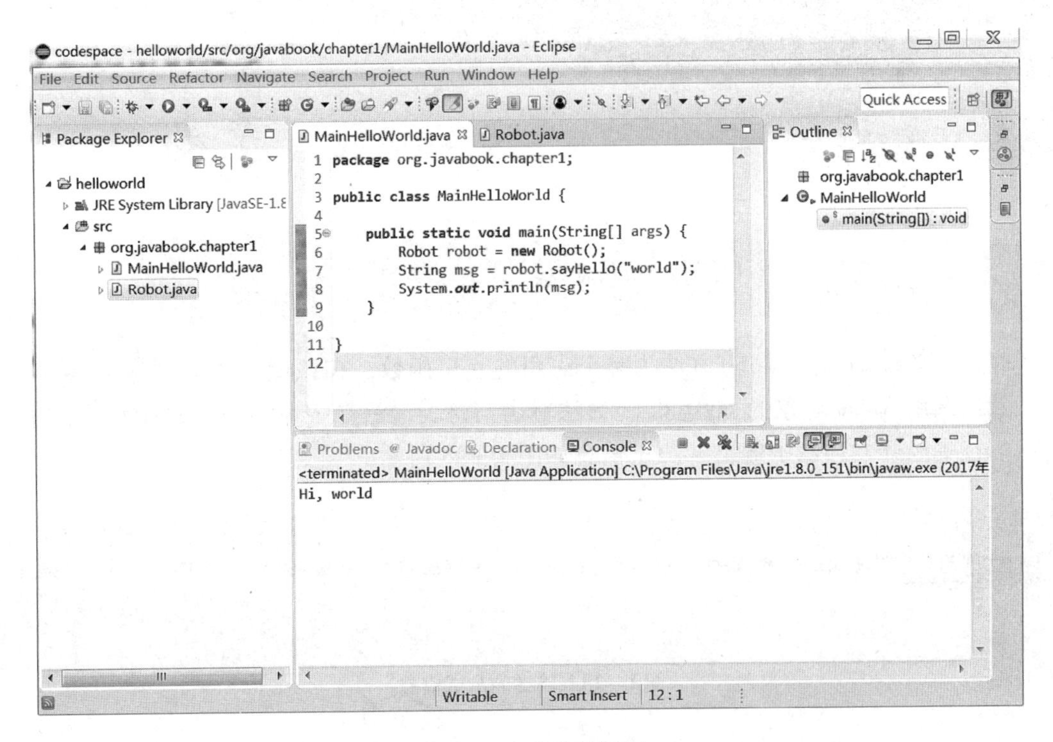

图 1－27　类的编辑图

Eclipse 使用简单、功能强大，它的各种功能将在后续的章节中逐步向大家进行深入讲解，使大家在不断地学习和使用中逐步熟练掌握 Eclipse。

1.7 样例程序分析

1.6 节中创建了一个 Java 项目，本节将进一步分析这个 Java 程序。该程序的运行结果是在控制台输出测试信息，信息的内容为“Hi,”加上输入的 name 信息。

首先来看一下 Robot. java 的类，具体的源代码可以查看本书附带源码的 chapter1-helloworld 目录下的内容。

```
public class Robot{
    public String sayHello(String name){
        return "Hi," + name;
    }
}
```

Robot 类中定义了一个 sayHello( )的方法，用以输出类型为 String 的信息。接下来查看一下代码 MainHelloWorld. java 中的定义，这个类会使用之前定义的 Robot 类。

```
public class MainHelloWorld{
    public static void main(String[] args){
        Robot robot = new Robot();
        String msg = robot.sayHello("Java Language");

        System.out.println(msg);
    }
}
```

这里定义 static 的 main( )方法为整个应用的入口函数。在该函数中，创建了 Robot 对象，然后调用 Robot 对象的 sayHello( )方法输出信息，最后在控制台输出这个程序的测试信息。在集成开发环境中输出的测试信息如图 1－28 所示。

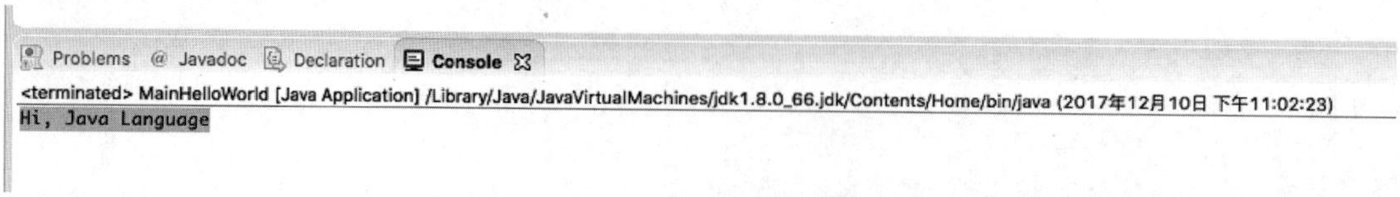

Problems @ Javadoc Declaration Console

<terminated> MainHelloWorld [Java Application] /Library/Java/JavaVirtualMachines/jdk1.8.0_66.jdk/Contents/Home/bin/java (2017年12月10日 下午11:02:23)

Hi, Java Language

图 1－28 输出的测试信息

这就是第一个被编写出来且可运行的 Java 程序，是不是非常的简单呢！

本章小结

对于一个迈入程序世界的新人来说，通过本章的学习，能够近距离了解和观察 Java 世界的缤纷多彩，了解在计算机世界中程序设计语言的神秘和本来面貌。Java 作为一门强大的通用编程语言，在 IT 世界中的各个领域发挥着非常重要的作用。在本章的内容中，需要大家了解 Java 的发展历史、Java 生态系统和应用场景的背景知识，理解 JDK、JRE 的基本概念、区别与联系，掌握 Java 的安装以及环境变量的配置，掌握 Eclipse 的安装和基本使用方法，学会基于 Eclipse 创建项目和类，能够运行一个简单的 Java 程序。

参考资料

1. Java SE 平台整体架构
http://www.oracle.com/technetwork/java/javase/tech/index.html
2. TIOBE 语言使用排行榜
https://www.tiobe.com/tiobe-index/
3. Oracle 的 Java 官方站点
http://www.oracle.com/technetwork/java/index.html

自 测 题

一、单项选择题

1. Java 语言中，常用的集成开发环境是（　　）。
   A. Visual Studio　　B. Notepad ++　　C. Photoshop　　D. Eclipse
2. Java 语言中，用来运行 Java 程序编译后的代码且屏蔽系统差异性的是（　　）。
   A. JDK　　B. JVM　　C. JRE　　D. SSH
3. Java 语言中，由 Java 官方提供给开发者使用的类库称为（　　）。
   A. JDK　　B. EJB　　C. JVM　　D. JRE
4. Java 程序在编译之后，以（　　）方式被 Java 虚拟机执行。
   A. 源代码　　B. 二进制　　C. 字节码　　D. 文本
5. Java 语言中用来编译 Java 程序的命令是（　　）。
   A. java.exe　　B. javaw.exe　　C. javap.exe　　D. javac.exe
6. 下列选项中，使用 Java 语言作为官方推荐开发语言的移动开发平台是（　　）。
   A. Symbian　　B. iOS　　C. Windows　　D. Android
7. 关于 Java 语言，下列说法错误的是（　　）。
   A. Java 可以用于开发分布式应用
   B. Java 语言是面向对象的程序设计语言

C. Java 程序在不同平台上执行无须做修改，如在 Windows 和 Linux 操作系统上

D. EJB 仍然是目前最为流行的技术框架

二、问答题

1. 简述 Java 语言主要的特性。
2. 简述 Java 语言流行和强大的原因。
3. 简述 Java、JDK、JRE 和 JVM 之间的联系与区别。
4. 简述 Java 领域中著名的开源技术框架以及它们的应用领域。

第 2 章　Java 语言基础

导　言

学习一门程序设计语言，首先需要学习它的语法格式和基本语言元素，学习基本的语法和元素是语言学习的第一步，有了对于语法的基本了解并掌握之后，才可以基于 Java 语言解决现实中的问题。对于初学者来说，恰恰这部分内容的学习是最枯燥的，因为语法部分有大量需要记忆的内容，需要理解的内容和知识也很多。

对于曾经接触过其他程序设计语言的人来说，学习一门新的程序设计语言的语法会比较容易一些，因为语法部分涉及的很多概念和格式在不同语言中都是非常类似的。

本章将介绍 Java 语言的关键字和标识符、常量和变量的定义、基本的数据类型，除此之外，还将介绍和学习基本的表达式和运算符，并基于这些运算符实现简单的运算操作。

学习目标

学习完本章之后，你将可以：

【掌握】

(1) 在程序中正确使用和声明合法的变量和常量。

(2) Java 语言中主要的数据类型以及数组。

(3) 正确使用 Java 语言的表达式和运算符。

【理解】

(1) 有效标识符和无效标识符之间的区别。

(2) Java 语言中常见的关键字和保留字。

【了解】

(1) Java 语言中丰富的表达式以及运算符列表。

(2) Java 语言中不同数据类型的区别和使用场景。

2.1　如何学习 Java 语言

对于初学者来说，从零开始学习一门程序设计语言的语法是有一定挑战性的，尤其是对于之前没有相关背景的同学而言就更为困难，所以要将其学好必然是一个持续的过程，在这一点上，大家需要一点耐心和心理预期。投入一定时间量地不断学习、理解和实践应用，方可逐步掌握和熟练使用语法，编写出优美实用的代码，从而体会到程序设计的乐趣和巧妙之处。

2.1.1 学习的方式、方法

中国的古圣先贤孔夫子有句名言“工欲善其事，必先利其器”，在学习做事情之前，一定要有合适的工具，方可做到事半功倍。对于学习一门程序语言而言，在学习的过程中需要掌握一些技巧和方法，以此指引整个学习过程，并克服和解决学习之路的各种困难。下面给大家一些学习上的建议和体会，可以参照以下方式进行学习。

1. 实践先行，多写代码，多做练习

程序设计语言的学习是一门实践性很强的课程，因此从一开始就要求同学们多实践、多动手。从书本中学习到的内容短时间内就会变得模糊，甚至很快被淡忘，因此最好的学习方式就是直接在编程代码中应用学到的关键点和知识点。在编程的过程中会碰到各种错误和问题，改正错误和解决问题的过程就是掌握知识和积累程序开发技能经验的过程。在后续课程的学习中，每个知识点都会有很多的示例和代码，便于同学们在代码中学习和体会。如果时间允许，建议大家在自己的电脑上把这些代码亲自编写一遍，然后在 Eclipse 中执行，或者在代码上进行一些修改，变成自己的代码。这种学习方式从最终结果来看对于掌握知识是非常有效的，只是需要投入一定的时间。

2. 理解原理，抓住语法关键点及其应用场景

对于知识点和语法，初学者首先需要思考和尝试解决以下几个要点：

（1）知识点的含义是什么，其中的关键点是什么？

（2）知识点的使用场景是什么，解决了什么问题？

（3）知识点的使用约束和限制条件有哪些？

（4）同类或相关知识点的对比分析。

解决了上述要点，可以帮助大家更好地理解特定的知识点和语法。

3. 不苛求强化记忆，在代码实践中深化理解

如果同学们之前没有学习过类似程序设计语言的课程，在本课程中你将接触到大量的新知识点，一开始可能会感到很难，顾此失彼，但是不要着急，学习新知识是一个过程，也无须死记硬背。如果对知识点不理解而只是机械地记忆，这种记忆本身也没有什么价值，对于知识点还是不会使用。希望同学们不断通过编写代码进行实践，滚动地理解和消化之前学过的不同内容。如果忘记了就翻一翻之前学习过的内容，重新理解一下，最终以在代码中学会使用知识点为最终目标。

2.1.2 语法的基本格式与特征

程序设计语言中的语法都有固定的格式，即对知识点进行抽象，提取其中的共性特征与格式；之后基于这些格式，给出具体的使用示例和代码实例，方便同学们完成从理论到实践的学习过程。

对于单个知识点，在课程中将按照如下的方式进行介绍：

（1）知识点的含义。

（2）知识点的语法格式和关键点。

（3）知识点的使用场景。

（4）知识点的约束条件和前置条件。

（5）同类或相关知识点的对比分析。

通过细化知识点在不同方面的内容，方便各位同学加深理解。

2.1.3 如何查阅相关资料

在学习过程中，如果碰到问题且周边没有人帮忙解决怎么办？在互联网如此发达的时代，除了求助于老师、同学之外，还可以上网查阅各类问题的答案，看看是否其他人也碰到过类似的问题。这里推荐几种方式和网站论坛，方便大家查阅和使用。

1. 百度搜索

碰到问题，提取其中的错误信息或者关键词，直接在百度中搜索查找相关问题。

2. Stack Overflow（https://stackoverflow.com/）

Stack Overflow 是国外著名的技术问答网站，该网站有非常多的技术问题以及网友的回答，可以基于错误信息或者关键词进行搜索。

3. 博客资料类

（1）CSDN 博客（https://blog.csdn.net/）（国内活跃的博客分享社区）。

（2）博客园（https://www.cnblogs.com/）（国内活跃的博客分享社区）。

（3）ImportNew（http://www.importnew.com/）（国内专业的 Java 站点）。

（4）IBM 的 Java 专区（https://www.ibm.com/developerworks/cn/java/）（资料质量非常高）。

2.2 Java 程序结构

2.2.1 程序基本结构

在学习程序设计语言的过程中，最好的学习方法就是实践，运行样例代码或者自己编写代码。为了帮助大家更好地学习和理解接下来的知识点，这里提供了一个可以直接使用的代码脚手架，大家可以在此基础上，编写自己需要的代码并直接运行，进行课程或者作业的代码练习。代码脚手架的结构如下：

```
public class 文件名{
    public static void main(String[] args){
        //测试代码位置
    }
}
```

基于上述结构编写测试代码，需要将“文件名”替换为测试文件的名称，在其中的测试代码位置处填写自己的测试代码即可，示例如下：

```
public class TestJava{
    public static void main(String[] args){
        System.out.println("Hello World!");
    }
}
```

在这个测试类中，将 TestJava. java 文件中的“文件名”替换为 TestJava 类名，在代码中添加 System. out. println 的输出语句，在 Eclipse 的控制台输出“Hello World”的信息。在之后的内容中，皆可以按照这个方式来编写自己的测试代码。

2.2.2 保留关键字

保留关键字（keyword），也称保留字（reserved word），是指在程序设计语言的代码中已经规定了用途的单词，在程序代码中具有特殊的含义。在代码中不能将这些关键字作为变量和常量来使用，这些保留关键字被用于语言编译器编译和执行程序。

Java 语言中的关键字按照如下格式来展示：

```
格式:关键字(中文解释)
```

这里把 Java 语言中的常用关键字罗列如下，方便大家直观地了解：

```
abstract(抽象)continue(中断单次循环,继续)for(循环语句)new(新建)switch
  (多分支条件)assert(断言)default(多分支的默认选项)if(条件语句)package(类包)
  synchronized(同步)do/while(循环语句)goto(跳转到)break(中断)import(引入类)
  case(分支情况)else(否则)
boolean(布尔真假类型)double(双精度)byte(字节)short(短整数)char(字符)long
  (长整数)enum(枚举)int(整数)float(单精度浮点)class(类)
private(私有)public(公共)extends(继承)interface(接口)implements(实现)
  protected(受保护)
throws(抛出,介词)throw(抛出,动词)try(尝试)catch(捕获)final(最终的)
this(对象引用)instanceof(实例判断)return(返回)transient(瞬时的)static(静态的)
  void(空的)
strictfp(精确浮点)volatile(线程安全的修饰符)const(常量)native(本地化)
  super(超级的)
```

说明：其中 goto 和 const 的用途被保留，Java 语法中未使用这两个关键字。

在实际学习中，需要牢记关键字的意义以及拼写。后续将要学习的语法知识，大部分都是由关键字和一些标识符组成，关键字的意义基本上代表了这种语法格式的用途。

2.2.3　标识符

标识符是指在程序中由用户创建和命名的名称字符串，用以实现代表特定的数据或者对象名称；例如，后续语法学习中涉及的变量名称、常量名称、数组名称、方法名称、参数名称、类名、接口名和对象名等，都可以称为标识符。

其实程序中除了一些分隔符号，如空格、大括号、分号、括号等标点符号以外，主要有以下 3 类标识符：

（1）保留关键字。

（2）Java 开发包中内置的系统功能标识符。例如，java. lang 包中的类，之前示例中 System. out. println 中 System、out 和 println。

（3）用户自定义的标识符。

通常情况下，为了提高程序的可读性和可维护性，一般标识符的命名和该标识符的作用保持一致，标识符的命名规则如下：

（1）不能是关键字。

（2）只能以字母、下划线（_）和美元符号（$）开头。

（3）需要特别注意的是，标识符不能以数字字符开头。

（4）不能包含特殊字符，如空格、括号和标点符号等。

（5）命名的标识符要容易理解和解读，晦涩难懂的标识符慎用为宜。

通常情况下，标识符一般由字母和数字组合而成，是具有一定特殊意义的字符串，从字面意义来看，人们非常容易了解这些字符串使用的意义。

2.3　基本数据类型

程序一般都是为解决现实中的若干问题而设计开发的。在程序中需要用不同的数据类型来描述事物的不同状态，如数字或字符等。这些数字和字符在程序设计语言中都通过相应的类型来描述。

2.3.1　概述

在 Java 语言中，数据类型分为基本数据类型和复杂数据类型。本节将着重学习基本数据类型的相关内容，复杂数据类型主要是各种类库定义的复杂结构以及系统内置的数据结构等，这些复杂结构中不仅包含数据，还包含了很多与数据相关的操作和行为。

Java 语言中基本数据类型总共有 8 种，按照用途划分为如下 4 个类别：

（1）整数型：byte（字节型）、short（短整型）、int（整型）、long（长整型）。

（2）小数型：float（单精度浮点型）、double（双精度浮点型）。

（3）字符型：char。

（4）布尔型：boolean。

整数型和小数型的区别在于这两类基本数据类型可以表示数字的范围以及精度不同。整数型使用的字节数越多，则可以表示的整数就越大。字节型由于只占用一个字节，故其表示的数字范围在这些整数型中是最小的。

2.3.2 整数型

整数型是 Java 语言中代表整数值的数据类型。当需要描述一个整数数量时，可以根据需要从 4 种整数型中挑选合适的类型，如果没有特殊要求，一般选择整型。4 种整数型的区别主要是数据在内存中占用的空间大小和允许的最大数值范围不同。具体说明见表 2－1。

表 2－1 整数型

类型名称	关键字	占用空间/字节	取值范围	默认值
字节型	byte	1	$-2^{7} \sim 2^{7}$	0
短整型	short	2	$-2^{15} \sim 2^{15}$	0
整型	int	4	$-2^{31} \sim 2^{31}$	0
长整型	long	8	$-2^{63} \sim 2^{63}$	0L

表格说明：

（1）Java 中整数都是有符号的，可以指定其正负，也就是说可以表示为负数。

（2）默认值指声明了特定数据类型的变量，在未显示赋值的情况下默认为 0。

（3）声明为 long（长整型）的整数则需要在数值后面添加字母 L，大小写均可。

（4）程序中默认整数是十进制数字，八进制数字以数字字符 0 开头，如 016、034 等，十六进制数字以数字字符 0 和字母 x（不区分大小写）开头，如 0xaf、0X12 等。

在实际程序设计中，应如何选择整数型呢？一般情况下，默认推荐使用 int 类型，当计算表示的数据比较大时，可以使用 long 类型的数据。金融行业中，在计算金额时，一般会使用精度更大的 BigDecimal（由 JDK 提供的复杂数据结构）。byte 类型一般很少用来表示整数，主要用来存储某些特殊的内容，如流文件的内容等。

2.3.3 小数型

小数型用来表示小数的数值类型。当需要代表一个小数的值时，可以根据需要选择不同的小数型，一般情况下选择 float 类型即可满足需求，在数据计算过程中对数据精度有要求时可选择使用 double 类型。

由于小数的存储方式和整数不同，小数数据类型是有精度的，根据精度和存储空间的不同，两种小数型的区别具体见表 2－2。

表 2－2　小数型

类型名称	关键字	占用空间/字节	取值范围	默认值
单精度浮点型	float	4	－3. 4E＋38～3. 4E＋38	0. 0f
双精度浮点型	double	8	－1. 79E＋308～1. 79E＋308	0. 0

表格说明：

（1）取值范围 3. 4E＋38 以科学计数法形式进行描述，E＋38 表示 10 的 38 次方。

（2）float 类型的小数，需要在小数后加字母 f，不区分大小写，如 1. 01f。Eclipse 中如果在声明 float 类型的变量时没有使用 f 后缀，编译器会提示错误信息。

2. 3. 4　字符型

字符型用以表示特定的某个字符。在计算机中所有的字符串都是以字符集的形式来保存的，字符型的值实际只是字符在字符集中的编号，而不是实际代表的字符；在计算机进行显示时，由计算机完成从编号转换成对应字符的工作。

在计算机语言中，为了解决不同语种之间的显示和编码问题，引入了 Unicode 字符集作为默认的字符集，将所有语种的字符集统一编码，因此该字符集包含各种语言中常见的字符，如汉字、繁体字以及日文等。在程序中使用的英文字符都在 ASCII 的字码表中。

在程序代码中，字符常量使用一对单引号加需要表达的字符来表示，如‘A’‘a’等。当然也可以直接使用字符编码，即通过字符在字符集中的位置码来标识。具体说明见表 2－3。

表 2－3　字符型

类型名称	关键字	占用空间/字节	取值范围	默认值
字符型	char	2	0～65 535	0

表格说明：

（1）字符型的编号为无符号整数，最小的位置码值为 0。

（2）字符型存储的是编号的数值，如果使用字符变量参与运算，则基于其编码值参与数学运算。

（3）字符型的默认值是编号为 0 的字符。

2. 3. 5　布尔型

布尔型代表逻辑值的真（成立）和假（不成立）两种状态。Java 语言中使用关键字

true 代表真（成立）、false 代表假（不成立）。布尔值主要用于逻辑判断、分支语句以及循环条件中的条件判断等应用场景。具体说明见表 2-4。

表 2-4　布尔型

类型名称	关键字	占用空间/字节	取值范围	默认值
布尔型	boolean	1	true/false	false

表格说明：

（1）布尔值也可以被强制转化为整数型，true 的整型值为 1，false 的整型值为 0。

（2）布尔型的值为 true/false，这两个标识符都是 Java 的预留关键字。

2.3.6　数据类型使用示例

以上介绍了 8 种基本数据类型的基本特征和使用方法，在实际的程序设计中，可以根据需要选择对应的类型。本节将通过实际示例来展示各种数据类型的声明与使用。

本节的测试代码参照 chapter2-datatype 目录下的 TestBasicDataType. java 文件中的源代码。

下面分别针对不同的数据类型进行相应的测试，int 类型的测试代码如下：

```
int intNum = 16;            //整型,十进制
int intNum08 = 020;         //八进制,
int intNum16 = 0x10;        //十六进制,16
int intNum02= 0b10000;      //二进制,16

//展示 int 类型数据的输出
System.out.println("16 在十进制的值:"+ intNum);
System.out.println("16 在八进制的值:"+ intNum08);
System.out.println("16 在十六进制的值:"+ intNum16);
System.out.println("16 在二进制的值:"+ intNum02);
System.out.println("int 占用的字节数:"+ Integer.SIZE/8);
```

在这个示例代码中，声明了 4 个 int 类型的变量，分别按照十进制、八进制、十六进制以及二进制的数字赋予 int 类型变量；八进制的数字以 0 开头，十六进制的数字以 0x 开头，二进制以 0b 开头。Integer 是 int 整型的包装类，通过 Integer. SIZE/8 的方式可打印目前 int 整型使用的字节数空间。

```
short shortNum = 123;  //short 类型的数值:123
//展示 short 类型数据的输出
System.out.println("short 数据的值:"+ shortNum);
System.out.println("Short 占用的字节数:"+ Short.SIZE/8);
```

这个示例简单展示了 short 类型的一个赋值操作，并输出其值以及所占用的字节数。

```
long longNum = 123l;   //长整型的数据 123,使用后缀 l
long longNum2 = 123;   //长整型的数据 123
//展示使用 long 的数据内容
System.out.println("long 数据的值:" + longNum);
System.out.println("long 数据的值 2:" + longNum2);
System.out.println("long 占用的字节数:" + Long.SIZE/8);
```

在 long 类型的变量赋值时，一般需要使用后缀 l；在目前的编译环境下不使用后缀也不会报编译警告和错误，但还是推荐大家在声明和定义 long 类型变量时使用后缀 l。

```
byte byteNum = 115;            //设置 byte 类型值
//byte byteOverNum = 137;      //超出数据类型范围,编译器提示错误
System.out.println("byte 数据的内容:" + byteNum);
System.out.println("byte 占用的字节数:" + Byte.SIZE/8);
```

在这个示例中，注意 byte 变量值的大小限制，超过这个范围的 byte 类型值的变量，在 Eclipse 中会通过提示错误信息的方式来告知开发者，如图 2－1 所示。

```
byte byteNum = 115;  //设置byte类型值
Type mismatch: cannot convert from int to byte 据类型范围，编译器提示错误
System.out.println("byte数据的内容:" + byteNum);
System.out.println("byte占用的字节数:" + Byte.SIZE/8);
```

图 2－1　数值范围错误

Java 语言中如遇变量超过 byte 值范围的情况，会默认将这些变量识别为 int 类型的变量。

```
float floatNum = 1.234f;   //单精度浮点数的数值
//声明为浮点数,但是未使用后缀 f,编译器报错
//float floatNum1 = 1.234;
System.out.println("float 的数值:" + floatNum);
System.out.println("float 占用的字节数:" + Float.SIZE/8);
```

在这个 float 数据类型的测试代码中，如果 float 类型值不使用 f 后缀，在 Eclipse 中 Java 的编译器将提示错误“Type mismatch：cannot convert from double to float”，小数默认情况下是使用 double 类型，若使用 float 类型，则需要通过添加后缀的方式来指定。

```
double doubleNum = 123.3332;   //双精度浮点数的数值
System.out.println("double 的数值:" + doubleNum);
System.out.println("double 占用的字节数:" + Double.SIZE/8);
```

在 double 类型的测试代码中展示了变量的赋值以及数据结果的输出，这里 double 在 Java 语言中占用 8 个字节的空间。

```
charc harVariable = 'a';  //声明字符变量
charc harVariable2 = 97;  //使用字符的位置码来设置字符
System.out.println("char 的字符值:" + charVariable);
System.out.println("char 的位置码设置展示:" + charVariable2);
System.out.println("char 占用的字节数:" + Character.SIZE/8);
```

在 char 的代码示例中，展示了基于字符以及使用字符的 ASCII 位置码来设置字符变量，Java 语言中 char 类型占用 2 个字节的空间，byte 类型占用 1 个字节，short 类型占用 2 个字节，int 占用 4 个字节，long 占用 8 个字节，float 类型占用 4 个字节。

```
boolean isValid = true;          //布尔的 true 值
boolean isWorking = false;       //布尔的 false 值
System.out.println("boolean 的 true 值:" + isValid);
System.out.println("boolean 的 false 值:" + isWorking);
```

在布尔型的测试代码中，展示了如何声明布尔型变量，为其设置 true 或者 false 值。

2.3.7 数据类型之间的转换

Java 语言的基本数据类型之间存在一定的关联，例如，整数型的类型中彼此之间的区别仅在于值范围以及内存中占用空间的不同，除了 boolean 类型不是数字型之外，其余的基本数据类型彼此之间在某些情况下都是可以互相转化的。基本数据类型之间主要的转换方式有两种，即自动类型转换和强制类型转换。

（1）自动类型转换也称为隐式类型转换，由系统自动完成类型转换，不需要在程序中编写代码实现转换规则。一般的转换规则是从存储范围小的类型到存储范围大的类型进行转换，具体规则为：

```
byte→short(char)→int→long→float→double
```

根据上述规则，byte 类型的变量可以自动转换为 short 类型，依次类推。代码示例如下：

```
byte bNum = 100;
int intNum = bNum;
long longNum = intNum;
```

上述代码中声明了 bNum 并为其赋值 100，然后把 bNum 赋值给 intNum，最后赋值给 longNum。上述的类型转换是由系统自动转换完成的。在整数之间进行类型转换时，数值不发生改变，只是变量本身占用的内存空间发生了变化。

（2）强制类型转换是在程序中编写代码，强制指定新的数据类型；但是这类数据类型转换存在一定的风险和问题，容易导致数据精度的丢失或者数据值的不准确。因此，在编写相应的代码时必须谨慎，以避免此类问题的发生。

强制类型转换的规则按照从存储范围大的类型到存储范围小的类型顺序，具体如下：

```
double→float→long→int→short(char)→byte
```

强制类型转换的语法格式如下：

```
(转换到的类型)需要转换的值
```

强制类型转换的测试示例，完整代码参看 org/open/java/DataTypeConversion. java，关键代码片段如下：

```
double doubleNum = 3100.134;
int intNum = (int)doubleNum;      //强制转化为整型
byte byteNum = (byte)intNum;      //强制转换为字节型
System.out.println("Double Number:"+doubleNum);
System.out.println("int Number:"+intNum);
System.out.println("Byte Number:"+byteNum);
```

在上述示例中，将 double 类型的变量强制转换为整型，然后将整型变量强制转换为字节型。输出的结果如下：

```
Double Number:3100.134
int Number:3100
Byte Number:28
```

从输出结果中可以发现，double 类型转换为 int 类型数据损失了精度；从 int 类型转换为 byte 类型，输出的结果已经和期望的值不一样了，其原因是在强制类型转换之后，结果发生了变化，这也是在使用强制类型转换时需要格外注意的问题。

2.4　变量和常量

现实世界中存在大量的数据信息，大到国家统计局发布的经济数据，小到每个人日常的消费与购物数据等。在程序中同样需要不同的数据来代表程序运行的状态，其中有些数据在程序的运行过程中其值会发生改变，有些数据在程序运行过程中其值是不能发生改变的，这些数据被称为变量和常量。

在实际的程序中，根据数据在程序运行中的值是否发生改变，来选择使用变量或是常量。

2.4.1 变量

变量记录程序状态的变化，描述现实世界或者程序中某些方面的信息，变量可以控制程序执行流程，保存状态数据，保存展示信息等。在计算机科学中，程序被描述为“数据 + 算法”，这里的数据就是各类变量或者数据结构，可以说，变量是实现程序功能逻辑的晴雨表。

Java 语言中变量在使用前必须进行声明，在程序中声明变量的语法格式如下：

```
数据类型 变量名称;
```

在之前学习的数据类型测试代码中，声明了各种类型的变量。这些变量的声明过程都是先输入类型关键字，然后输入空格（空格的数量不限）隔开具体的变量名，最后以分号结束语句。这里说明一下，分号是 Java 语言中语句的结束符号。

在该语法格式中，数据类型可以是 Java 语言中任意的数据类型，包括前面介绍的基本数据类型以及后续将要介绍的各类复杂的数据类型。变量名称是该变量的标识符，需要符合标识符的命名规则，在实际使用中，名称一般和变量的用途、含义相对应，这样便于程序的阅读。

在声明变量的同时，可以设定该变量的值，进行赋值操作，语法格式如下：

```
数据类型 变量名称 = 值;
```

变量赋值使用示例如下：

```
int intVar = 123;
```

在该语法格式中，前面的语法和上面介绍的内容一致，后续的“ = ”代表赋值，其中的值 123 代表具体的数据。在该语法格式中，要求值的类型和声明变量的数据类型一致，当然也可以一次声明多个相同类型的变量，语法格式如下：

```
数据类型 变量名称 1,变量名称 2,…,变量名称 n;
```

使用示例如下：

```
int intVar1,intVar2,intVar3;
```

在该语法格式中，变量名称之间使用“,”分隔，这里的变量名称可以有任意个，也可以在声明多个变量时对变量进行赋值，语法格式如下：

```
数据类型 变量名称 1=值 1,变量名称 2=值 2,…,变量名称 n=值 n;
```

使用示例如下：

```
int intVar1=1,intVar2=2,intVar3 =3;
```

在使用中，也可以在声明变量时有选择地进行赋值，例如：

```
int intVar1,intVar2=10,intVar3;
```

以上语法格式中，如果同时声明多个变量，要求这些变量的类型必须相同，如果声明的变量类型不同，则只需要在不同的语句中分开声明即可。

多个不同类型的变量声明示例如下：

```
int num=3;
boolean isValid=true;
```

在实际程序开发过程中，要根据实际问题的需要来决定声明什么类型的变量以及声明多少个变量，这里的重点是把变量的声明、赋值以及使用讲解清楚。

2.4.2 常量

常量主要用于描述程序中固定不变的值，在程序运行过程中常量由 Java 编译器确保其不能被改变。常量在程序运行过程中主要有两个作用：

(1) 代表固定不变的值或者信息，防止被修改。

(2) 增强程序的可读性。

常量的语法格式是在变量的语法格式前面添加关键字 final。在实际软件项目开发过程中，要求常量的命名必须全部大写，对于多个单词组成的常量，可以使用下划线进行分隔。

常量的语法格式如下：

```
final 数据类型 常量名称=值;
```

可以同时声明多个常量，语法格式如下：

```
final 数据类型 常量名称 1=值 1,常量名称 2=值 2,…,常量名称 n=值 n;
```

常量的使用示例如下：

```
final double PI=3.14, BASE_DISCOUNT=0.8;
final char MALE='M';
```

Java 语法中常量可以先声明，再进行赋值，但是只能赋值一次。一般情况下都是在声明的时候直接进行赋值。

```
final double PI2;
PI2=3.1415;
PI2=3.14;//在 Eclipse 中报编译错误
```

如果重复给 PI2 进行赋值，Eclipse 中会提示如下错误信息：

```
The final local variable PI2 may already have been assigned
```

这个错误提示信息表示这个常量已经被赋值过了，无法被重新赋值。

2.4.3 作用域

Java 语言中所有的代码都是放在{}之内的，这组大括号包含的代码被称为语句块或者代码块。这些代码块可以彼此嵌套，嵌套的层次也没有什么限制，但一般嵌套深度不超过 3 层。

代码块嵌套示例如下：

```
{
    int num1=123;            //外层代码块,初始化变量
    {
        int innerNum=234;  //内部嵌套代码块,声明变量
    }
}
```

在这个示例中，进行了一层代码块的嵌套，每个代码块中声明了一个整型变量。

了解完代码块的概念之后，变量和常量的作用域就是在代码块之内。每个变量都有特定的作用范围，也叫作有效范围或作用域，只能在该范围内使用该变量，否则将提示语法错误。通常情况下，在一个作用域内，不能声明名称相同的变量。

变量的作用域是指从变量声明的位置开始，一直到变量声明所在的语句块结束的大括号为止，超出作用域将无法访问这些变量。这个示例的完整代码可以参考 org/open/java/ScopeTest. java，其中关键代码如下：

```
int outerNum=123;
{   //内部代码块
    int innerNum=234;
    System.out.println("Outer Block,outerNum:"+outerNum);
    System.out.println("Outer Block,innerNum:"+innerNum);
}
```

```
System.out.println("Outer Block,outerNum:"+ outerNum);
//编译器将提示错误信息:innerNum cannot be resolved to a variable
//System.out.println("Outer Block,innerNum:"+ innerNum);
```

在外部代码块中尝试访问内部代码块中定义的变量 innerNum 时，Java 编译器将提示如下错误信息：

```
innerNum cannot be resolved to a variable
```

从这个错误信息中可以发现，内部代码块定义的变量在代码块超出范畴之后，将无法被访问到，Java 编译器将会按照这个规则来检查各个变量的作用域是否合法。

从某种意义上来说，常量只是变量的一个特例，二者遵守同样的作用域规则。

2.5　运算符和表达式

2.5.1　运算符

在程序中可以进行各种数值类、字符类和逻辑类等的计算，Java 语言中提供了很多的运算符，这些运算符在实际项目和程序编写中经常会被使用到，大家在学习完这些运算符之后，可以根据实际程序的需要，选择合适的运算符。由于运算符种类比较多，这里将分门别类地针对常用运算符进行介绍。

2.5.1.1　算术运算符

算术运算符是指进行算术运算的若干符号，主要是指常见的加减乘除四则运算。Java 语言中算术运算符如表 2 – 5 所示。

表 2 – 5　算术运算符

符　号	名　称	功能说明
+	加	加法运算
–	减	减法运算
*	乘	乘法运算
/	除	除法运算
%	取余	求两个数字相除的余数

在算术运算符中，+、–、*、/的运算规则和数学基本相同，在四则运算中，乘除优先于加减，按照从左向右的顺序进行计算。

算术运算符的代码示例如下：

```
int num1=40;
int num2=5;
int sumResult=num1+num2;
int minusResult=num2-num1;
int multiplyResult=num1*num2;
int divisionResult=num1/num2;
```

除了符合日常使用加减乘除的规则之外，在使用算术运算符进行计算时，还需要注意以下事项：

（1）同类型计算原则，参与计算的数据类型必须相同，如整数与整数运算之后所得结果还是整数。

（2）整数相除整数结果还是整数。例如，11/3 的结果是 3，而不是 3.333。

（3）不同类型的数值类型进行计算，按照精度最大的类型生成结果值类型。例如，整型与 double 类型相乘，则结果类型应为 double。

上述规则的代码示例如下：

```
int divisionResult=5/3;
double caseResult=num2*3.14;
```

第一条语句 divisionResult 的结果是 1，而非 1.6 的小数值，原因是将小数的结果强制转化为了整数。第二条语句是整数与一个小数的乘积，其结果的类型是 double，才可以保证数据结果的精度不丢失。如果将结果类型设置为整型，则编译器会提示错误：信息类型转换不匹配，需要进行强制类型转换。在这种情况下，容易造成数据的小数位丢失。

2.5.1.2 比较运算符

比较运算符实现数据之间大小或相等的比较。比较运算符运算的结果是一个 boolean 类型的值，如果比较结果成立则为 true，否则为 false。Java 语言中比较运算符如表 2-6 所示。

表 2-6 比较运算符

符 号	名 称	功能说明
>	大于	比较左侧数字是否大于右侧数字
<	小于	比较左侧数字是否小于右侧数字
>=	大于或等于	比较左侧数字是否大于或等于右侧数字
<=	小于或等于	比较左侧数字是否小于或等于右侧数字
==	等于	比较左侧数字是否等于右侧数字
!=	不等于	比较左侧数字是否不等于右侧数字

比较运算符的运算规则和现实中的规则一样。需要注意的问题主要如下：

（1）boolean 类型只能比较相等和不相等，不能比较大小。

（2）>= 的意思是大于或等于，两者成立一个即可，即 4 >= 4 成立。

（3）比较运算符需要在同种数值类型之间进行比较。

（4）在不同的数值类型之间进行比较运算时，需要遵守自动类型转换规则的约束。

比较运算符的代码示例如下：

```
int num1=30;
boolean isBool=num1>10;
boolean isLighter=num<=4;
boolean isEqual=(num1==4);        //()表示优先级更高,优先执行
boolean isNotEqual=(num1!=4);     //()表示优先级更高,优先执行
```

在实际代码中，数值、变量以及运算结果都可以直接参与比较运算，只是为了增强程序的可读性，有些时候需要将比较运算符分开使用。比较运算符是程序设计中实现数据比较的基础，用以标识逻辑判断的结果。

2.5.1.3 逻辑运算符

逻辑运算符是指在程序中进行逻辑运算的符号，逻辑运算符主要包括与（and）、或（or）和非（not）3 种，在程序中主要用来连接多个条件，从而形成更加复杂的条件。逻辑运算符运算结果是 boolean 类型，与之前的比较运算符结果一样。在逻辑运算中的数据也必须是 boolean 类型。Java 语言中逻辑运算符如表 2-7 所示。

表 2-7 逻辑运算符

符 号	名 称	功能说明
&&	与	当两个条件同时为 true 时，结果为 true，否则为 false
||	或	当两个条件有一个为 true 时，结果为 true，否则为 false
!	非	只操作一个数据，对数据取反

逻辑运算符的代码示例如下：

```
boolean leftOpt=true;
boolean rightOpt=false;
boolean andStatus = leftOpt && rightOpt;
boolean orStatus = leftOpt || rightOpt;
boolean notStatus = !rightOpt;
```

完整代码可以参考 org/open/java/operator/LogicOperatorTest.java 文件中的实现内容。上述的示例主要演示了 3 种逻辑运算符的使用方法。

在实际项目中，逻辑运算符的使用是非常广泛的，在循环语句、if-else 判断语句等情况下都是基于逻辑运算符实现复杂状态和流程控制的。

这里举一个简单的代码示例：实现一个大于 5 且小于或者等于 10 的区间判断。看看如何利用逻辑运算符来实现这个功能：

```
boolean isValid = (n>5)&&(n<=10);
```

如果需要实现一个小于或者等于 5 或大于 10 的区间判断，则可以取反运算符：

```
boolean isValid = !((n>5)&&(n<=10));
```

从上述示例中可以发现逻辑运算符的功能非常强大，不同的组合可以解决很多复杂的问题。

2.5.1.4 赋值运算符

赋值运算符是指为变量或常量指定数值的运算符号，最基本的赋值运算符是“=”。由于 Java 语言是强类型语言，所以赋值时要求类型必须匹配，如果类型不匹配，则需要能自动转换为对应的类型，否则编译器将提示语法错误。具体的代码示例如下：

```
int n=10;//类型匹配,直接赋值
double dNum=10;//类型不匹配,系统首先自动将10转换成10.0,然后赋值
char c1=-100;//类型不匹配,无法自动转换,语法错误
```

需要强调的是，赋值运算符只能为变量和常量赋值，不能为运算式赋值，示例如下：

```
a+b=100;//不能为运算式 a+b 赋值,语法错误
```

常量只能赋值一次，否则也将出现语法错误，示例如下：

```
final int num=10;
num=20;//常量只能赋值一次,语法错误
```

在基本的赋值运算符基础上，可以组合算术运算符，从而组成复合赋值运算符。由赋值运算符和算术运算符组成的复合赋值运算符如表 2-8 所示。

表 2-8 复合赋值运算符

符 号	名 称	功能说明
+=	加等	把变量加上右侧的值然后赋值给自身
-=	减等	把变量减去右侧的值然后赋值给自身
*=	乘等	把变量乘以右侧的值然后赋值给自身
/=	除等	把变量除以右侧的值然后赋值给自身
%=	取余等	把变量和右侧的值取余后再赋值给自身

复合赋值运算符本质上是算术运算符与赋值运算符的混合，先进行四则运算，然后进行赋值运算，是两个操作的混合体。

具体的赋值运算符使用示例如下：

```
int num = 8;
num += 2;  //赋值运算符
```

上述示例，可以分计算与赋值两个步骤来进行；先计算 num + 2 的加法操作，得出结果为 10，然后赋值给 num，此时 num 的值为 10。

其余的赋值运算符都可以参照这个示例来理解和使用，使用的方法是类似的。

2.5.1.5　其他运算符

除了上述的运算符之外，在 Java 语言中还有很多其他的运算符，由于内容篇幅所限这里只对其中的几个进行介绍，其余的大家仅做了解，待到实际使用时，能够查阅资料，快速学习使用即可。

1. 移位运算符

移位运算符是在二进制的基础上对数字进行平移。按照平移的方向和填充数字的规则，移位运算符可分为 3 种，即 << 、 >> （带符号右移）和 >>> （无符号右移）。

移位运算符的语法格式如下：

```
需要移位的数字 移位运算符 移位的次数
```

（1） << 的运算规则是按二进制形式把所有的数字向左移动对应位数，高位移出（舍弃），低位补 0。例如，4 <<2，则是将数字 4 先转换为二进制，然后向左移动 2 位，高位舍弃，低位补 0。

（2） >> 的运算规则是按二进制形式把所有的数字向右移动对应位数，低位移出（舍弃），高位的空位补符号位，即正数补 0，负数补 1。

（3） >>> 的运算规则是按二进制形式把所有的数字向右移动对应位数，低位移出（舍弃），高位的空位补零。补充的值不同是 >>> 与 >> 最大的不同之处。

移位运算符主要应用的场景是快速数值计算，移位运算符的计算速度远大于正常的算术运算符的速度。这里对于移位运算符仅做简单介绍，感兴趣的同学可以阅读参考资料中关于移位运算符的内容，或者自行上网查找相关资料进行学习。

2. ++/--

++ 是自增运算符， -- 是自减运算符，该运算符主要针对整型数据进行 +1 或者 -1 操作。语法格式定义为：

```
整型变量++;  ++整型变量;  整型变量--;   --整型变量;
```

假设当前的整型变量为 m，将其设置为 8，对 m 进行自增或者自减操作：

```
int val = ++m;  //将 m 的值 +1,然后将加完之后的值放回,赋值给 val
```

变量 m 先加 1 之后，值变成 9；然后将 9 赋值给 val，最后 val 的值为 9。代码示例如下：

```
int val = m++;  //将 m 当前的值 8 赋值给 val,然后将 m 加 1,m 值变为 9
```

在示例中，m 先赋值给 val，val 的值为 8，然后 m 加 1，m 值为 9。

m -- 和 -- m 的两个使用示例以变量在前和变量在后的特征进行分类。变量在后的自增/自减操作符（ ++m/--m）都是先执行自增或自减操作，再将值赋值出去。变量在前的自增/自减操作符（m ++/m -- ）是先执行赋值操作，再执行自增或者自减操作。

综合而言，自增/自减操作可以理解为数值类型的简化操作符。

3. 三元运算符

三元运算符顾名思义是由三个元素参与的条件运算符，其作用是根据判断的结果获得对应的值，语法格式如下：

```
条件式? 值 1:值 2
```

语法要求条件式部分必须是 boolean 类型，可以是结果为 boolean 值的表达式，也可以是 boolean 变量或者是关系运算符或逻辑运算符形成的表达式，值 1 和值 2 必须能够转换成相同的数据类型，即两者的数据类型必须相同。

功能说明：如果条件式的结果为 true，则取值 1 代表的结果，否则取值 2 代表的结果。代码示例如下：

```
int x = 10;int y = 20;
int max = x> y?x:y;
```

在这个示例中，因为 x 小于 y，所以 x > y 这个表达式的值为 false，则取变量 y 的值，然后将其赋值给 max，最后 max 值为 20。

可以看出，三元表达式的本质等同于 if-else 条件语句。

4. 优先级()

括号的作用是让括号内部的计算优先进行，从而改变表达式中的运算顺序。这个括号的含义和数学上括号的含义是一致的，在程序代码中可以使用括号组合任意合法运算表达式。代码示例如下：

```
int a = 1 + 2 * 3;
int a = (1 + 2) * 3;
```

上述代码的运行结果不一样，是由于()改变了其中的计算顺序；每个运算符都有自己的优先级，使用括号可以提升对应括号内运算符的优先级。

2.5.1.6　运算符的优先级

在实际开发中，可能在一个算式中出现多个运算符，因此就要按照优先级的高低依次进行运算，级别高的运算符先运算，级别低的运算符后运算，具体运算符的优先级如表 2－9 所示。

表 2－9　运算符的优先级

<table>
<tr><th>优先级</th><th>运算符</th><th>计算顺序</th></tr>
<tr><td>1</td><td>()、[]</td><td>从左向右</td></tr>
<tr><td>2</td><td>!、+(正)、-(负)、~、++、--</td><td>从右向左</td></tr>
<tr><td>3</td><td>*、/、%</td><td>从左向右</td></tr>
<tr><td>4</td><td>+(加)、-(减)</td><td>从左向右</td></tr>
<tr><td>5</td><td><<、>>、>>></td><td>从左向右</td></tr>
<tr><td>6</td><td><、<=、>、>=、instanceof</td><td>从左向右</td></tr>
<tr><td>7</td><td>==、!=</td><td>从左向右</td></tr>
<tr><td>8</td><td>&（按位与）</td><td>从左向右</td></tr>
<tr><td>9</td><td>^</td><td>从左向右</td></tr>
<tr><td>10</td><td>|</td><td>从左向右</td></tr>
<tr><td>11</td><td>&&</td><td>从左向右</td></tr>
<tr><td>12</td><td>||</td><td>从左向右</td></tr>
<tr><td>13</td><td>?:</td><td>从右向左</td></tr>
<tr><td>14</td><td>=、+=、-=、*=、/=、%=、&=、|=、^=、~=、<<=、>>=、>>>=</td><td>从右向左</td></tr>
</table>

优先级说明：

（1）表 2－9 中的优先级按照从高到低的顺序书写，也就是优先级为 1 的运算符优先级最高，优先级为 14 的运算符优先级最低。

（2）结合性是指运算符结合的顺序，通常都是从左向右。从右向左的运算符最典型的就是负号，例如，3＋－4，其意义等同于 3 加－4，负号首先和运算符右侧的内容结合，然后与左侧的数字进行运算。

（3）instanceof 的作用是判断对象是否为某个类或接口类型。

（4）注意区分正负号和加减号以及按位与和逻辑与的区别。

在实际开发中，无须记忆运算符的优先级，也不要刻意使用运算符的优先级，对于不清楚优先级的地方使用小括号替代，确保优先级按照预定的顺序执行。

下面通过一个具体的代码示例来展示括号是如何影响优先级的。

```
int m = 12;
int n = m << 1 + 2;
int n = m <<(1 + 2); //括号改变优先级
```

这种书写方式，既便于编写代码，也便于代码的阅读和维护。

2.5.2 表达式

Java 语言中由运算符、变量、常数或常量组成的式子称为表达式，如 11 + 5、x * y、int yy = 12 + 3 等。表达式是组成程序的基本单位，也是程序运算时的基本单位。大家可以把表达式作为描述 Java 代码中一个语句的描述用语，便于彼此之间的交流。

之前学习中使用的代码语句都是表达式，讲述这个概念是让大家在碰到这个术语时不会感到陌生，对其进行基本了解即可。

2.6 注释

在编写代码时，除了考虑代码书写的正确性和简洁性之外，还需要考虑代码的可读性和可理解性。代码在完成一段时间后，重新阅读和修改时，如果完全依靠代码本身去理解其含义，往往会有一定的困难。这时候，可以通过注释提供帮助。注释（comments）就是在代码中插入一些对代码功能、设计实现和用途的说明信息，这些信息在程序最终运行时会被直接忽略，不会影响程序的执行和编译。

在实际项目中，注释和代码同等重要。在程序中编写适当的注释，将使程序代码更容易阅读，增强代码的可维护性。注释在程序编译时会被忽略，因此其不会增加类文件的大小。Java 语言中注释的语法有 3 种，即单行注释、多行注释和文档注释。

2.6.1 单行注释

单行注释是指书写一行的注释信息。单行注释属于注释中最简单的语法格式，用于对代码进行简单的说明，如变量功能、表达式说明等。单行注释的语法格式为：

```
//注释内容
```

注释以双斜线开始，该行后续的内容都是注释的内容。需要注意的是，单行注释的内容不能换行。单行注释一般书写在需要说明的代码的上一行，或者该行代码的结束处。

单行注释使用示例如下：

```
//独立行的注释
int intNum; //在行代码结束处
```

2.6.2　多行注释

多行注释是指可以书写任意多行的注释。多行注释一般用于说明比较复杂的内容，如程序逻辑或算法实现原理等。多行注释的语法格式为：

```
/*
 *多行代码注释内容
 */
```

多行注释以单斜线和一个星号开始，后续是注释内容，注释内容可以书写任意多行，注释以一个星号和单斜线结尾。多行注释在每行以星号开始，这个在语法上不是必需的，只是为了方便阅读和保持格式美观。

2.6.3　文档注释

文档注释是指可以被提取出来形成程序文档的注释格式，这些文档可以独立生成 HMTL 文件，方便开发者查阅。文档注释是 Java 语言有特色的注释格式。文档注释一般是对于程序的结构进行解释和说明的内容，如对类、属性、方法和构造方法进行说明，文档注释的语法格式为：

```
/**
注释内容
*/
```

文档注释以单斜线和两个星号开始，后续是注释内容，注释内容可以书写任意多行，最后注释以一个星号和单斜线结束。在 JDK 的源代码中有大量的文档注释，JDK 中的 API（Application Programming Interface，应用程序编程接口）文档就是从源代码中动态提取和生成的。

本章小结

本章的内容繁多，是整个 Java 语言程序设计课程的基础。其中涉及 Java 语言的数据类型、保留关键字以及各类表达式。变量是代码中用以描述程序状态的标识，常量是一种特殊的变量，只能被赋值一次。各种运算符在后续编写代码时会频繁接触和使用，需要在代码实践中多加练习和体会。本章的最后讲解了 Java 语言中注释的分类和使用。

在每个知识点后都有一些样例代码供大家参考和运行使用，对于程序设计语言的学习，亲自动手实践才是最好的学习方式。

参考资料

1. Java 入门教程

https://www.w3cschool.cn/java/java-tutorial.html

2. Java 入门教程

http://www. runoob. com/java/java – tutorial. html

3. CSDN 博客

http://blog. csdn. net

4. 博客园

https://www. cnblogs. com/

5. IBM 的 Java 专区

https://www. ibm. com/developerworks/cn/java/

6. StackOverflow

https://stackoverflow. com/

7. ImportNew

http://www. importnew. com/

8. 移位运算符教程

http://blog. csdn. net/sxhlovehmm/article/details/44244195

自 测 题

一、单项选择题

1. 下列关于 float 类型 float f = 3. 4 的说法，正确的是（　　）。

A. 正确

B. 错误，精度不够，需要强制类型转换 float

C. 错误，变量申明错误

D. 错误，可以考虑使用 int 类型

2. 执行下列语句：int i = 5；int val = i ++；val 的值是（　　）。

A. 5　　B. 6　　C. 7　　D. 4

3. 执行下列语句：int i = 9；int val = −− i；val 的值是（　　）。

A. 8　　B. 9　　C. 7　　D. 10

4. 编译运行以下程序后，关于输出结果正确的是（　　）。

```
public class Conditional{
    public static void main(String args[]){
        int x = 4;
        System.out.println("value is"+((x>4)?99.9:9));
    }
}
```

A. value is 99. 9　　B. value is 9

C. value is 9.0　　D. 编译错误

5. 下列整数型中，表示的整数范围最大的数据类型是（　　）。

A. int　　B. long　　C. byte　　D. short

6. 下列表达式中，正确的是（　　）。

A. byte = 128　　B. boolean b = null

C. long l = 0xfffL　　D. double d = 0.9239d

7. 下列代码的执行结果是（　　）。

```
public class Exam1{
    public static void main(String[] args){
        double var1=333;
        double var2=2344;
        String str = var1 +"/"+ var2 +" = ";
        var2= var1/var2;
        str = str + var2;
        System.out.println(str);
    }
}
```

A. 333.0/2344.0 = 0.14206484641638226　　B. 333.0/2344.0 = 0.142

C. 0.14206484641638226　　D. 0.142

8. 下列代码的执行结果中，a 和 b 的值分别为（　　）。

```
int a = 20,b = 30;int tmp = a;a = b;b = tmp;
```

A. 20/30　　B. 20/20　　C. 30/20　　D. 30/30

9. （int）（（double）（3）/2）的结果是（　　）。

A. 0　　B. 1　　C. 1.5　　D. 1.50

10. 表达式 19/3 * 3 的值是（　　）。

A. 19　　B. 18.999　　C. 18　　D. 18.0

二、问答题

1. 简述 Java 语言中的简单数据类型。
2. 简述 Java 语言中常用的注释方式。
3. 列举 Java 语言中常用的 3 种运算符。

第3章　流程控制

导　言

在学习了Java语言的基本语法之后，本章将开始学习如何在Java语言中实现复杂的流程控制。流程是指程序执行的顺序，流程控制是指通过控制程序执行的顺序来实现要求的功能。流程控制部分是程序中语法和逻辑的结合，算法是程序逻辑的核心，而算法的绝大部分代码都是通过流程控制实现的。流程控制体现了解决问题的思路和具体步骤，体现在程序设计语言语法格式描述的过程中。

本章将通过实现一个简单的便利店收银系统案例来展示Java语言中的3种流程语句的使用方法，包括顺序语句、条件语句和循环语句的概念以及应用，还将涉及break/continue跳转语句的使用，学习如何使用跳转语句来中断循环，解决循环语句的中止跳转流程的问题。

学习目标

学习完本章之后，你将可以：

【掌握】

（1）程序设计中的条件语句的概念以及使用。

（2）程序设计中的循环语句的概念以及使用。

（3）break语句和continue语句的使用。

【理解】

（1）条件语句的应用场景和使用条件。

（2）循环语句的应用场景和循环判断条件的设定。

（3）break语句和continue语句的使用条件。

【了解】

（1）Java语言中3种流程语句的区别与联系。

（2）不同的条件语句之间的共同点与不同点。

（3）不同的循环语句之间的区别和适用场景。

3.1　小智收银系统

3.1.1　案例描述

随着现代社会的生活节奏越来越快，在写字楼和居民区附近涌现了大量各种类型的便利店。这些便利店为周边的社区居民提供了种类繁多的便利服务，但仍有部分便利店还使用传统的计算器手工进行收银结账，效率低下而且非常容易出错。

为了解决便利店收银结账的需求，在本案例中将开发一套收银系统，由程序代码帮助这些便利店实现收银结账，使收银信息化。

为了便于推广这款收银系统，将其命名为小智收银系统。其使用的具体界面如图 3－1 所示。

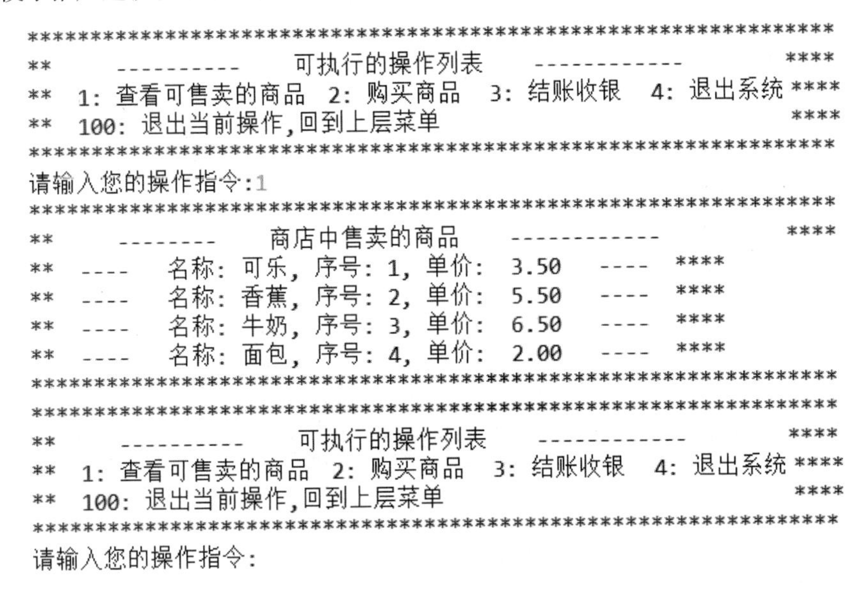

图 3－1　小智收银系统界面

在这个案例中，用户的操作和输入主要是通过命令行界面的方式进行，实现与用户的交互响应。其中涉及键盘信息的输入/输出、循环（while/for）、分支判断和 switch-case 多分支语句、break/continue 中断循环等流程控制语句的使用。本案例中使用 Java 语言的 HashMap 作为存储信息的数据结构。

3.1.2　案例功能分析

本节将针对此案例所要实现的功能进行深入的分析与总结，方便大家理解其功能。主要的功能点如下：

（1）展示便利店中货架上待售的货品信息，包括货号、名称和单价信息。

（2）列出收银系统中支持的操作指令，一共 5 个操作指令，包括查看可售卖的商品、购买商品、结账收银、退出系统和退出当前操作返回上层菜单。

（3）选择购买商品以及购买的数量，保存并返回上层菜单。

（4）基于选购的商品数量进行结账，给出最终的金额。

（5）退出当前系统，退出整个程序。

这些功能点实现了小智收银系统主要的核心功能，包括展示商品、选购商品放入购物车、结账以及退出小智收银系统，实现了一个相对完整的购物结账流程。

在便利店中，用户一般都是经过如图 3－2 所示流程来完成收银的。

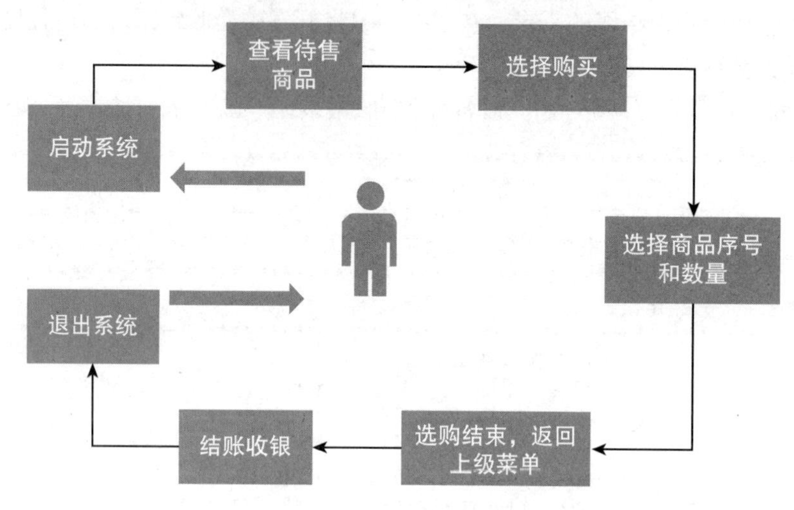

图 3－2　小智收银流程

3.1.3　实现步骤与核心代码设计

本节将详细介绍如何实现小智收银系统的整个购买流程。

（1）创建结账收银的 Java 类 Cashier。

在 Java 语言中，所有操作方法都是定义在类中的。Cashier 类将承载整个购物流程中的所有操作行为，包括在存放商品、购物车以及结算的实现过程中使用的数据结构，都将被声明定义在 Cashier 类中。

Cashier 类的声明定义如下所示：

```
public class Cashier{
    //主要的操作方法定义...
}
```

（2）定义 Cashier 类中使用的数据结构类型。

在 Cashier 类中定义了 3 个 HashMap 实现的数据结构，主要的声明定义如下：

```
private Map<Integer,Float> commodityPrice = new HashMap<Integer,Float>();
private Map<Integer,String> commodityName = new HashMap<Integer,String>();
private Map<Integer,Integer> commodityCart= new HashMap<Integer,Integer>();
```

commodityPrice 用以分别存放货架上的商品价格信息，存放的是商品序号和价格信息；commodityName 记录的是商品名称信息，包括商品序号和名称信息。commodityCart 用来记录购物车中的商品信息，包括商品的序号和购买的数量。

HashMap 是一种以 Key-Value 键/值对形式存储信息的数据结构，是由 JDK 标准类库中定义和提供的，Map 是 HashMap 实现的接口类，用来描述定义 Map 的行为。关于 HashMap 的详细信息，读者可以自行查阅相关资料进行深入的了解。

（3）在 Cashier 类构造方法中初始化系统的数据信息。

构造方法是 Java 类中用来初始化信息的特殊方法，在 Cashier 类的构造方法中对于系统内的商品序号、名称和价格信息进行初始化。主要的实现代码如下：

```
public Cashier(){
    this.commodityName.put(1,"可乐");
    this.commodityPrice.put(1,3.5f);

    this.commodityName.put(2,"香蕉");
    this.commodityPrice.put(2,5.5f);
    //省略其他商品的信息
}
```

在小智收银系统中，声明了 4 种商品，在上述代码示例中，仅展示了可乐和香蕉的商品序号、名称和价格信息，通过 Map 中定义的 put( )方法，它们将被分别存放于相应的数据结构中。

（4）在 Cashier 类中定义键盘输入方法 wrapInput( )。

在当前收银系统中，用户的指令都是通过键盘输入的，在 wrapInput( )方法中针对用户的输入进行管理和过滤，只有当用户输入数字时系统才会判断是否为合法的输入；如果输入的不是数字，则会在屏幕上提示“您输入的指令无效，请重新输入”，直到用户输入合法的信息为止。

wrapInput( )方法的定义如下：

```
public int wrapInput(Scanner sc){
    int result=0;
    while(true){
        System.out.print("请输入您的操作指令:");
        if(sc.hasNextInt()){
            result=sc.nextInt();
            break;
        }
        else{
            System.out.println("您输入的指令无效,请重新输入");
            sc.nextLine();
        }
    }
    return result;
}
```

Scanner 是在 JDK 中用于接收键盘输入信息的工具类，其提供了很多方法用以进行键盘输入的接收、检验和处理操作。sc. hasNextInt( )用以判断用户的输入是否为整数，sc. nextInt( )用以获取用户输入的整数。

这里使用了 while（true）语句实现无限循环，在用户输入了合法的整数指令之后，获取用户的输入数值，然后使用 break 跳出当前循环。如果用户输入的信息不合法，则会提示用户继续输入，如此往复循环。

（5）用户的选购商品操作 buy( )方法定义。

在用户选购商品时，需要先输入商品的序号，然后输入商品的数量，依次选购不同的商品，待用户选购完毕后，输入 100，跳出选购环境，返回上层菜单。每次选购的商品序号和数量将被存放到 commodityCart 的购物车中。

buy( )方法的定义如下：

```
public void buy(Scanner sc){
    for(;;){
        System.out.print("请输入您购买的商品 ID[输入 100,返回上层菜单],");
        int commodityId = wrapInput(sc);
        if(commodityId == 100){
            System.out.println("**-- 完成购买操作,返回上层菜单 -***");
            break;
        }
        System.out.print("请输入您购买的商品数量:");
        int count = wrapInput(sc);
        this.commodityCart.put(commodityId,count);
    }
}
```

这里使用 for(;;)的无限循环语句实现用户选购多个商品，当系统发现用户输入的 commodityId 为 100 时，则提示购买完成，通过 break 语句，跳出当前循环。

（6）用户的结账收银操作 printCheckout( )方法定义。

在结账方法中，将首先输出用户当前购买的商品列表信息，然后计算当前商品的总价格信息，并将最终的价格信息输出到屏幕上。

printCheckout( )方法的核心逻辑定义如下：

```
public void printCheckOut(){
    …
    float totalMoney = 0.0f;
    for(Integer commodityId:this.commodityCart.keySet()){
```

```
        totalMoney += this.commodityPrice.get(commodityId) * this.commodityCart.
          get(commodityId);
    }
    System.out.println("此次购买的商品总价:"+ totalMoney);
    //...
}
```

购物车的信息存放在 commodityCart 中，在结账方法中，使用 keySet( )方法遍历其中的商品，基于商品序号从 commodityPrice 中获取商品的价格信息，乘以商品数量，得出最终的商品总价格信息。

（7）用户的其他操作方法定义。

在小智收银系统中，还有输出购物车的商品信息、输出当前待售的商品信息和系统支持的指令信息等动作行为，由于这些方法在实现上都是输出信息，所以这里仅以输出购物车中的商品信息方法为例，进行实现分析，其余方法可以参考 Cashier 的代码完整实现。

输出购物车的商品信息 printCurrentCart( )方法定义如下：

```
public void printCurrentCart(){
    printHeader();
    if(commodityCart.keySet().size()==0){
        System.out.println("**--购物车中暂无商品--**");
    }
    else{
        System.out.println("**--购物车中的商品---**");
        for(Integer commodityId:commodityCart.keySet()){
            System.out.printf("*--名称:%s,序号:%d,数量:%d,单价:%5.2f--**",
              this.commodityName.get(commodityId),
            commodityId,this.commodityCart.get(commodityId),
            this.commodityPrice.get(commodityId));
        }
    }
}
```

在输出购物车的商品信息方法中，如果购物车中没有商品，即 commodityCart. keySet( )的元素数为 0，则会输出“购物车中暂无商品”信息。如果其中有已经选购的商品，则输出商品的名称、序号、数量以及价格信息（单价）。

（8）Cashier 收银系统中的 main( )方法。

Java 语言的 main( )方法是程序执行的入口，Cashier 类的对象声明都是在 main( )方法中声明的。整个收银系统的信息输入以及调用 Cashier 中对应的方法，都是定义在 main( )方法中的。

在 main( )方法中首先声明了 Cashier 对象以及 Scanner 对象。代码如下：

```
public static void main(String[] args){
    Cashier cashier = new Cashier();        //声明 Cashier 对象
    Scanner sc = new Scanner(System.in);   //创建键盘输入的对象
    …
}
```

收银系统的流程控制，通过 while（true）的无限循环语句和 switch-case 的多分支语句来实现，其核心代码实现如下：

```
public static void main(String[] args){
    //代码实现
    boolean isExit= false;
    while(true){
        cashier.printActions();
        int actionType = cashier.wrapInput(sc);
        switch(actionType){
            case 1:
                cashier.printCommodityInfo();
                break;
            case 2:
                cashier.buy(sc);
                break;
            case 3:
                cashier.printCheckOut();
                break;
            case 4:
                cashier.exit();
                isExit= true;
                break;
            default:
                System.out.println("** 无效的输入指令,请重新输入");
                break;
        }
        if(isExit) break; //退出循环
    }
}
```

在上述代码实现中，根据用户输入的操作指令，switch-case 分支语句用来调用 Cashier 中的不同动作行为。当用户输入的指令不支持时，则进入 default 分支语句，提示“无效的输入指令，请重新输入”。布尔变量 isExit 用来指代是否退出当前程序，当用户输入 4 时，isExit 将会设置为 true。while 循环中的最后一条语句将判断 isExit 是否为 true，如果为 true，则中断当前 while 循环，结束并退出当前收银程序。

3.1.4　案例分析与总结

在本案例中，小智收银系统实现了一个完整的收银过程。通过代码实现，为大家展示了各类流程控制语句的使用方法，具体包括顺序语句、if-else 语句、for 循环、while 循环和 switch-case 多分支语句，从中大家也可以感知这些语句的不同组合可以帮助代码实现复杂的控制流程。

HashMap/Map 是由 JDK 类库提供的存储结构，可以非常方便地存储各类 key-value 结构的数据信息，大家可以通过不同的方法实现对于 Map 中数据信息的遍历和操作。在本案例中，收银系统中的商品信息、购物车信息和价格信息都是存放在 HashMap 中的。

3.2　流程控制概念

程序是通过一条条指令语句实现的，这些语句都是在不同的流程中实现特定功能的，流程控制在计算机程序设计语言中是一个基本的语句控制内容，主要有顺序语句、条件语句和循环语句 3 类控制语句。

（1）顺序语句。顺序语句就是按照从上而下的顺序，前面的代码先执行，后面的代码后执行。顺序语句最重要的是代码编写的顺序，由上而下顺序执行。

（2）条件语句。条件语句是根据条件是否成立来判断特定的代码是否执行，条件成立则执行，否则代码就不会执行。这种语句需要特别注意条件的选取以及不同条件下的代码逻辑判断。

（3）循环语句。循环语句是指按照一定的规则重复执行的特定代码逻辑，在程序中有对应的语法格式，执行的流程是每次判断条件是否成立，然后决定是否重复执行。循环语句是流程控制部分最灵活、最复杂，也是功能最强大的一类语句。使用循环语句时，需要注意循环条件以及循环功能部分的代码编写。

在程序中，任何复杂的流程，都是通过以上 3 类语句的组合、嵌套来实现的，所以在学习流程控制时，首先需要对这 3 类控制语句有个初步的认识，然后熟悉相关的语法，进行针对性的练习，最后达到灵活使用这 3 类语句解决实际问题的水平。需要强调的是，根据逻辑的需要，各种控制流程语句可以任意进行嵌套，也就是在一个语句的内部可以编写其他的控制语句，这样可以实现更加复杂的逻辑，这种嵌套使用在实际项目中是不受任何限制的。

3.3 顺序语句

顺序语句是流程控制中最容易理解的一类语句，在代码中也没有语法格式，只需要按照代码编写的先后顺序依次执行即可，在编写代码时，首先需要考虑清楚对应的逻辑顺序，然后按照这个顺序依次编写。

在实际的代码中，需要注意有时候代码的顺序是非常重要和敏感的，就是说某些代码的先后顺序是不能随意调整和修改的，主要是某些逻辑的初始化或者计算顺序是有一定的前置条件和依赖关系的，所以大家在编写顺序代码的时候需要谨慎地对待此类问题。

例如，在日常生活中到超市购买商品，当推着购物车到收银台进行结账时，收银员首先会将购物车里的商品进行扫码，其次计算总价格，然后会询问付款方式，最后完成付款支付的过程。

整个过程可以总结为以下几个步骤：进入收银台、对商品扫码、计算总价格、询问付款方式和付款支付。这些步骤是依次进行的，在程序中体现为顺序执行的 5 个方法。但是这 5 个方法的顺序是无法变动的，否则整个业务逻辑就会出现问题。

3.4 条件语句

条件语句是在程序中根据条件是否成立进行选择执行的一类语句，这类语句应用非常广泛。使用难点在于如何准确地抽象出判断条件，本节将重点讲解条件语句的语法和基本使用。在 Java 语言中，条件语句主要有两类语法，即 if 条件语句和 switch-case 条件语句。

3.4.1 if 条件语句

if 条件语句的主要语法使用类型有 3 种，即 if 语句、if-else 语句和 if-else if-else 语句。

（1）if 语句的语法格式如下：

```
if(条件表达式){
    //功能代码
}
```

if 关键字后面跟着一对括号，括号内是判断条件，也是 if 语句必须有的内容，而且判断条件表达式的计算结果必须是 boolean 类型的值。由{}括起来的是条件成立时被执行的逻辑功能代码，这个功能代码块可以由多条语句组成。当条件表达式的计算结果为 true 时，意味着条件成立，逻辑代码会被执行。在程序编写时，一般在格式上都有一定的缩进要求，默认情况下一个层级的缩进为 4 个空格，便于大家阅读，了解代码在结构上的层次关系。

这里通过两个示例来展示 if 语句的使用：

```
int status = 10;
if(status>5){
    System.out.println("status>5");//逻辑功能代码
}
```

在上述示例中，status >5 的条件成立，则在控制台输出 status >5 的输出信息。这里需要说明的是，如果逻辑功能代码只有一条语句，则可以省略{}的代码块符号。代码可以变成如下格式：

```
int status = 10;
if(status>5)
    System.out.println("status>5");//逻辑功能代码
```

（2）if-else 语句是指在单个条件判断的基础上，新增一个逻辑功能方式，就是在 if 判断条件为 true 的情况下执行一个逻辑代码块，在 if 判断条件为 false 的情况，仍然可以执行另外一个逻辑代码块。具体的语法格式如下：

```
if(条件表达式){
    //功能代码 1;
}else{
    //功能代码 2;
}
```

在 if-else 语句中每次只能执行一个功能代码块。当条件表达式的结果为 true 时，执行功能代码 1；当条件表达式的结果为 false，执行功能代码 2。if-else 的执行条件是互斥的，实际执行中只能有一个功能代码被执行。

下面通过实际的代码来了解如何使用 if-else 语句。

```
int num = 24;
if(num % 2==0){
    System.out.println("num"+ num + "is 偶数");
}else{
    System.out.println("num"+ num + "is 奇数");
}
```

在上述示例中，通过判断 num 除以 2 取余之后是否为 0 来判断该数是否为偶数。例如，24 在除以 2 取余之后为 0，所以执行结果将输出“num 24 is 偶数”的信息。

这里与 if 语句一样，如果功能代码块只有一条语句，则可以省略{}，但是在实际项目开发中建议都加上，便于后续的阅读和拓展修改等。

（3）if-else if-else 语句是 if-else 语法的复杂应用。在实际项目开发中，判断的条件往往不是一个，而是一组。例如，基于数字类型值的状态判断、数字类型的等级区间判断等都是多个条件应用的情况。为了在程序中解决这个问题，在 Java 语言中提供了 if 语句的多分支结构，这就是 if-else if-else 语句主要的应用场景。Java 语言中 if-else if-else 语句的语法结构定义如下：

```
if(条件1){
    功能代码1;
}else if(条件2){
    功能代码2;
}
…
else{
    功能代码n;
}
```

在上述语法结构中，需要注意以下几个要点：

① else if 是 else 和 if 两个关键字的联合使用，中间需要使用空格进行分隔。

② 在条件判断中使用的条件都是布尔型的变量或者表达式。

③ else if 语句在语法上可以有任意多句，但是考虑到实际代码中的复杂度，建议不要使用太多的分支，一般控制在 5 个分支左右，以使程序段容易被理解。

④ 最后的 else 语句为可选，根据需要决定是否使用。

⑤ 如果功能代码部分不是多条 Java 语句，只是单条 Java 语句则可以不用大括号。

在实际的执行流程中，条件符合的情况下就执行相应的功能代码块，同时忽略其余的条件和功能代码块。条件判断的顺序是从上而下的。如果所有的判断条件都不满足，则进入 else 语句的功能代码块执行。例如，当条件 1 成立时，则执行功能代码 1；当条件 1 不成立时，则进入条件 2 的逻辑判断，如果条件 2 成立，则执行功能代码 2；如果条件 1、条件 2 都不成立，则进入条件 3 的逻辑判断，如果条件 3 成立，则执行功能代码 3，依次类推，如果所有条件都不成立，则执行 else 语句的功能代码 n。

下面是一个在超市中根据商品数量来计算折扣率的计算逻辑，输入商品数量，输出最终给出的折扣率，代码示例如下：

```
int productNum = 4;

System.out.println("商品的折扣计算……");
double discount = 1;
```

```
if(productNum==1){
    discount=1;
}
else if(productNum==2){
    discount=0.9;
}
else if(productNum==3){
    discount=0.8;
}
else if(productNum==4){
    discount=0.7;
}
else{
    discount=0.7;
}
System.out.println("折扣率 Discount:"+discount);
```

在这个代码示例中，使用了 if-else 的多条判断分支，最后在之前所有的条件都不满足时，则使用了 else 语句设置 discount 为 0.7。

接下来展示一个区间判断示例。在这个示例中，判断同学们考试的成绩情况，分为优秀、良好、及格和不及格 4 个类别。详细完整的代码参阅 chapter3-workflow 目录下的 IfTestRangeCode.java，关键代码片段如下：

```
int score=85;
if(score>=90){
    System.out.println("成绩优秀!");
}else if(score>=80){
    System.out.println("成绩良好!");
}else if(score>=60){
    System.out.println("成绩及格!");
}else{
    System.out.println("成绩不及格,下次继续努力!");
}
```

从这个区间判断示例中可以发现，每个 else if 语句在使用时都是有顺序的，需要按照实际逻辑的先后顺序来设置判断条件，否则将会出现逻辑错误。if-else if-else 语句是 Java 语言中提供的一个多分支条件语句，但是在判断某些问题时，书写会比较麻烦，所以在语法中提供了另外一个多分支判断语句 switch，通过该语句可以更好地实现多分支语句的判别。在本章的收银系统案例中，在 printCurrentCart( )方法中使用 if-else 语句进行逻辑判断，输出购物车的商品信息，代码如下：

```
public void printCurrentCart(){
    if(commodityCart.keySet().size()==0){
        System.out.println("**-----购物车中暂无商品-----**");
    }
    else{
        System.out.println("**-----购物车中的商品信息-----**");
        //输出商品信息
    }
}
```

该代码中判断的条件是 commodityCart 中的商品数量是否为 0。若商品不存在，则输出“购物车中暂无商品”；若购物车中存在商品数量，则输出“购物车中的商品信息”。

3.4.2 switch-case 条件语句

switch 在英语中是开关的意思。switch 语句在条件语句中主要是解决一组类似变量相等的多分支判断，在实际应用中，switch 语句会比 if-else if-else 语句在结构上更为紧凑和清晰。

switch-case 语句的语法格式如下：

```
switch(表达式){
    case 值 1:
        功能代码 1;
        break;
    case 值 2:
        功能代码 2;
        break;
        ……//多个分支语句
    default:
        功能代码 n;
        break;
```

针对 switch-case 语句的语法需要注意以下事项：

(1) 表达式的类型只能为 byte、short、char 或 int。

(2) 值 1，值 2，…，值 n 只能为常数或常量，不能为变量。

(3) 功能代码部分可以写任意多条语句，无须使用{}来包装。

（4）break 关键字的意思是中断，用于结束当前 switch 语句的功能代码，break 语句为可选语句。但是，在每个 case 语句中，一般都要求使用 break 来结束当前语句，否则该分支判断不会结束，将会继续顺序执行。

（5）case 语句可以有任意多条语句，case 语句本身是一个标号语句。

（6）default 语句可以写在 switch 语句中的任意位置，其功能类似于 if 语句中的 else。执行流程为：当表达式的值和对应 case 语句后的值相同时，即从该位置开始向下执行，一直执行到 switch 语句的结束，在执行中如果遇到 break 语句，则结束 switch 语句的执行。

在 switch-case 的代码示例中，将之前在 if-else 的示例重新使用 switch-case 实现。根据购买数量判断商品折扣率的完整示例可以参看 chapter3-workflow 目录下的 SwitchTestCode. java，其中的核心代码如下：

```
int productNum = 3;
double discount = 1.0;
switch(productNum){
    case 1:
        discount = 1.0;
        break;
    case 2:
        discount = 0.9;
        break;
    case 3:
        discount = 0.8;
        break;
    case 4:
        discount = 0.7;
        break;
    default:
        discount = 0.7;
        break;
}
System.out.println("商品折扣 discount:" + discount);
```

switch 语句每次比较的都是相等关系，所以可以把功能相同的 case 语句合并起来，而且可以把其他的条件合并到 default 语句中，这样可以简化 case 语句的书写。与 if-else 的代码结构相比，switch-case 代码的结构简洁了很多。

虽然在语法上 switch 只能比较相等的结构，但是某些区间的判别可以通过一定的变换使用 switch 语句来实现。例如，if-else if-else 语句的分数转换的示例，分数的区间为 0 ~ 100，如果逐个去比较，case 语句的数量会比较多，所以可以做一个简单的数字变换，将分数基于十分位进行区间划分，比较分数的十位及以上数字，这样数字的区间就缩小到了 0 ~ 10。其中，核心的代码片段如下，完整代码可以参考 chapter3-workflow 目录下的 SwitchTestRangeCode. java。

```
int score = 85;
switch(score/10){
    case 10 :
    case 9 :
        System.out.println("成绩优秀!");
        break;
    case 8 :
        System.out.println("成绩良好!");
        break;
    case 7 :
    case 6 :
        System.out.println("成绩及格!");
        break;
    default :
        System.out.println("成绩不及格,下次继续努力!");
        break;
}
```

一般而言，switch 语句适用于多个值进行多分支判断，不是非常适合进行区间判断，如果区间比较多，则建议使用 if-else if-else 语句实现。

在本章的收银系统案例中，在 main( )方法中使用了 switch-case 判断当前用户输入的行为类型 actionType，并根据 actionType 调用不同的操作方法，代码如下：

```
public static void main(String[] args){
    //代码省略
    switch(actionType){
        case 1:
            cashier.printCommodityInfo();
            break;
        case 2:
            cashier.buy(sc);
            break;
        case 3:
            cashier.printCheckOut();
            break;
```

```
        case 4:
            cashier.exit();
            isExit=true;
            break;
        default:
            System.out.println("** 无效的输入指令,请重新输入.");
            break;
    }
}
```

在案例的代码中，共提供了 5 种情况的分支处理，default 为当前没有合适的值匹配时的默认处理动作。

3.5　循环语句

循环语句在程序设计语言中用来描述根据规则重复执行的功能或者逻辑。在实际的程序中，存在很多需要重复执行的流程，为了简化这些重复的执行流程，程序设计语言提供了专门用以解决循环执行逻辑的语法结构。

每个循环结构都由初始条件、循环控制条件、循环逻辑和循环控制变量 4 个基本元素组成。在学习循环语句时，最重要的就是发现循环流程的规律，然后用程序设计语言将该规律描述出来，以实现程序要求的流程。基于循环结构的研究和分析就是找到循环结构中分别对应的 4 个循环元素的变化情况。

循环语句是流程控制中最复杂，也是最有用和最难掌握的语句。在最初接触时，首先要熟悉基本的语法，然后需要能够快速观察出流程的规律，所以在学习循环语句时，学习语法只是基本的内容，同时应培养自己观察规律、分析问题的能力，这才是学习循环语句时的难点和重点。观察能力需要依靠大量的练习和思考，在代码编写过程中逐步培养出来。

本节主要讲述循环语句的三种语法格式，即 while 语句、do-while 语句和 for 语句。

3.5.1　while 语句

while 关键字是当条件成立时执行循环体中的功能代码，while 语句循环结构中的基本语法格式比较简单，具体的语法结构如下：

```
while(循环条件){
    循环体中的功能代码;
}
```

循环体结构中一般都会编写多行代码，所以默认把功能代码处理为代码块。while 中的第一条语句为循环条件判断，这个循环条件的类型为布尔型，循环体中的代码则是需要重复执行的业务逻辑。

在执行 while 语句时，首先判断循环条件，如果循环条件为 false，则直接退出当前循环，不再执行 while 语句后续的代码。如果循环条件为 true，则执行循环体代码，然后判断循环条件，一直到循环条件不成立跳出循环为止。

下面通过示例详细讲解 while 语句的使用规则和注意事项。通过循环实现一个简单的数学逻辑，求 1 ~ 10 这 10 个数字的和。程序的原理是：声明一个变量 index，从 1 变化到 10，再声明一个变量 sumVal，每次循环都和 index 的值相加以后再赋值给 sumVal，循环结束以后，得到的结果就是 1 ~ 10 这 10 个数字的和。

详细代码可以参考 chapter3-workflow 目录下的 WhileTestCode. java。其核心代码块如下：

```
int index = 1;                          //初始条件
int sumVal = 0;                         //存储最终结果

while(index <= 10){                     //循环判断条件
    System.out.println("现在计算的结果:"+ sumVal);
    sumVal += index;                    //业务逻辑代码,这里是增加数字值
    index ++ ;                          //循环条件在每次循环中变化,增加 1
}
System.out.println("最终的结果:"+ sumVal);
```

在这个循环的示例中，关注循环的 4 个要素：初始条件、循环判断条件、循环体逻辑代码和循环变量。index 赋值为 1 是循环的初始条件，index <= 10 为进行循环执行的循环判断条件，满足这个条件就会继续执行循环体中的逻辑代码，反之则直接跳出循环。sumVal 变量与数字的累加是循环体逻辑代码。index 是整个循环的循环变量；index ++ 的自增操作是在每次循环之后循环变量的变化，这个循环变量的变化将直接影响下次循环条件的判断结果。

index 初始值为 1，则 index <= 10 为 true，进入循环体，输出现在计算结果的值，然后将 sumVal 的值加上 index 的值，并再赋值给 sumVal，完成循环体逻辑代码的执行；之后 index 循环变量变化，增加 1，这就是一次完整循环结构的变化；之后将进入第二轮循环，index 在第一轮循环中变成了 2，继续判断循环条件是否成立，若循环条件为 true，则进入循环体逻辑代码，则反之跳出循环。循环往复，直到循环条件不成立，跳出为止。最后输出的结果为 55，大家可以在 Eclipse 自行执行这个循环。

在使用循环时，需要格外注意循环变量本身的变化以及循环条件的判断逻辑，防止出现无限循环（死循环）。这种情况如果发生，一般只能强制中断程序才可以停止当前的循环。死循环发生的原因一般都是忘记设置循环变量的变化或者循环条件设置不合理。例如，在上

述数字累加的示例中，如果忘记了 index ++ 这条循环变量语句，由于每次循环变量都保持不变，则 index <= 10 的循环条件永远为 true，就进入了死循环。具体的代码如下：

```
int index = 1;                          //初始条件
int sumVal = 0;                         //存储最终结果
//死循环
while(index <= 10){                     //循环判断条件永远为 true
    System.out.println("现在计算的结果:" + sumVal);
    sumVal += index;                    //业务逻辑代码,这里是增加数字值
    //index ++ ;                        //注释掉循环变量,则程序进入死循环
}
System.out.println("最终的结果:" + sumVal);
```

在本章的收银系统案例中，在 wrapInput（Scanner sc）方法中，定义了循环接收用户输入的逻辑，直到用户输入合法的值之后，返回 result 值：

```
public int wrapInput(Scanner sc){
    int result = 0;
    while(true){
        System.out.print("请输入您的操作指令:");
        if(sc.hasNextInt()){
            result = sc.nextInt();
            break;
        }
        else{
            System.out.println("您输入的指令无效,请重新输入.");
            sc.nextLine();
        }
    }
    return result;
}
```

在上述示例中，将永远无法看到最终的结果输出。程序一直输出现在计算结果的信息，整个程序都无法得到预期的结果。在实际程序中，死循环会引发非常危险的情况，如整个程序挂起或者死机状态等，后果是非常严重的。在使用循环时，需要注意循环条件的设置。

使用循环语句是一个逐步学习和理解掌握的过程，基于循环语句中的 4 个关键要素，从整体上把握循环语句的使用，逐步理解循环体结构的规律，为后续的学习打下坚实的基础。

3.5.2 do-while 语句

do-while 语句是由关键字 do 和 while 组成的循环语句，执行的规则是“先循环再判断”，即先执行循环体逻辑代码，再进行循环条件的判断，最后根据循环条件的判断结果是否为 true，来决定是否继续进行循环。do-while 语句与之前的 while 语句功能类似，都是循环执行逻辑代码的语法结构，两者的不同之处在于：do-while 是先执行逻辑逻辑代码，然后判断循环条件；while 循环语句则是先判断循环条件，再执行循环逻辑代码。do-while 至少确保循环逻辑代码被执行一次，而 while 的循环逻辑代码有可能一次都不执行。循环语句 do-while 的语法格式如下：

```
循环条件初始化
do{
    循环体逻辑代码;
}while(循环条件);
```

在 do-while 语句中，循环条件指循环成立的条件，循环条件的初始化是在 do-while 循环开始前进行定义和赋值的。循环条件的运算结果必须是 boolean 类型，当结果为 true 时循环执行，否则循环结束。循环体部分是重复执行的代码部分。

do-while 语句的执行流程是先执行循环体，然后判断循环条件。如果循环条件不成立，则循环结束；如果循环条件成立则继续执行循环体。循环体执行完成以后再判断循环条件，依次类推，直至循环结束为止。

在本节示例中将之前的数字求和的示例使用 do-while 语句重新实现一遍，大家可以观察和体会两者实际代码之间的不同之处，完整的实现代码可以参考本书附带的代码示例 chapter3-workflow 目录下的 DoWhileTestCode. java，其核心代码如下：

```
int index = 1;          //初始条件
int sumVal = 0;         //存储最终结果

do{
    sumVal += index;    //业务结算逻辑,这里是增加数字值
    System.out.println("现在计算的结果:"+ sumVal);
    index ++ ;          //循环条件在每次循环中变化,增加 1
}while(index <= 10);   //循环判断条件
System.out.println("最终的结果:"+ sumVal);
```

在实际的程序中，do-while 语句的优势在于实现那些先循环再判断的逻辑，这可以在一定程度上减少代码的重复，但是总体来说，do-while 语句使用的频率没有其他循环语句高，while 语句与 do-while 语句在语义和功能上是可以完全互换的。

3.5.3　for 语句

for 语句是实际开发中比较常用的循环语句，其语法格式相对于前面的循环语句来说稍显复杂，但是它们的本质都是实现同样的功能，所以同样需要满足循环语句的 4 个关键要素的约束：初始条件、循环条件判断、循环变量和循环体逻辑代码。

for 语句的语法格式如下：

```
for(初始化语句;循环条件;循环变量语句){
    循环体逻辑代码;//循环体
}
```

关于 for 语句的语法说明，和其他流程控制语句一样，语句中的大括号不是语法必需的，在循环体仅为单条语句的情况下可以省略。一般情况下，为了使结构清晰以及在循环体部分书写多行代码，会使用大括号{}来包装循环体逻辑代码。初始化语句是在循环开始以前执行的，一般书写变量初始化的代码，如循环变量的声明和赋值等。循环判断条件是代码是否继续循环执行的逻辑条件，要求其条件结果必须为布尔型，如果该条件为空，则默认为 true，即条件成立。循环变量在每一轮循环中都将发生变化，会影响是否执行下一次循环。循环体逻辑代码是指循环重复执行的功能逻辑代码。这些代码遵守与之前的 while 和 do-while 语句基本同样的规则。

for 语句的执行流程如下：

（1）执行初始化语句，对循环变量进行赋值初始化。

（2）循环条件判断，如果循环条件为 false，则结束循环，否则执行下一步。

（3）执行循环体。

（4）执行迭代语句，修改循环变量。

（5）跳转到步骤（2）重复执行。

需要注意的是，在某些情况下 for 语句中的各个语句都可以为空，如果省略某条语句，则其值为 true。初始化语句在 for 语句执行时执行，且只执行一次。

根据 for 语句可以省略各个条件的语法，可以编写最简单的循环语句：

```
for(;;){
    循环体逻辑代码;
}
```

在本章的收银系统案例中，使用了忽略所有循环条件的 for 语句，其核心代码如下：

```
public void buy(Scanner sc){
    for(;;){
        System.out.print("请输入您购买的商品 ID[输入 100,返回上层菜单],");
```

```
            int commodityId = wrapInput(sc);
            if(commodityId == 100){
                System.out.println("**--- 完成购买操作,返回上层操作菜单 ---*");
                break;
            }
            //根据输入的商品,存入购物车
        }
    }
```

注意，在 for 语句中，如果没有任何循环条件，则需要在循环中设置相应的退出条件。这里的退出条件是，当 commodity Id 为 100 时，退出当前的无限循环。

从上述示例中可以发现，在 for 语句中省略了所有的循环条件，则成为一个无限的循环语句。通常情况下，一般会在循环体逻辑代码中增加跳出循环的语句，如 break 语句之类，这个 break 将在 3. 6. 1 节中进行介绍和说明。

下面的代码示例还是以 1 ~ 10 求和的题目来展示 for 语句的使用。详细代码可以参考 chapter3-workflow 目录下的 ForTestCode. java 文件，其核心代码如下：

```
int sumVal = 0;
for(int index = 1;index <= 10;index ++){
    sumVal += index;
}
System.out.println("最终的结果值:" + sumVal);
```

在 for 语句中完成循环变量初始化、循环条件判断和循环变量变化的 3 种动作，index = 1 的初始化操作只会被执行一次，每循环一次都会先判断逻辑条件是否满足，满足则执行 sumVal 的加法操作，然后执行 index ++ 的循环变量变化，完成单次的循环过程。之后循环反复，直至循环条件不满足，跳出当前的循环语句为止。

与 while/do-while 语句相比，for 循环在语法上更为简洁明了，所有循环相关的设置都放在( )之内，代码阅读起来更为直观。从功能实现上看，for 语句和 while/do-while 语句彼此都是可以完全替换的。

3. 6 break 语句和 continue 语句

break 语句和 continue 语句是在循环语句中使用的两种中断循环方式。按照这两个单词字面意思，break 是中断、打断的意思，在循环语句中是直接中断当前循环；continue 是继续的意思，在循环语句中是中断一次执行，然后继续后续的循环。这两个关键字都是用来控制和改变循环的执行的。

3.6.1　break 语句

break 语句在前面的 switch 语句中已经介绍过，其功能是中断 switch 语句的执行，在循环语句中，break 语句的作用也是中断循环语句，结束循环语句的执行。

break 语句可以用在 3 种循环语句的内部，功能完全相同。下面以 for 语句为例来说明 break 语句的基本使用及其功能。完整测试代码可以参考 chapter3-workflow 目录下的 ForBreakTestCode. java 文件。中断循环的代码示例片段如下：

```
for(int index = 0;index <= 10;index ++){
    if(index == 6) break;   //index == 6,跳出循环
    System.out.println("The Current Index:"+ index);
}
```

在该循环中，当 index 的值为 6 时，满足了 break 执行的条件，则执行 break 语句，结束整个循环语句，之后继续执行后续的逻辑代码。

在实际项目中，由于业务本身的需求，代码结构往往比较复杂，存在循环嵌套的情况。在这种情况下可以使用 break 语句跳出嵌套循环。循环中使用 break 的代码示例如下：

```
for(int outIndex = 0;outIndex <10;outIndex ++){
    for(int innerIndex = 0;innerIndex <5;innerIndex ++){
        if(innerIndex == 2){
            System.out.println("中断当前循环,innerIndex"+ innerIndex);
            break;
        }
        System.out.println("innerIndex:"+ innerIndex);
    }
    System.out.println("outIndex:"+ outIndex);
}
```

在上述示例中存在两个循环，称为内循环与外循环。在内循环中判断 innerIndex 是否等于 2，如果等于 2，则通过 break 语句跳出当前循环。根据执行结果可以得知，break 只是中断了当前内循环，不再输出 innerIndex 大于 2 之后的输出语句，而外循环的执行则不受影响。通过这个示例可以发现，每一次 break 语句的调用只会中断一层循环的执行。

循环中可以使用基于 boolean 类型的逻辑变量作为中断循环的标识。将上述的示例代码重新改写一下，具体的代码示例如下：

```
boolean breakFlag = false;   //初始化中断循环标识
for(int outIndex = 0;outIndex <10;outIndex ++){
    for(int innerIndex = 0;innerIndex <5;innerIndex ++){
        if(innerIndex == 2){
            System.out.println("中断当前内层循环,innerIndex:"+ innerIndex);
            breakFlag = true;
            break;
        }
        System.out.println("innerIndex:"+ innerIndex);
    }
    if(breakFlag) break;   //中断 outLoop 外层循环
    System.out.println("outIndex:"+ outIndex);
}
```

从上述代码中可以看到，新增了 breakFlag 的中断循环标识，将其初始化为 false。在内循环中，当需要中断循环时，将其设置为 true。在跳出内循环的后续代码中增加 breakFlag 的判断语句，当其值为 true 时则执行 break 语句，跳出当前的循环，从而达到完全跳出当前循环的目的。

3.6.2 continue 语句

continue 语句只能在循环语句内部使用，作用是跳过该次循环，继续执行下一次循环。在 while 和 do-while 语句中 continue 语句跳转到循环条件处开始继续下一次循环，而在 for 语句中 continue 语句跳转到迭代语句处开始继续执行。

完整代码请参考 chapter3-workflow 目录下的 ConintueTestCode. java。下面以基于 for 循环的语句来展示 continue 语句的功能，其核心代码如下：

```
for(int index = 0;index <5;index ++){
    if(index == 3) continue;
    System.out.println("现在的循环变量:"+ index);
}
```

则当前程序的执行结果如下：

```
现在的循环变量:0
现在的循环变量:1
现在的循环变量:2
现在的循环变量:4
```

在代码示例中，当 index 等于 3 时，则执行 continue 语句，跳出当前循环，继续下一轮的循环，结果输出信息中将缺少当 index 等于 3 时的输出信息。在实际程序中，一般通过 continue 语句中断某次循环代码中某些代码的执行。在 while 以及 do-while 循环语句中用法类似。

3.7　综合示例

在学习程序设计语言的过程中，学习和了解语法很重要，这是编写代码的基础；在了解语法之后，利用学到的语法解决实际问题的过程，是实现从理论到实践的必经之路。在实践编写代码过程中，加深对抽象和晦涩语法的理解也是非常重要的。

在实践中编写解决实际问题的代码，需要通过大量练习来适应程序设计语言的思维方式，熟练地把解决问题的步骤转换为程序代码，这些都需要通过大量时间投入、阅读大量的程序代码和实际编写代码来实现。本节将通过若干实际问题和描述解决这些问题的过程来帮助大家逐步熟悉这个过程。

在遇到实际问题时，刚开始分析起来可能有一定困难。如果大家之前没有类似的经验，可以先基于已有的示例和代码来分析和反复琢磨，能够思考出解决问题的步骤以及对应的代码。然后逐步模仿和思考，找出其中的规律和技巧，通过这些步骤来培养程序设计思维和技能。在未来碰到新问题时，可以按照之前的思路来解决。

本节将通过若干的实际问题分析，来说明解决实际问题的步骤以及如何编写对应的代码，希望大家动手将完整的代码在电脑上输入一遍，加深对语法和问题分析步骤的理解。

3.7.1　百元购物问题

1. 问题描述

妈妈给了小明 100 元，让小明到超市去买东西。超市里可乐每瓶 5 元，牛奶每瓶 8 元，矿泉水每瓶 3 元。如果要求每种商品至少买一个，请问最多有多少种购买方案呢？

其实这个问题是数学上的组合问题，只需要把所有的情况列举出来，然后判断是否符合要求即可。这样的重复列举问题，在程序上可以使用循环解决。

2. 实现思路

每种商品都是至少要买一个，但是每种商品最多可以购买的数量是可以计算出来的，就是 100 元除以商品单价的数量，所以每种商品最多可以购买的数量如下：

商品名称	最小购买数量/个	最大购买数量/个	商品总价/元
可乐	1	100/5	100
牛奶	1	100/8	100
汽水	1	100/3	100

在获取了各类商品的可购买数量范围之后，即可针对这三种商品的数量进行排列组合，这三种商品的购买数量需要满足一个条件就是总价不能超过 100 元，即遵守如下公式：

```
5*i+8*j+3*k<=100
```

其中，i 为可乐的数量，j 为牛奶的数量，k 为汽水的数量。

剩下的工作就是按照排列组合的方式来实现这三种商品数量的组合，每种组合都是一个可能的方案，具体的情况如下：

商品组合	可乐	牛奶	汽水
1	1	1	1
2	2	1	1
3	2	2	1
……			
N	i	j	k

上述的 N 代表最大购买数量组合数，i、j、k 分别代表三种商品的购买数量。基于上述思路通过程序计算最终的组合数量和组合情况。

在程序中，可以通过循环的方式来实现输出各种排列组合的情况，每种商品都是一个循环，一共是三个循环机制。循环的初始条件是 1，结束条件是达到了可乐/牛奶/汽水的购买最大限额，然后循环结束。在这些循环中还有一个约束条件，就是当购买的商品满足总金额不超过 100 时，才是有效的。

在了解了程序的基本思路之后，接下来看看具体的实现代码细节：

```
int planCount=0;                              //方案数量
for(int i=1;i<=100/5;i++){
    for(int j=1;j<=100/8;j++){
        for(int k=1;k<=100/3;k++){
            if(5*i+8*j+3*k<=100){             //金额在 100 元之内
                planCount++;                  //方案数量自增
                System.out.println("Plan:"+planCount+",可乐:"+i+
                  ",牛奶:"+j+",汽水:"+k);
            }
        }
    }
}
```

完整的代码可以参考 chapter3-workflow 目录下的 BuyThing100. java。

3.7.2　计算 99 乘法表

1. 问题描述

在控制台上打印出数学上的 99 乘法表。这里需要实现数字的多行输出，前面使用的 System. out. println 是输出内容并换行，后续输出的内容就在下一行显示；如果在输出时不需要换行，则可以使用 System. out. print 语句。

99 乘法表的规则是总计 9 行，第一行有 1 个数字，第二行有 2 个数字，依次类推，数字的值为行号和列号的乘积。

2. 实现思路

使用循环控制打印 9 行，在循环体中输出每行的内容，一行中输出的数字个数等于行号，数字的值等于行号和列号的乘积。每一行输出完之后，换行继续输出下一行。

具体的实现代码如下：

```
for(int row = 1;row <= 9;row ++){                //循环行
    for(int col = 1;col <= row;col ++){          //循环列
        System.out.print(row*col);               //输出数值
        System.out.print('');                    //输出数字之间的间隔空格
    }
    System.out.println();                        //一行输出结束,换行
}
```

输出结果如下：

```
1
2 4
3 6 9
4 8 12 16
5 10 15 20 25
6 12 18 24 30 36
7 14 21 28 35 42 49
8 16 24 32 40 48 56 64
9 18 27 36 45 54 63 72 81
```

从上述输出结果可以看出，由于输出结果的数字位数不同导致数字没有对齐，如果想实现数字的左对齐，则需要在一位数字的后面多输出一个空格。如果想实现数字的右对齐，则需要在一位数字的前面多输出一个空格。以下代码实现了数字的右对齐：

```
for(int row=1;row<=9;row++){              //循环行的间隔空格
    for(int col=1;col<=row;col++){        //循环列
        if(row*col<10){                   //一位数
            System.out.print('');
        }
        System.out.print(row* col);       //输出数值
        System.out.print('');             //输出数字之间的间隔空格
    }
    System.out.println();                 //一行输出结束,换行
}
```

在这个示例中，其实程序本身的逻辑比较简单，更多的是如何正确地输出 99 乘法表中的位置信息和空格信息，其主要是使用了 for 语句来实现的，大家可以在这个示例中体会 for 语句的使用方法。本示例中的完整代码请参阅本书代码位置 chapter3-workflow 目录下的 Print99. java.

3.7.3 啤酒兑换问题

1. 问题描述

小明平时喜欢喝啤酒，每喝完一瓶啤酒可以得到一个空的啤酒瓶，啤酒厂为了促销推出每 3 个空瓶子可以免费兑换一瓶啤酒的活动。小明可以将兑换的啤酒继续喝掉，获得新的空啤酒瓶，如此循环下去，直到没有可以兑换的啤酒瓶为止。假设开始的时候，小明总共买了 100 瓶啤酒，问小明最后总共可以喝多少瓶啤酒，最后还能剩下几个空的啤酒瓶?

这个问题其实是个比较典型的递推问题，每 3 个空瓶可以换 1 瓶新的啤酒，这样一直递推下去，直到最后不能换到啤酒为止。

2. 实现思路

（1）第一种思路：每次喝一瓶，每有 3 个空瓶子就去换一瓶新的啤酒，直到最后没有啤酒可以喝为止。在程序中记录啤酒的数量和空瓶子的数量即可。

程序具体实现代码如下：

```
int num=100;                //啤酒数量
int drinkNum=0;             //喝掉的啤酒数量
int emptyNum=0;             //空瓶子的数量
while(num>0){               //有啤酒可以喝
    num--;
    emptyNum++;             //空瓶子数量增加 1
    drinkNum++;             //喝掉的啤酒数量增加 1
    if(emptyNum==3){        //有 3 个空瓶子,则去换
```

```
        num++;                  //啤酒数量增加1
        emptyNum=0;             //空瓶子数量清零
    }
}
System.out.println("总共喝掉瓶数:"+drinkNum);
System.out.println("剩余空瓶子数:"+emptyNum);
```

输出结果信息为：

```
总共喝掉瓶数:149
剩余空瓶子数:2
```

在该代码中，每次循环喝掉一瓶啤酒，则啤酒数量减少 1，空瓶子数增加 1，喝掉的总啤酒瓶数增加 1，每次判断空瓶子的数量是否达到 3，如果达到 3 则换 1 瓶啤酒，同时空瓶子的数量变为零。这种思路比较直观，但是循环的次数比较多，所以就有了下面的逻辑实现。

（2）第二种思路：一次把所有的啤酒喝完，获得所有的空瓶子，再全部换成啤酒，然后一次全部喝完，再获得所有的空瓶子，依次类推，直到没有啤酒可喝为止。

按照这种思路，程序具体实现代码如下：

```
int num=100;                //啤酒数量
int drinkNum=0;             //喝掉的啤酒数量
int emptyNum=0;             //空瓶子的数量
while(num>0){               //有啤酒可以喝
    drinkNum+=num;          //喝掉所有的啤酒
    emptyNum+=num;          //空瓶子数量等于上次剩余的加上这次喝掉的数量
    num=emptyNum/3;         //兑换的啤酒数量
    emptyNum-=num*3;        //本次兑换剩余的空瓶子数量
}
System.out.println("总共喝掉瓶数:"+drinkNum);
System.out.println("剩余空瓶子数:"+emptyNum);
```

在该代码中，每次喝掉所有的啤酒，也就是 num 瓶，则喝掉的总瓶数每次增加 num，因为每次都可能剩余空瓶子（不足 3 个的），则总的空瓶子数量是上次空瓶子数量加上本次喝掉的 num 瓶。接着是兑换啤酒，则每次可以兑换的啤酒数量是空瓶子数量的 1/3，注意这里是采用整数除法，而本次兑换剩余的空瓶子数量是原来的空瓶子数量减去兑换得到啤酒数量的 3 倍，这就是一次循环所完成的功能，依次类推即可解决该问题。

完整的代码可以参考 chapter3-workflow 目录下的 CalcBeer. java。

本章小结

在程序设计语言中，流程控制语句主要是由顺序语句、条件语句和循环语句构成的，它们构成了程序中纷繁复杂的各类代码结构和流程实现。在本章中，首先介绍了条件语句 if-else 和 switch-case，讲述了基本语法结构，通过代码示例演示其使用方法。循环语句是程序设计语言中根据条件需要多次反复执行的功能逻辑语句，在本章中介绍了三种循环语句，即 while 语句、do-while 语句和 for 语句。break 语句和 continue 语句是中断循环的语句，在特定场景下需要跳出循环，break 语句是完全跳出循环逻辑；continue 语句是跳出当前循环，后续的循环逻辑还会继续执行。

在学习了程序设计语言的控制语句之后，本章最后提供了三个简单示例，展示如何分析一个实际的问题，将这个问题一步一步地转换为最终的流程实现，并最终将这个流程通过代码实现，用程序代码来解决现实中的业务问题。大家可以对这些示例多加理解和思考，相信对开阔大家的程序设计思路会有所裨益。

参考资料

1. Java 流程控制教程

http://www. runoob. com/java/java - loop. html

2. Java 流程控制

https://www. cnblogs. com/jiajia - 16/p/6008200. html

3. 条件语句

https://blog. csdn. net/heyJJ1226/article/details/49334395

自 测 题

一、单项选择题

1. 下列控制语句中，不能实现循环操作的是（　　）。

A. for　　B. switch-case　　C. while　　D. do-while

2. 下列语句中，可以完全中断循环逻辑的是（　　）。

A. while　　B. switch　　C. break　　D. continue

3. 下列循环语句中，实现先执行后判断循环条件的是（　　）。

A. while　　B. do-while　　C. for　　D. switch-case

4. 在 switch-case 语句中，需要与（　　）语句搭配使用，用以结束对应 case 逻辑的执行。

A. continue　　B. break　　C. while　　D. if-else

5. 有如下代码片段，其执行的结果为（　　）。

```
int var;
for( var =1;var <=5;var ++ )
    {System. out. print( var);
}
```

A. 代码执行成功，输出结果为 12345
B. 代码执行成功，输出结果为 6
C. 代码执行成功，输出结果为 1
D. 代码编译失败，没有结果输出

6. 在下面的代码中，输入下列信息会导致输出“default”的是（　　）。

```
public class Test1{
        public static void main(String args[]){
        int m;
        switch(m){
        case 0:System.out.println("case 0");
        case 1:System.out.println("case 1");break;
        case 2:break;
        default:System.out.println("default");
        }
    }
}
```

A. 0　　B. 1　　C. 2　　D. 3

7. 有如下代码片段，请问 x 处于（　　）范围时将打印字符串“second”。

```
if(x>0){System.out.println("first");}
    else if(x>-3){System.out.println("second");}
    else{System.nut.println("third");}
```

A. x >0　　B. x >-3
C. x <=-3　　D. x <=0 && x > -3

8. 下列数据类型中，不能用于 switch 语句的是（　　）。

A. double　　B. byte　　C. short　　D. char

二、问答题

1. 在 Java 语言中，分别有哪些实现循环的方式，这些方式各自有什么相同点和不同点？
2. 在 Java 语言中，如何实现一个多分支条件的判断？
3. break 语句和 continue 语句在应用场景上有什么不同？它们在功能上的不同点是什么？

第4章　面向对象程序设计基础

导　　言

在程序设计语言中，程序被描述成由算法和数据结构组成。数据结构描述了数据如何被组织和存储，算法描述了这些数据基于什么样的流程被操作和执行。面向对象技术是指将数据和行为封装到类内部，由对象进行行为操作和数据访问，这种程序分析思路和设计语言极大地提升了开发的效率以及程序的可读性和可维护性，很好地降低了程序的复杂度。

面向对象是一种分析现实世界的思维方式和方法论。面向对象技术是针对面向过程在解决现实问题中碰到的困境而提出的新思维方法论，面向对象技术可以更好地降低程序的复杂度，让设计之后的程序具有更好的可读性和可维护性，更符合人们关于世界的理解和认知。

本章的案例，将基于面向对象技术对小智收银系统进行重新改造，将收银系统中的不同功能模块抽象为类和对象，通过对象的方法实现业务逻辑的封装和功能调用。在这个案例中，大家将接触到如何将现实的业务问题分析、抽象和定义为具体的类，将不同的操作和行为抽象为类的方法。在改造完成之后，大家会发现系统整体的结构更为清晰，易于理解，而这正是面向对象技术的魅力所在。

学习目标

学习完本章之后，你将可以：

【掌握】

（1）Java语言中类的基本概念和基本用法。

（2）Java语言中对象的创建与方法调用。

（3）Java语言中修饰符的含义和使用。

【理解】

（1）抽象和提取类属性和方法的基本过程。

（2）类和对象之间的区别与联系。

【了解】

（1）面向对象的基本概念。

（2）面向对象与面向过程的区别和特性对比。

4.1　面向对象的收银系统

4.1.1　系统改造描述

小智收银系统开发完成后，很多便利店都在使用这套系统进行收银结账，而且相比于之前手工收银，效率和便利程度都大大提升，大家都欢欣鼓舞，这是一个很有市场价值的软件系统。

当大家坐在一起讨论收银系统的实现时，忽然开发团队中的资深工程师老毕站起来说，虽然项目功能已经实现了，但是整个系统的主要核心代码都是在一个类中，紧密耦合在一起，复杂度高并且理解难度大，非常不利于后期的扩展和维护，建议采用面向对象技术对系统进行重新改造，解决这些问题。

整个团队经过一番讨论，大家一致赞同老毕的提议，于是决定采用面向对象技术进行系统的重新升级改造，让小智收银系统的结构变得更为清晰，易于理解，便于以后的扩展和维护。

4.1.2　改造内容分析

小智收银系统的主要功能是由商品展示、选购商品、结账收银和退出系统等若干核心操作组成的，其中涉及货架上的待售商品、在用户选购商品过程中暂存商品的购物车。另外还需要从键盘中接收用户输入的信息。主要流程控制放在 main( )方法中。

经过一番针对现有系统的分析后，团队将系统中的若干信息进行抽象，提取了以下实体类：

（1）商品类 Commodity，包含序号、名称和价格信息。

（2）便利店的货架 Inventory，包含放在货架上的商品列表以及相关的货架商品信息操作。

（3）购物车 CommodityCart，暂存了用户选购的商品信息。

（4）键盘输入扫描 KeyboardScanner，主要负责从键盘中接收用户输入的指令，如果用户输入的指令无效，则提示用户重新输入。

（5）结账收银类 Cashier，负责定义收银系统的不同操作，如商品展示、选购、结账收银、系统可用指令等行为方法。

在新版本的小智收银系统中，主要的核心逻辑将由上述的几个类来完成，每个类都提供了若干操作方法，分别执行不同层面的操作，从而最终实现一个完整的业务逻辑功能。

4.1.3　新的程序架构

基于小智收银系统的重构内容分析，这里使用 UML（Unified Modeling Language，统一建模语言）来描述新的程序架构，具体程序架构如图 4－1 所示。

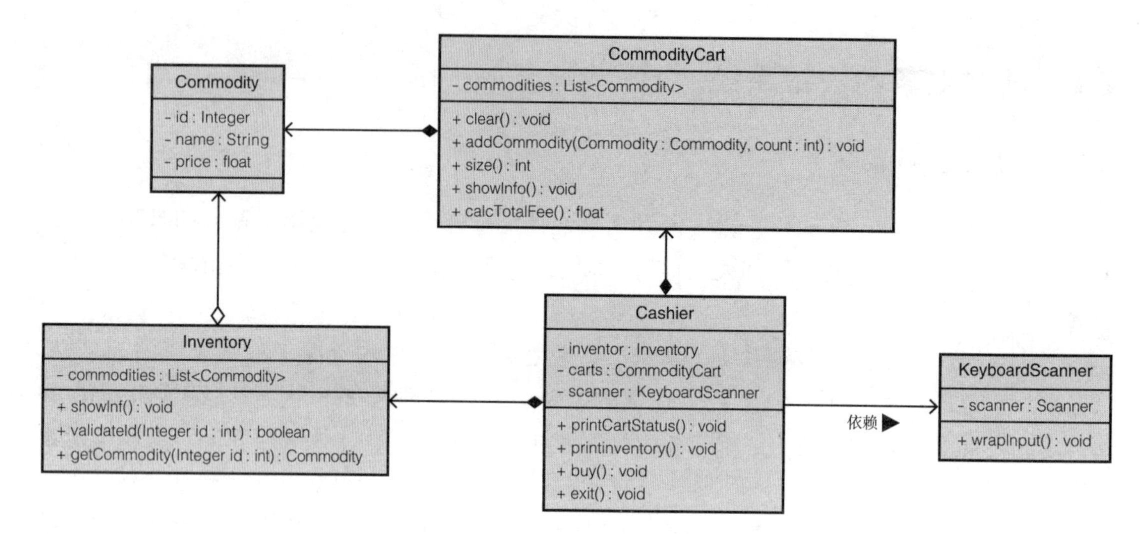

图 4－1　小智收银系统的具体程序架构

在图 4－1 中，原本单独的 Cashier 类被分解为 5 个不同的实体类，Cashier 类中的职责也被拆分到了这些实体类中，例如，具体的结账收银的操作被放到了 CommodityCart 类中，Cashier 类中的方法只需要调用即可。KeyboardScanner 类将负责从键盘接收用户的输入指令，将不合法的指令输入过滤掉，并提示用户重新输入，直至收到合法的指令，并将结果返回给 Cashier 类中的方法。

整个面向对象分析和重构的过程，本质上就是将功能和职责进行重新组合、重新拆分的过程，即将一个复杂的操作，分别根据所属类实体的不同进行拆分。将一个复杂的业务操作转变成为一系列类和对象方法的调用，每个对象中的方法封装了若干独立的逻辑操作。通过这种分析的方式，面向对象技术会将系统中复杂的操作转变成一个个简单的操作，这些简单的操作重新组合，完成最终复杂的操作。

4.1.4　核心代码实现分析

在本节中将详细介绍并分析各个实体类的定义和实现。

（1）Commodity 商品类的定义与实现。商品类是实体类，定义了商品的 3 个属性：序号、名称和价格，并定义了设置和获取这 3 个属性的 public 方法。其核心代码定义如下：

```
public class Commodity{
    private Integer id;     //商品的序号
    private String name;    //商品的名称
    private float price;    //商品的价格

    public Commodity(Integer id,String name,float price){
        this.id = id;
```

```
        this.name = name;
        this.price = price;
    }
    public Integer getId(){
        return id;
    }
    public void setId(Integer id){
        this.id = id;
    }
    //其他类似的方法省略
}
```

（2）Inventory 货架类的定义与实现。货架类是便利店中货架的抽象，货架上摆放的是各类商品，这些商品都被存放在由 JDK 提供的 List 列表中，其核心代码定义如下：

```
public class Inventory{
    //便利店中在售的商品
    private List <Commodity> commodities = new ArrayList <Commodity>();
    public Inventory(){
        initCommodity();
    }

    private void initCommodity(){
        Commodity cola = new Commodity(1,"可乐",3.5f);
        this.commodities.add(cola);
        //...
    }
    public boolean validateId(Integer commodityId){
        //新增的商品 Id 校验,超出此范围的重新输入
        if(commodityId <1 || commodityId> this.commodities.size()){
            return false;
        }
        return true;
    }
    public Commodity getCommodity(Integer commodityId){
        Commodity currentCommodity = null;
        for(Commodity commodity:this.commodities){
            if(commodity.getId()== commodityId){
```

```
                currentCommodity = commodity;
                break;
            }
        }
        return currentCommodity;
    }
    //篇幅所限,省略其他方法
}
```

在 Inventory 货架类中，构造函数 Inventory( ) 对商品信息进行初始化，将商品信息放入 commodities 的 List 列表中。在类中还定义了 validateId( )，用来验证用户输入的商品序号是否在待售的商品列表中；getCommodity( ) 基于商品的序号，返回对应的商品 Commodity 实例；由于篇幅所限，这里没有列出 showInfo( )，该方法用于输出当前货架上的商品列表信息。

（3）CommodityCart 购物车类的定义与实现。购物车用于记录用户选购的商品列表和具体数量信息，这些购买信息被存放到 Map/HashMap 的数据结构中，商品实例作为键值，数量作为其值。其核心代码实现如下：

```
public class CommodityCart{
    //购物车中的商品
    private Map<Commodity,Integer> carts = new HashMap<Commodity,Integer>();
    public CommodityCart(){
    }

    public void addCommodity(Commodity commodity,Integer count){
        this.carts.put(commodity,count);
    }

    public float calcTotalFee(){
        float totalMoney = 0.0f;
        for(Commodity commodity:this.carts.keySet()){
            totalMoney += commodity.getPrice()* this.carts.get(commodity);
        }
        return totalMoney;
    }
    //篇幅所限,省略其他方法
}
```

在 CommodityCart 类中定义了 addCommodity( ) 方法用于向购物车中新增商品信息，入口参数为商品实例和数量。calcTotalFee( ) 方法用于计算当前购物车中的商品总金额，之前结算逻辑是在 Cashier 类中实现的，现在放到购物车类中更为合理，且架构更清晰。

在 CommodityCart 类中还定义了 size( )、clear( ) 和 showInfo( ) 等方法，由于篇幅所限，这里不再一一列出，完整代码实现请参阅 chapter4-oop 目录下的相关代码。

(4) KeyboardScanner 键盘输入类的定义与实现。小智收银系统中用户在命令行下输入指令，之前是在 Cashier 的方法中处理。这里将其单独抽象为独立的类，由其独立承担命令行输入的职责，其核心代码如下：

```
public class KeyboardScanner{
    private Scanner scanner;
    public KeyboardScanner(){
        this.scanner = new Scanner(System.in);
    }

    public int wrapInput(){
        int result=0;
        while(true){
                System.out.print("请输入您的操作指令:");
                if(scanner.hasNextInt()){
                    result= scanner.nextInt();
                    break;
                }
                else{
                    System.out.println("您输入的指令无效,请重新输入.");
                    scanner.nextLine();
                }
        }
        return result;
    }
}
```

在 KeyboardScanner 的构造方法中，基于 JDK 提供的键盘输入流 System. in，创建 Scanner 实例，接收命令行的输入。在 wrapInput( ) 方法中，提供无效输入的自动过滤机制，当用户输入的信息不是合法的数字时，提示用户重新输入。如果用户输入合法的数值，则返回调用者。这里使用 while (true) 的无限循环语句来实现用户输入无效情况下的多次输入流程。

(5) Cashier 类的更新与修改。面向对象技术将收银系统进行了拆分，原本在 Cashier 中的诸多操作都被封装到不同的类方法中，从而使 Cashier 中的方法逻辑变得非常简单清晰，对于 Cashier 中整体的方法数量并没有太多影响，其具体的代码实现如下：

```
public class Cashier{
    private Inventory inventory = null;           //便利店中的货架
    private CommodityCart carts = null;           //存放商品的购物车
    private KeyboardScanner scanner;              //封装输入类
    public Cashier(KeyboardScanner scanner){
        this.scanner = scanner;
        this.inventory = new Inventory();
        this.carts = new CommodityCart();         //初始化商品购物车
    }
    private void printCheckOut(){
        System.out.println("*********************************");
        printCartStatus();
        System.out.println("**---此次购买的商品总价汇总---**");
        float totalMoney = this.carts.calcTotalFee();
        System.out.println("此次购买的商品总价:"+ totalMoney);
        System.out.println("*********************************");
        this.carts.clear();
    }
    public void buy(){
        for(;;){
            System.out.print("请输入您购买的商品ID[输入100,返回上层],");
            int commodityId = this.scanner.wrapInput();

            if(commodityId == 100){
                System.out.println("**--完成购买操作,返回上层菜单--**");
                break;
            }
            //新增的商品Id校验,超出此范围的重新输入
            if(!this.inventory.validateId(commodityId)){
                System.out.println("无效的商品ID,请核对后,重新输入.");
                continue;
            }
            System.out.print("请输入您购买的商品数量:");
            int count= this.scanner.wrapInput();
            Commodity commodity = inventory.getCommodity(commodityId);
            this.carts.addCommodity(currentCommodity, count);
        }
    }
    //篇幅所限,省略其他方法
}
```

在 Cashier 类中，原本使用 HashMap 存储的信息都由不同的对象来接替，Inventory 实例存放货架信息，CommodityCart 存放购物车中的商品，KeyboardScanner 则接管了命令行输入的逻辑，调用者无须了解具体的输入过滤控制机制。

在 Cashier 类的 printCheckOut( )结账方法中，大段代码操作被 carts. calcTotalFee( )替换，在 Cashier 类中无须关心具体的计算逻辑，获取 carts 中返回的结果即可。在 Cashier 的 buy( )方法中，商品序号合法性判断的逻辑被 inventory. validateId( )方法所替代。基于序号获取具体商品实例的循环判断逻辑，被封装到 inventory. getCommodity( )方法中。在 buy( )方法中，逻辑上看起来就非常简洁和清晰了。

4.1.5　案例分析与总结

在小智收银系统的面向对象改造过程中，主要改造点集中在实体类的抽取、实体类相关逻辑封装为方法和将这些逻辑放入对应的实体类中。这些改造点就是面向对象思想和分析的基本要点。面向对象技术本质上是一种理解和分析事物的方式和方法，在面向对象的世界里，都是类和对象，业务逻辑的实现由对象的方法之间协作完成，每个方法中封装了一定的业务逻辑；类中的方法都围绕在这个实体类周围，表现为其动作和操作。

小智收银系统经过面向对象改造之后，整体结构变得非常清晰，也更加易于理解和修改。例如，如果需要新增商品，则找到 Inventory 类，进行修改即可，这些修改不会影响到 CommodityCart 和 Cashier 类，它们彼此之间实现了很好的隔离保护，这样就降低了引入各类问题的可能性和测试的工作量。

结合整个案例的分析和改造过程，让大家对于面向对象的整个分析过程有了一个直观清晰的认识，对于其中涉及的各类具体概念和语法，将在本章后续的内容中进行详细讲解。

4.2　面向对象的基本概念

4.2.1　面对过程的困境

面向对象设计之前是结构化程序设计的时代，主流程序设计语言如 Pascal 语言、C 语言等，都秉承结构化程序设计的思路，用“数据结构 + 算法”的思路描述和解决现实中的问题，每一个解决问题的步骤都是一个过程，所以又被称为面向过程的程序设计语言。

结构化程序设计思想可以很好地解决现实中的各类业务问题，但是随着项目的日益庞大、复杂，软件工程开发团队随之膨胀，规模变大，软件工程开发团队对于开发效率和复杂度控制的要求日益提高，结构化程序设计的思维方式在处理这些问题时，日益陷入捉襟见肘和举步维艰的困境。在处理业务问题尤其是复杂的项目时遇到诸多问题与挑战，主要表现在如下几个方面。

1. 抽象的层次

设计的程序和代码都是用来实现特定的业务处理过程的，基本上每一个处理过程都有特殊之处，虽然在设计这些方法和模块时经过了诸多情况考虑和分析，但是其抽象层次仍然比较低，无法做到大量的复用，各个模块和整个系统缺乏统一的结构抽象。其原因主要在于面向过程设计是面向具体问题的解决方法，面向流程中的步骤会对应代码中的具体方法，抽象层次停留在具体的问题和步骤层面。从理解的层面来说是见树不见林，只看到了细节，而在相当程度上会忽视整体的结构以及结构模块之间的耦合关系。

2. 数据和行为的封装

面向过程的语言在代码实现上是封装了动作过程，有明确的输入和确定的输出。当一个明确的输入进来，经过这个过程的处理，必然会得到确定的输出结果，代码和数据是分离的。其数据的封装程度依赖于过程的特征信息，工具类一般是通过参数传入而无须外部的数据来源，除此之外，大部分情况下都需要依赖外部的数据，并进行结果数据的修改和更新。如果系统中存在很多的这种模块，则维护这些结果和状态数据的过程将由于多个模块的依赖关系变得非常复杂。

从语言层面看，面向过程语言没有提供很好的隔离这种耦合和依赖关系的机制，更多地是需要工程师本身把握好这种复杂的关系处理，所以面向过程的语言在进行大规模项目的开发时，其复杂程度是非常高的。

3. 可重用性

任何项目都需要站在前人的肩膀上来开发和应用，充分利用前人的开发成果和类库可以达到事半功倍的效果。由于面向过程语言是面向解决特定问题的过程，从代码和功能利用的角度来说，重用的层次是独立的过程或者工具类，这些工具类和过程需要只依赖于接口输入的信息，并通过接口输出的方式将结果信息传递出去。工具和过程都散落在项目中的不同位置，且无法通过一个明显的主线将这些工具和过程穿插起来，在语言层面也没有提供类似的机制，无法很好地解决代码和功能复用问题。

随着信息化技术的不断渗透，面向过程思想和技术面临着越来越多来自现实复杂度、工程项目重用和整体项目架构复杂度的挑战，急切需要新的技术和思想来解决这些问题。

4.2.2 面向对象技术

面向过程是分析出解决问题所需要的步骤，然后用函数通过这些步骤一步一步实现，使用时依次调用即可。相对于面向过程语言，面向对象语言则从所要解决的问题出发，尝试将问题场景分解，抽象出不同的类和对象，建立对象的目的不是完成一个步骤，而是描述某个事物在整个解决问题步骤中的行为。在行为之外，与行为相关的状态数据也需要甄别出来，划归到各个不同的对象之内，成为对象的状态和属性。通过这种方式，对象的状态数据和行为紧密耦合在一起，并封装到对象这个概念之内，对于这些状态数据和行为的调用都需要通过对象来实现，这就是面向对象思想的形成过程。

面向对象语言是面向对象思想的一种实践，其核心思想有以下 4 个要点。

1. 封装性

封装性是指在程序代码实现之时，将复杂的内部结构隐藏起来，并为这组复杂的结构选取一个统一的名称进行标识，这就是类的概念。在现实世界中存在大量类似封装的示例，例如，笔记本电脑由屏幕、主板、硬盘、内存、外设等模块构成，这些模块都被封装到了笔记本这个大模块之内，对外则隐藏了内部的具体实现。

在面向对象技术中，类是典型的封装特性的体现，类将一组属性和功能组合成一个统一的结构，并使用类名来代表该结构。封装性的最大优势在于隐藏每个类的内部实现（内部结构），从而简化项目的分解以及项目的复杂度。

2. 抽象性

抽象是现实世界中人们常用的分析方法，是指将观察的事物进行简化概括，并抽取其特殊标志和属性状态信息，用以描述这个事物的本质特征。例如，日常生活中的各类地图，都是对生活中的建筑物、道路、山川、河流以及地理信息的抽象，抽象成地图上的线条、图形和图标等，方便人们在很短的时间内掌握和了解某个区域的地理信息。

在面向对象编程中，面对实际问题，需要从中抽象出事物的本质和特征信息，对这些特征信息进行整体分析，从中抽取的共性就是抽象的基础。这些抽象的结构将会被映射和转化为面向对象语言中的实体类，状态数据转化为类的属性，处理过程和动作转化为类的行为，这个是面向对象程序设计语言中已经支持的抽象过程。

在实际项目（尤其是复杂的项目）开发中，抽象能力是软件质量和可维护性优劣的重要参考指标，强的抽象能力可以使复杂的事物抽象后变得简单、易于理解和维护。

3. 继承性

在人类认知现实世界的过程中，一般会把事物进行分类，每类又根据不同的信息特征进一步划分为很多的细分类别。动物学就按照这个分类原则由大到小分为：界、门、纲、目、科、属、种共 7 个等级，例如，中国的国宝大熊猫，就属于动物界、脊椎动物门、哺乳纲、食肉目、大熊猫科、大熊猫属、大熊猫种。不同等级的类别之间存在包含关系（is-a），即哺乳类是脊椎动物类的一种，食肉类是哺乳类的一种等。子类别的特征信息完全符合父类别的特征信息。

在程序设计中，语言层面提供的继承机制允许开发者以简单的方式复用已有的抽象和实现。很多类之间也存在这种相似性和包含关系的特征，一个类的内部会包含类似的特征和属性，在这种情况下，就可以考虑基于继承直接使用这些属性和方法，而无须重新定义和实现，这个特性就是面向对象程序设计中的继承性。继承性提供了一种全新的类设计方式，可以充分利用已有类的内部结构和功能，极大地减少了类实现中的重复代码。基于继承实现代码复用是面向对象技术提供的重大技术变革，它可以很好地解决面向过程技术在实际项目开发中碰到的问题。

4. 多态性

多态性是指不同实体类的对象对于同一个消息做出的响应。通俗一点来说，就是在面向对象语言中，允许对不同对象的同一个方法进行调用。虽然它们都具有相同的方法名和特征信息，但是这些方法的响应和处理过程各不相同。在面向对象语言中，对于对象方法的调用一般被称为“发送消息给对象”。

在面向过程语言中，方法名必须是唯一的。方法名不能重名或者名称相似，否则容易让使用者和开发者产生理解上的困惑和误解。在面向对象语言中，则提倡相似的动作和行为使用同样的动作方法名，便于大家理解。对于使用者而言，不同的对象提供了同样的方法，这些功能应该是类似的，不同的对象根据自身的特点做出不同的响应和处理。以鸟为例，不同的鸟类都有鸣叫的动作行为，于是调用者可以直接调用鸟的鸣叫动作，各类鸟根据自身的动作做出响应，发出叫声，这些叫声由各个具体的鸟类实现，发出各自不同的声音。

4.2.3 面向对象技术的应用

面向对象的思想在实际项目开发过程中，除了被应用到程序设计领域外，还被应用到了需求分析和系统设计领域。

1. 面向对象的分析

面向对象的分析（Object-Oriented Analysis，OOA）一般是指由需求分析人员按照面向对象的分析方法，结合业务方的需求和沟通结果，整理出关于项目范围、项目功能列表和主要功能点的文档说明，用以建立与用户方关于需求理解的一致性。

2. 面向对象的设计

面向对象的设计（Object-Oriented Design，OOD）是指基于需求说明文档，结合项目的技术指标，针对项目的整体架构进行设计，并将系统按照功能或者业务划分为不同的子系统或者模块，给出各个模块的概要设计，最终输出架构设计文档和概要设计文档，这个工作一般由系统架构师和设计师来完成。

3. 面向对象的编程

面向对象的编程（Object-Oriented Programming，OOP）是指根据架构设计文档和概要设计文档，由软件工程师进行详细设计，形成项目的详细设计说明书，然后由软件工程师根据详细设计说明书进行编码实现，将最终的功能需求变成一个可以运行的系统。

面向对象是一种分析世界和描述世界的思维方式，用以将纷繁复杂的事物抽象简化为可以理解和掌控的行为和功能。这种思维方式可以将一个复杂的问题分解简化为一系列的简单问题，并基于对象的概念将数据和行为的复杂度封装到对象之内。Java 语言就是一种非常好的面向对象语言，通过对 Java 语言的学习和实践，读者可以更好地掌握和理解面向对象思想的使用方法，更好地解决实际问题。

4.3　类

在 Java 语言中，除了基础数据类型之外，所有的实体都是类（class），类是 Java 语言中最小的编程单元，是 Java 语言中进行所有操作和功能实现的基础。本章将针对类的前身后世进行深入的分析和介绍。

4.3.1　类的概念

类是一组具有类似特征和功能的事物，类的概念是抽象的，在现实世界中并没有与之对应的实体，而是从这些实体中抽取了事物的共性特征信息，定义在类里面。

类包括了现实事物的特征信息，但是不包含具体的数据值。类代表总体，而不代表实体特定的个体。例如，人的概念就是类，人是抽象的，没有具体的附着体，在人的概念中描述了人这个概念所具有的主要特征信息。每个具体的人都有名字，但是人这个概念是没有名字的，而每个具体的人，如张三、李四、王五等就是“人”这个类对应的对象，具备了人这个抽象概念的主要特征信息。

在日常生活中，人们每天都要乘坐各类交通工具，交通工具本身是一个抽象的概念，代表帮助人们出行的各类代步工具，如轿车、公交车、出租车、地铁和自行车等。交通工具只是一个描述代步工具的抽象概念，描述了一类事物的特征信息。交通工具在现实中没有具体的实物与之对应，只有各类车辆、公共交通等归属于这个类别，各种交通工具在速度、舒适度、使用场合和费用上各有不同，不同的出行方式都在类中进行封装和实现，类描述了它们共有的特性。

对于初学者而言，类的概念可以理解为一组具有相同或者类似特征信息的抽象事物，事物就是 Java 语言中类的概念载体。从程序语言的角度看，Java 类定义了一个复杂的数据结构，类中封装了用以表示属性信息的各种数据结构，允许开发者根据具体的需要以类的形式，定义、实现满足业务需求的复杂数据结构。

对于每个面向对象技术的初学者而言，理解类的概念是一个必经阶段，通过将一组特征类似的事物理解为类，建立抽象类的概念与具体类实体之间的联系，是面向对象技术入门的标志。对于一组事物来说，其共有的特征和功能有很多，在实际抽象类的过程中，只需要抽象出实际项目开发中需要的属性和行为动作功能即可。

4.3.2　类的声明和定义

在 Java 语言中，定义和声明一个类相当于创建了一个新的数据结构，Java 语言正是依靠功能各异的类，从而具备实现复杂系统功能的能力。

类声明的总体语法格式如下：

```
访问控制符[修饰符]class 类名{
    [属性声明]
    [构造方法声明]
    [方法声明]
}
```

说明：该语法格式中[ ]内的部分为可选。

访问控制符用于限定声明的类在多大范围内可以被其他的类访问，主要有默认访问控制符（无关键字）和 public。修饰符用于增强类的功能，使声明类具备某种特定的能力，如 abstract 抽象类和 final 不可修改类。class 是声明类时必须使用的关键字。类名是一个标识符，用于作为新声明的类名称，要求必须符合标识符的命名规范。

在 Java 语言的编码规范中，类名的命名规则为骆驼式命名法（Camel-Case），又称驼峰式命名法，正如它的名称 Camel-Case 所表示的那样，是指混合使用大小写字母构成变量和函数的名字。程序员们为了自己的代码在同行之间能更容易地交流，多采取统一的可读性比较好的命名方式。

下面将通过实际示例说明如何声明和定义 Java 类。

```
public class SuperStore{
    //类定义内容
}
```

public 表示 SuperStore 类可以被其他类访问，没有访问限制；SuperStore 是类的名称，{ }内声明类的具体内容，类的内部内容主要包括以下几部分：

（1）属性信息。可以使用简单的数据类型和类作为主要的数据类型，用以描述类的状态数据信息。

（2）方法声明。在这个部分定义了类的行为，包括公有方法和私有方法。

（3）构造方法声明。构造方法用以初始化类的属性信息，是在类创建对象时首先被调用的方法。

在学习了类的基本结构之后，在后续章节中，将详细介绍具体定义类的过程和相关注意事项。

4.3.3 属性声明

属性，有时候也被称作字段，在类中用于描述类的状态信息和特征信息。通过一组不同的属性构建出新的数据类型，属性的类型没有限制，可以使用简单的数据类型或者类作为数据类型，各种类型皆可。

属性声明的语法格式如下：

```
访问控制符[修饰符]数据类型 属性名[=值];
```

属性的访问控制符限定该属性被访问的范围，包括 public、protected、无访问控制符（默认访问控制符）和 private 4 种，分别代表不同的访问限制，具体的限定范围后续将有详细说明。

修饰符用于让属性具备某种特定的功能，修饰符主要有 static、final 等关键词。数据类型为该属性的类型，可以是 Java 语言中的任意数据类型，也可以使用 Java 中任意的类作为数据类型。

属性名是一个标识符，用于表示该属性的名称，在声明属性时可以为该属性进行赋值，也可以只做属性的声明，然后在方法内对该属性进行赋值。具体的赋值方式可以根据实际的需求来决定。

下面通过几个示例来展示定义属性声明：

```
private int age;
protected String schoolName;
public static final String Title="我的标题";
private Date startDate,endDate;
```

在示例中，首先定义了 int 类型的 private 私有 age 属性，这里没有为其赋值，age 将默认使用变量的缺省值 0，这个属性仅可在这个类内部访问。

schoolName 的命名规范遵守 Camel-Case 规则，属性名需要第一个字母小写，protected 类型是仅可被在同一个包的类和继承于当前类的子类访问，这里使用缺省值为空字符串。

Title 属性被声明为公有访问的静态变量，且为 final。用静态关键字修饰的属性表示该属性对基于类创建的各个对象都有同样的值；在访问方式上可以通过类名直接访问属性信息。final 表示其一旦被赋予初始值之后，将不能被修改，这是从 Java 语言的编译器层面进行语法检查来保障实现的。

Date 类型的变量展示了同时声明多个变量的方式，不同的变量之间使用逗号隔开，声明变量的数量没有限制。

属性的作用范围是类的内部，可以在类内部的任何位置引用属性，包括在方法和构造方法的内部。只要是在类的内部声明，对于属性声明的具体位置则没有限制。一般情况下，作为一个约定俗成的规则，属性定义声明都是在类定义的开始部分，便于不同的开发者查找和修改。

4.3.4 方法声明与定义

方法在类中定义了一组事物共有的类似动作和行为，这些动作和行为皆以方法的形式存在于类中，方法的声明规则如下：

```
访问控制符 [修饰符] 返回值类型 方法名称(参数,参数,参数...){
    //具体的方法体
}
```

与属性信息的访问控制符类似，方法的访问控制符限定方法的可见范围，或者说方法被调用的范围。访问控制符有 4 种，按其可见范围从大到小依次为 public、protected、无访问控制符（默认访问控制符）和 private。其中，无访问控制符无须添加任何关键字，具体的范围将在后续章节中进行详细介绍。

修饰符是为方法增加特定的语法功能，是可选的，对于方法实现的逻辑功能无影响。方法的修饰符有 5 个，依次为 static（静态的）、final（不可变的）、abstract（抽象的）、synchronized（同步的）和 native（本地的）。static 表示该方法不依赖于对象，可以直接基于类名来调用，调用方式是：类名．方法名；final 表示该方法不可以被子类继承扩展；abstract 表示方法是抽象的，必须在子类中进行实现扩展；synchronized 表示该方法是线程安全的；native 表示该方法是原生方法，是由非 Java 语言（C ++ 或 C 语言）编写实现的功能，但是可以在 Java 语言中直接调用。

返回值类型定义了该方法在执行之后的结果类型信息，表示返回调用者的数据类型，这个数据类型可以为 void，void 表示无返回值。

方法名称之后跟随的是参数列表，参数的数量不限，数据类型也没有约束，开发者可以根据实际项目功能的需求来定义方法具体需要的参数。在方法体之内，用户可以定义自己需要的业务逻辑，调用类定义的信息，完成相应的业务逻辑功能。

下面通过示例来展示方法的定义：

```
public class Goods{
    ...
    public float calcFee(int productNum,float price){
        float totalFee = productNum*price;
        return totalFee;
    }
}
```

在上述示例中，Goods 类内部定义了一个 calcFee( ) 方法，用以计算商品的总费用。calcFee 方法的访问控制是 public，可以被外部任意访问，float 定义了返回结果的数据类型。calcFee 是方法名称，遵守 Camel-Case 规则，但是单词的首字符需要小写。

该方法的入口参数有两个：int 类型的 productNum 为商品的数量，float 类型的 price 定义了单个商品的价格。在使用该方法的时候需要传入符合类型要求的两个参数。方法体内的两条语句分别为计算商品的总费用和 return。return 是一个语法关键词，表示将计算的结果返回方法的调用者，totalFee 是在方法体之内声明的变量，用于临时存储计算的结果，在 return 将 totalFee 的结果信息返回之后，totalFee 将被释放回收，totalFee 的作用域仅适用于声明的方法体内。

关于方法的定义和使用还有非常多的内容，这里仅仅简要介绍一下基本的方法声明和定义，在本章的 4.4 节还将进行详细的介绍。

4.3.5　构造函数声明和定义

构造函数（constructor），也称为构造方法、构造器，是类中在创建对象时首先被调用初始化类中属性信息的特殊方法。构造函数的命名要求和类名一致，构造函数虽然有时候也被称为构造方法，但是其与方法有非常多的不同之处。

构造函数的声明规则如下：

```
访问控制符 构造方法名称(参数列表){
    //构造方法体;
}
```

构造函数（构造方法）的命名要求和类名一致，但普通方法的命名没有这个约束，可以根据实际需要命名，没有什么特殊要求，只要方法名易读、易理解即可。构造函数没有返回值，普通方法可以根据需要决定是否返回结果值。

构造函数的调用时机是在创建对象时，无须显示地调用；普通方法的调用时机是需要基于对象．方法名()的方式显示地调用。

下面通过一个示例来展示类的定义过程。这里创建一个商品类，声明商品名称、商品价格和商品数量，同时创建其构造函数。具体的代码示例如下：

```
public class Goods{
    private String name;     //商品名称
    private int count;       //商品数量
    private float price;     //商品价格
    public Goods(String name,int count,float price){
        this.name = name;
        this.count= count;
        this.price = price;
    }
    …
}
```

在这个示例中，在类的开始部分声明了 3 个属性，之后为类的构造函数，构造函数名称与类名相同，在构造函数中声明定义了 3 个入口参数，在构造函数的方法体内，将构造函数的入口参数值赋值给类内部声明的 3 个属性。在调用 Goods 进行对象创建时，需要提供关于该商品的 3 个信息，才可以创建 Goods 类的对象。

示例中使用的 this 是 Java 语言内置的关键字，用以在类内部表示当前对象的引用，通过该引用可以调用对象的属性和方法，调用方式为"this. methodName( )"。

4.3.6 类定义示例分析

学习程序设计语言的最佳方式就是实践，动手编写代码，在实践中学习和体会各类语法的用法。在学习完了类的语法之后，下面将通过一个实际具体的示例来展示在本节中学到的内容。

在本章 Cashier 案例中，定义了 Cashier、Commodity、CommodityCart、Inventory 和 Keyboard-Scanner 共 5 个类，这里以 Commodity 商品类为例说明类的定义。

```
public class Commodity{
    private Integer id;     //商品的序号
    private String name;    //商品的名称
    private float price;    //商品的价格
    //构造函数
    public Commodity(Integer id,String name,float price){
        this.id = id;
        this.name = name;
        this.price = price;
    }
    public Integer getId(){
        return id;
    }
    public void setId(Integer id){
        this.id = id;
    }
    //省略其余的 set/get 方法
}
```

在 Commodity 类中，定义了 3 个属性，声明了构造函数 Commodity，定义了 3 个属性的读取和写入方法。

另外一个示例以 JDK 源代码中的 Boolean. java 为例讲解类的定义，由于 Boolean. java 类中有非常多的内容，此处重点挑选在学习 Java 类中需要关注的内容进行讲解。具体核心代码片段如下：

```
public final class Boolean implements java.io.Serializable,
        Comparable<Boolean>{
    public static final Boolean TRUE = new Boolean(true);
    private final boolean value;
    …
    ① public Boolean(boolean value){
        this.value = value;
    }
    ② public Boolean(String s){
        this(parseBoolean(s));
    }
    ③ public String toString(){
        return value?"true":"false";
    }
    ④ public static boolean parseBoolean(String s){
        return((s! = null) && s.equalsIgnoreCase("true"));
    }
    …
}
```

在这个示例中，Boolean 类使用 public 的访问控制符，该类可以被所有的类访问，没有任何访问限制；final 修饰符表示 Boolean 类不可被继承，只可以被用来创建实例；implements 是实现接口的关键字，后面跟随 JDK 中被实现的接口，关于接口的概念将在第 5 章进行详细的讲解。

属性定义部分，TRUE 变量是一个当前类 Boolean 类型的对象实例，在这个变量声明的同时进行 Boolean 类型对象的创建。TRUE 全部大写表示为一个常量，不能被修改，其值固定不变，并通过 final 来保证其不可修改性。public 表示没有访问限制，允许自由访问。static 表示其是静态变量的类变量，对这个变量的访问不依赖于对象。

构造函数部分声明了两个构造函数①和②，构造函数与类名相同，构造函数的入口参数分别为 boolean 和 String 类型，String 是在 JDK 中内置的字符串类型；构造函数②中的 parseBoolean( )是类中定义的静态方法。this( )表示调用了当前类的构造函数，就是之前定义的构造函数①；this 指代当前类的对象引用，可以访问当前类中定义的所有属性和方法。

在方法部分定义了普通方法③和静态方法④，方法③返回值类型为 String，方法体中定义了一个三元运算式的逻辑判断，根据不同的 boolean 值返回不同的字符串；方法④是一个静态的方法，功能主要是根据入口的字符串将其转化为 boolean 类型的值，这个方法也是在之前构造函数②中调用的静态方法。

如何查看 JDK 的源代码？在本书附带的项目中，导入项目×××，待导入项目成功之后，使用组合键 Ctrl + Shift + T，输入 Boolean，就直接打开 Boolean 的源代码了，这个是利用 Maven 项目的自动关联源代码的功能。

4.4 对象

对象是面向对象技术中一个非常重要的概念，实际项目开发的系统就是由一系列的对象构成的。如果用面向对象思想来分析现实生活，生活中的人、房子、车辆、电脑和各类工具等都可以当作对象来看待，每个对象都有自己的状态和行为动作，这些对象彼此之间通过对象的方法调用来完成操作和交互。

4.4.1 对象的概念

对象是用来描述一个包含状态信息和动作行为的抽象实体，抽象的概念是指这个实体并不一定存在于现实世界中。在实际项目开发中会根据具体需求提取不同类型和功能的对象，并给这些在现实世界中并不存在的对象赋予不同的行为。状态信息对应于对象的属性，动作行为对应于对象的方法。

类可以看作一整套规则和模板，对象则是根据类定义的规则创建具体的实例，类定义了对象的行为和状态规则，对象则是这些行为和状态的载体。一个类可以创建无数个对象，每个对象各不相同，内部包含特定的状态，实现特定的功能和操作行为。

从语法角度来看，对象是一个变量，类是预先定义和声明好的类型，这个类型本身既包含数据（属性），也包含方法（功能/行为）。在 Java 语言中，所有复杂的数据结构都可以称为对象，如数组、类和接口的变量等。

4.4.2 对象的语法

对象相关的语法主要包含 4 个部分，即对象的声明、对象的初始化、引用对象中的属性和引用对象中的方法。

根据在 4.3 节中学习过的类的知识，这里先定义一个类，用于后续创建对象实例。在这个类的声明定义中，Goods 类声明了两个构造函数：无参构造函数和拥有两个入口参数的构造函数。在类中定义了两个私有属性，即 count（表示商品的数量）和 price（商品的价格），并为这两个属性创建了对应的 get 和 set 方法，用以获取属性信息以及设置对应的属性信息。

1. 对象的声明

```
public class Goods{
    public int count;       //商品数量
    private float price;    //商品价格
    public Goods(){
    }
    public Goods(int count,float price){
        this.count=count;
        this.price=price;
    }
    public float calcTotalFee(){
        return this.count*this.price;
    }
    public int getCount(){
        return count;
    }
    public void setCount(int count){
        this.count=count;
    }
    //省略后续代码
}
```

对象的声明是声明一个类的实例和类的变量，其语法格式与变量声明的语法完全相同，格式如下：

```
类名 对象名
```

这里的语法类似于之前的变量声明，但是只有基于类、接口和数组等复杂结构声明的变量才可以称为对象，其余的只能称为变量，如 Java 中基本数据类型的变量。

对象声明的示例代码如下：

```
Goods gd1;
```

这里声明了一个 Goods 类型的对象 gb1，该对象由于未被初始化，其值为 null。

当然声明对象时也可以采用如下格式：

```
Goods gd1,gb2;
```

在声明对象时，可以允许同时声明多个对象变量，不同的变量之间用逗号隔开。

2. 对象的初始化

对象在仅仅声明的情况下，并未做初始化，其默认情况下为 null。从技术的角度来说，对象在声明时并未向系统申请存储空间，只是声明了一个变量，这个变量并未指向任何实际的对象空间。

为对象申请内存空间，并初始化对象中各个属性值，这个过程称为对象的初始化。这个初始化过程都是通过直接调用构造方法实现的，对象的初始化可以与对象的声明写在一起，也可以分开进行书写，其语法格式如下：

```
(类名)对象名 =new 构造方法(参数)
```

两种不同对象的初始化方式示例如下：

```
Goods gd1=new Goods();
Goods gd2;
gd2=new Goods(2,10.0f);
```

对象 gd1 是由类 Goods 不带参数的构造函数初始化创建而成，默认情况下整型参数的值为 0，float 类型的参数值为 0.0。对象 gd2 使用 Goods 类中带参数的构造函数进行初始化，依据构造函数中的初始化逻辑，依次对 count 和 price 进行赋值操作。

如果开发者在类中定义了一个构造函数，则在初始化对象时，调用的构造函数必须在类中声明过，否则不能调用。如果类定义中未定义任何构造函数，则系统默认为类创建一个无入口参数的构造函数，无须开发者显示地在代码中创建。

因为类名和构造函数的名称相同，所以名称一般不容易发生错误，在实际使用时注意参数列表的结构也需要匹配。有些时候，需要将构造方法声明为 private 的访问控制符，把构造方法隐藏起来，这个时候可以通过其他的途径来创建对象，例如，使用静态方法的返回值进行对象的创建初始化，并返回新创建的实例。实际项目开发中一个典型的应用是：设计模式中的单例模式，这个模式就是将构造函数声明为 private，通过静态获取对象的方法来实现创建对象的过程。

3. 引用对象属性

对象是属性和方法代码运行的载体，在代码中，需要引用对象内部的某个属性，访问属性的语法格式如下：

```
对象名.属性名
```

该语法定义中，“.”代表引用，使用该表达式可以引用对象内部的属性，该表达式的类型与该属性在类中声明的类型一致，前提是在对象内部，对象名使用 this 关键字来指代当前对象实例。在对象外部访问对象属性时，一般该属性必须被声明为 public，方可通过“.”来访问属性信息。在不使用访问控制符的情况下，访问权限为 protected，允许在同一个包和子类中基于对象和属性名直接访问其中的属性信息。

访问对象属性信息的示例如下：

```
gd1.count=5;
```

在上述示例中，gb1 是对象名，count 是对象中的属性，且被声明为 public，故在这里将 gb1. count 的属性赋值为 5。

在实际面向对象程序设计中，一般避免使用对象引用直接访问属性，这种控制是基于访问控制符实现访问限制。推荐做法是以属性的 get 和 set 方法进行属性信息的访问。

4. 引用对象中的方法

当调用对象内部的功能时，需要引用对象中的方法，也就是面向对象术语中的“消息传递”，其语法格式如下：

```
对象名.方法名(参数)
```

这里“.”代表引用，使用该方式可以引用对象内部的方法，该语法中的参数列表必须和引用方法的声明结构匹配，使用示例如下：

```
float totalFee=gb2.calcTotalFee();
```

这里引用对象 gb2 的 calcTotalFee( ) 方法，实现的功能是总金额的计算，把商品的数量和价格相乘。在实际项目中，通过引用对象中的方法实现项目中信息的传递以及功能的实现，通过对象和对象之间的关联，构造一个复杂的系统，从而完成系统的相应功能。

4.5　方法

方法是在程序中实现特定功能的代码片段，是 Java 语言中最基础的代码组织方式。本节将详细介绍方法的概念、语法以及在实际使用时需要注意的问题。

4.5.1　方法概述

方法是一组可实现特定功能的代码块集合。方法在语法上的功能主要包括：

（1）功能封装与结构化。方法实现了特定功能，并将实现特定功能的代码块封装到方法之内，保持代码的结构清晰。在方法内，代码容易阅读和修改，有良好的可维护性。

（2）提升代码复用性。在程序中可能会多次使用类似的功能，将程序中同样或类似的功能都提取为方法，在使用时只需要调用这些定义好的方法，而不用重复书写对应的功能代码。这样就极大地提升了代码的复用性。

在定义方法时，需要注意以下 3 点：

（1）方法实现明确的功能，这个功能相对比较独立和完整。方法实现的是一个相对完整的功能，所以在书写时要考虑各种可能的情况，并对每种情况做出恰当的应对处理。

（2）具有一定的通用性。方法实现的是业务功能，在具体编码实现时，可以根据需要使方法具备一定的通用性。

（3）方法实现的功能大小适当。Java 代码中的方法要保持一定的大小，如果超过一定行数，则容易引入太多的业务逻辑，从而让方法变得非常复杂，不利于维护和修改。一般会按照行数在编码规范中做出规定，如 15 ~20 行。

4.5.2 方法的声明

方法的声明写在代码中类声明的内部，一般的格式如下：

```
public class ClassName{
    //方法 1
    //方法 2...
}
```

在 Java 语言中，方法都是声明在类中的，方法与方法之间没有顺序关系，可以按照任意顺序排列和组合。

声明的方法其实就是为类新增了行为、动作和功能，具体方法声明规则如下：

```
访问控制符 [修饰符] 返回值类型 方法名称(参数列表){
    //方法体定义
}
```

在声明一个方法时，需要依次确定以下内容。

1. 访问控制符

访问控制符限定方法的可见范围，或者说方法被调用的范围。方法的访问控制符有 4 种，按可见范围从大到小依次为 public、protected、无访问控制符（默认访问控制符）和 private。其中，无访问控制符可不书写关键字。具体的范围在后续的 5.6 节访问控制符中有详细介绍。

2. 修饰符

修饰符是可选项，即在方法声明时可有可无。修饰符是为方法增加特定的语法功能，对方法实现的逻辑功能无影响。方法的修饰符有 5 个，依次为 static（静态的）、final（最终的）、abstract（抽象的）、synchronized（同步的）和 native（本地的），与之前介绍属性的修饰符类似。关于这些修饰符的功能将在 4.6 节中详细介绍。

3. 返回值类型

返回值类型是指方法功能实现以后需要得到的结果类型，该类型可以是 Java 语言中的任意数据类型以及用户自定义类等。如果方法功能实现以后不需要返回结果，则返回值类型定义为 void。

在实际书写方法时，需要首先考虑该方法是否需要反馈结果，要根据实际需要的返回结果定义相应的返回数据类型。在方法声明里声明返回值类型，便于方法调用时获得返回值，并对返回值进行赋值和运算等操作。

4. 方法名称

方法名称是类中方法的标识，用来代表某种独特的功能逻辑。在方法调用时，要用方法名称来确定调用的内容。为了增强代码的可读性，一般方法名称由若干个符合 Camel-Case 规则的单词组成，方法名称与该方法的功能保持一致。在 Java 编码规范中，要求方法的首字母小写，而方法名称中单词和单词间隔的第一个字母大写。

例如，商品价格的计算方法命名为 calcTotalFee( )，用于计算顾客某次购买商品的费用，该方法名称由 3 个不同的单词连接而成，除了第一个单词为缩写且首字母为小写外，其余单词皆为首字母大写，这样命名可以非常容易地被开发者读懂，理解方法的业务含义。

5. 参数列表

参数列表定义了方法需要从外部传入的数据类型以及个数，例如，在 calcTotalFee( ) 方法中需要两个参数，即商品的价格 price 和商品的数量；这两个参数需要在方法的声明中进行定义，具体的语法格式如下：

```
数据类型 参数名称,数据类型 参数名称,数据类型 参数名称...
```

参数的声明类似于变量的声明：类型在前，名称在后。如果有多个参数，则参数和参数之间使用逗号进行分隔。在方法调用时指定参数的值，而在方法内部，可以把参数看作已经初始化完成的变量，直接使用。

参数列表部分是方法通用性的最主要实现部分，从理论上来说，参数越多，方法的通用性越强，在声明方法时，根据需要确定参数的个数以及参数的类型。一般情况下，方法的参数不超过 6 个。当超过 6 个参数时，就意味着该方法本身承担了过多的业务逻辑和处理情况，需要将方法进行分拆，从而确保单个方法本身具备一定的业务逻辑，保持一定的简单性。

6. 方法体

方法体是方法的功能实现代码。方法体部分在逻辑上实现了方法的功能，该部分是具体的实现代码，不同的逻辑实现代码有比较大的区别。在方法体部分，如果需要返回结果的值，则可以使用 return 语句，其语法格式如下：

```
return 结果的值;
```

当无结果返回时，可以直接 return，示例如下：

```
return;
```

如果方法的返回值类型不是 void，则可以使用 return 返回结果的值，要求结果值的类型和方法声明时返回值的类型必须一致。如果返回值类型是 void，则可以使用 return 语句实现方法返回，而不需要返回值。当代码执行到 return 语句时，方法结束。

4.5.3 方法示例

在 Java 中，方法是实现程序中关键功能的最小单元，在实际声明方法时，不仅要根据业务场景需要确定访问控制符、修饰符、返回值类型、方法和参数列表等信息，还要按照功能要求的逻辑去实现方法体的代码。在实际设定时，需要根据功能的结构选择最恰当的内容。

下面将通过一系列的示例展示如何在代码中进行相应的方法定义与实现。

示例 1：判断儿童是否符合小学入学年龄标准。

功能描述：输入儿童年龄，判断其是否符合规定，如果符合，则返回 true；如果不符合，则返回 false。

实现分析：年龄使用 int 作为数据类型。年龄的规定为大于或等于 6 岁，且小于 15 岁，只有在这个范围内的适龄儿童才符合小学入学标准。结果返回值有两个：符合和不符合，使用 boolean 类型来表示返回结果。具体的代码定义如下：

```
public boolean isValidAge(int age){
    boolean isValid = false;

    if(age>=6 && age<15){
        isValid = true;
    }
    return isValid;
}
```

这里的访问控制符使用了 public，表示允许其他类或者方法调用，是公开和没有访问限制的。修饰符在这里并未使用，返回值为 boolean 类型，通过 true/false 表示其是否合法，入口的参数类型为 int，参数的数量为 1 个，代表当前儿童的年龄。

在方法体中，age >= 6 的含义是年龄大于或等于 6 岁；age < 15 的含义是年龄小于 15。“&&” 是 Java 语言中的“与”操作符，表示在左边与右边的条件都为 true 的情况下，整个表达式才为 true，否则为 false。功能可以描述为，age 在大于或等于 6 岁并且小于 15 岁的情况下，这个表达式为 true，在表达式为 true 的情况下，将变量 isValid 的值设置为 true，记录逻辑判断的结果。最后基于 return 语句将变量 isValid 返回方法的调用者，完成最终的方法操作。

完整的代码可以参考 chapter4-oop 目录下的 ChildAgeChecker. java。

示例 2： 数组排序。

功能描述：按照从小到大（升序）的顺序将整数类型的数组中的元素重新排序，返回重新排序后的数组。

实现分析：这个方法的主要操作目标是整数数组，入口参数就定义为整数数组。在方法体中的主要逻辑是按照增序对整个数组进行排序，并将排好序的数组结果返回调用者。

返回值的类型为整数数组，在方法体的最后返回了排好序的数组。实际上这个返回值不是必需的，因为从入口参数传入的数组本身在经过方法体的执行之后，就已经排好序了。该方法实现的核心代码示例如下：

```
public static int[] sort(int[] arrays){
        //检查数组的合法性
        if(arrays == null || arrays.length > 0)
            return new int[]{};

        int temp = 0;
        for(int i = arrays.length - 1;i > 0;-- i){
            for(int j = 0;j < i;++ j){
                if(arrays[j + 1]<arrays[j]){
                    temp = arrays[j];
                    arrays[j]= arrays[j + 1];
                    arrays[j + 1]= temp;
                }
            }
        }
    return arrays;
}
```

在这个方法定义中，访问控制符使用了 public，表示其可以被其他方法或者类访问；修饰符使用了 static，表示其为类的方法，不依赖于类的对象实例调用，可以基于类直接进行访问；入口参数为 int[ ]数组类型。返回值仍然为 int[ ]数组类型，这里将入口参数作为返回值进行了返回。

在方法体中，针对入口参数 arrays 进行合法性检查，主要是检查其是否为 null，数组长度是否大于 0，不符合上述条件的数组是不合法的。如果输入的参数不是合法的数组，则返回一个空数组，在返回的时候，重新声明创建了一个空的整型数组。

在完成合法性检查之后，arrays 进入了排序过程。这里使用了冒泡排序算法，冒泡排序算法是计算机领域中常见的排序算法之一，其核心思想是通过内外层的两轮遍历，将数组中的所有元素进行大小比对，如果后一个元素小于前一个元素，则将两个元素的位置进行交换，直至完成遍历。具体的算法思想可以参阅本章的参考资料。

这里默认使用增序作为最终数组的顺序，在这个方法中，还可以基于降序排列数组。同时在方法体的入口参数中，增加一个参数表示结果为增序或者降序，例如，声明一个 int 类型变量 order，值为 0 表示降序，值为 1 表示升序，读者可以在课外自行练习。

4.5.4 方法重载

方法重载（overload）是面向对象语言支持的一种语言特性，是在一个类的内部定义多个方法名相同，但是参数列表不同的方法，从而为同一个方法名提供更多的行为以及调用方式，极大地降低了开发者的记忆和理解难度。

方法名代表了特定的业务逻辑或功能，方法名相同表示其为同样相近的功能或者行为。重载方法的本质是通过方法入口参数类型以及顺序的不同，实现多个具有相同方法名的方法，各自拥有不同的实现逻辑。对使用者而言，对不同的入口参数使用同一个方法名，非常容易使用和理解。

从开发者的角度出发，方法的重载可以极大地减少类中方法名的数量，功能类似或者相同的方法使用同样的方法名，通过参数类型的差异将其进行归类，便于开发者提升代码的可读性和可维护性。

在 Java 提供的 API 中有大量应用重载的概念，方便程序员对于系统功能方法的实际使用。下面从 JDK 的源代码中看重载使用示例，这里采取 String 类作为示例展示重载的使用。在 String 类中定义了一个 valueOf( ) 的静态方法，用以将当前的数据类型输出为可阅读的字符串类型信息，在 String 类中一共定义了 9 种重载方法，用以支持不同的数据类型和操作方式，输出的结果类型相同。主要的定义如下：

```
• public static String valueOf(Object obj)
• public static String valueOf(char data[])
• public static String valueOf(char data[],int offset,int count)
• public static String valueOf(boolean b)
• public static String valueOf(char c)
• public static String valueOf(int i)
• public static String valueOf(long l)
• public static String valueOf(float f)
• public static String valueOf(double d)
```

在 9 个重载的 valueOf( ) 方法中，支持了 int、long、double、float、boolean、char、char[ ] 和 Object 等数据类型，从而让 valueOf( ) 方法在同样的语义下，实现了多种方法功能。

在 String 类中构造方法同样提供了丰富的重载实现，一共提供了 16 种不同的构造方法，这里仅列出 7 个示例：

```
• public String()                          //无入口参数构造方法
• public String(String original)
• public String(char value[])
• public String(byte bytes[])
• public String(StringBuffer buffer)
• public String(StringBuilder builder)
• String(char[]value,boolean share)        //包内的构造方法
```

在 String 的构造方法中提供了 1 个无入口参数的构造方法、1 个包内的构造方法、2 个过时的构造方法和 12 个支持不同参数类型和数量的构造方法。

String 的无入口参数构造方法与类名一致，访问控制符为 public，允许任意类进行访问，没有返回结果数据类型。

其余 12 个构造方法支持不同的数据类型，具体支持的数据类型包括：int、byte、byte[ ]、char、char[ ]、String、StringBuffer，让 String 满足各种不同场景的使用需求。

在以上示例中，方法名都是相同的，参数列表各不相同，这些方法实现了重载的概念。通常情况下，重载的方法在访问控制符、修饰符和返回值类型上都尽量保持相同，这个不是语法的要求，只是从功能设计与语义上要求特定的方法名实现特定的功能，其访问控制符、修饰符和返回值在同样的功能情况下应该是一致的，便于开发者在实际使用中阅读和理解。

4.6　修饰符

修饰符的作用是让被修饰的内容具备特定的功能以及实现功能约束。在程序中合理使用修饰符可以在语法和功能上实现很多功能效果。Java 语言中的修饰符主要有 5 个：static、final、native、abstract 和 synchronized。其中，native 主要用于修饰方法；synchronized 主要用于修饰方法和代码块；static 主要用于修饰方法和变量；abstract 和 final 主要用于修饰类、方法和成员变量。

4.6.1　static

static 关键字表示是静态的，该修饰符可以修饰成员变量、成员常量和方法。在面向对象中，static 修饰的内容属于类的内容，而不是属于基于类创建的对象实例，所以 static 修饰的成员变量一般称作类变量或者静态变量，而 static 修饰的方法一般称作类方法或者静态方法。另外，static 还可以修饰代码块，在代码块中用于在类加载和初始化的时候实现特定的功能。

4.6.1.1 静态变量

static 修饰的变量称作静态变量，它和一般的成员变量不同，当一个类加载到内存时，静态变量只会被初始化一次，也就是说所有基于类创建的对象中静态变量在内存中都只有一个存储位置，每个对象中的静态变量都指向内存中的同一个地址，它在所有的对象之间共享数据。

静态变量的引用方法与基于对象的引用方法有所不同，一般在以下两个场景下使用静态变量：

（1）在同一个类的多个对象之间共享某个值。

（2）基于类访问某些信息，而不是基于对象实例，可以使用静态变量。

下面首先分析一下静态变量和普通变量（没有 static 修饰符修饰的成员变量）之间的差异。为了更好地展示两者的不同之处，通过两个示例描述这两种变量在实际场景下存储和使用的区别。

示例完整代码参考 org/open/java/modifier/Ball. java。

变量使用示例定义如下：

```
public class Ball{
    private float weight;
    private float width;
    private float height;
    public Ball(float weight,float height,float width){
        this.weight=weight;
        this.height=height;
        this.width = width;
    }
    …
    public static void main(String[] args){
        Ball basketBall = new Ball(2.0f,25.2f,25.2f);
        Ball footBall = new Ball(1.5f,20.2f,20.2f);
        System.out.println("BasketBall Weight:"+ basketBall.getWeight());
        System.out.println("Footall Weight:"+ footBall.getWeight());
    }
}
```

在这个 Ball 类中定义了 3 个属性：重量（weight）、宽度（width）和高度（height），并定义了具有 3 个入口参数的构造方法。在 main( ) 程序入口方法中，创建了 basketBall 和 footBall 两个 Ball 的实例。那么这两个实例中的 3 个属性是如何存储的呢？下面通过图 4 - 2 展示普通变量在内存中的存储结构。

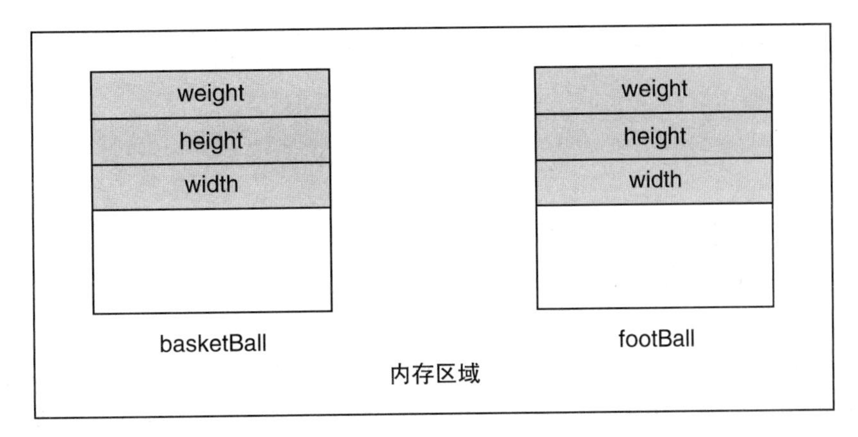

图 4 -2　普通变量在内存中的存储结构

从图 4 -2 中可以发现，basketBall 和 footBall 分别在内存中占据独立的区域，对象中的变量都是独立存储和访问的，彼此之间没有共享的内容。变量在类中被声明为 private 的私有类型，对于对象中变量的访问，通过对象中的方法来进行。例如，在示例中获取 Ball 的 weight 信息，通过 getWeight( )方法进行访问。这里出于空间的考虑，并未列出所有的 get/set 方法，详细的代码内容可以参考本书附带的代码文件。

静态变量在类和对象中是如何存储的呢？接下来通过示例查看静态变量的用法。具体的示例定义如下：

```
public class StaticBall{
    public static int seqNum;
    private float weight;
    private float width;
    private float height;

    public StaticBall(float weight,float height,float width){
        seqNum ++ ;//自增,记录创建的对象数量
        this.weight=weight;
        this.height=height;
        this.width=width;
    }
    …
    public static void main(String[] args){
        StaticBall basketBall=new StaticBall(2.0f,25.2f,25.2f);
        StaticBall footBall=new StaticBall(1.5f,20.2f,20.2f);
        System.out.println("BasketBall seqNum:"+basketBall.seqNum);
```

```
        System.out.println("FootBall seqNum:"+ footBall.seqNum);
        System.out.println("StaticBall seqNum:"+ StaticBall.seqNum);
    }
}
```

从上述示例代码中可以看到，在 StaticBall 类中声明了 static 修饰的变量 seqNum，用以标记当前类创建的对象数量。在 StaticBall 的构造方法中基于 seqNum 进行自增操作，调用一次构造方法，则 seqNum 增加 1，表示新创建了一个当前对象。

在 main( ) 程序入口方法中，创建了两个 Ball 的实例，然后输出在对象以及类中的 seqNum 变量的值。从输出结果看，输出的结果都是 2，预示着所有的对象之间都在共享这个静态变量。下面通过图 4－3 展示静态变量在内存中的存储方式。

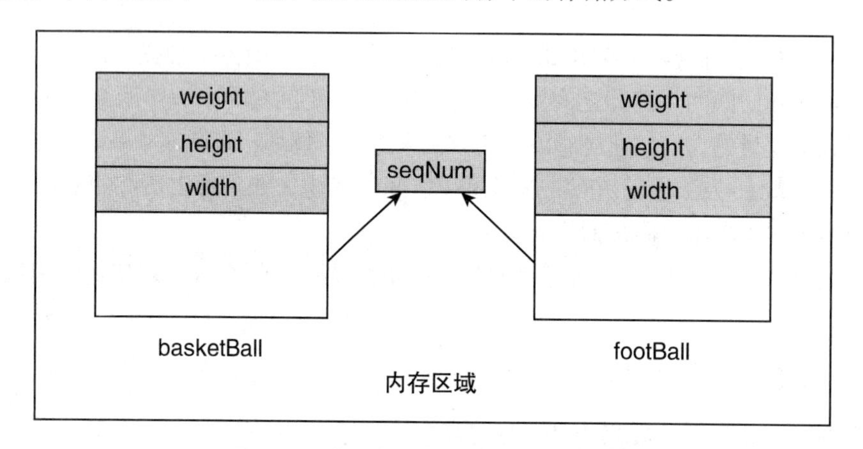

图 4－3　静态变量在内存中的存储方式

从图 4－3 中可以发现，weight、height 和 width 等普通变量是独立存储的，而 seqNum 是不同的对象实例之间共享的变量，不同的对象修改和读取的变量是同一个变量，所以在输出语句中，输出的变量值是完全相同的。

在 StaticBall 的测试代码中可以发现，针对 seqNum 这个静态变量可以基于对象和类名进行访问，但是在基于对象访问静态变量时，在集成开发环境中会提示如下警告信息（Warnning）：

```
The static field StaticBall.seqNum should be accessed in a static way
```

这个警告信息的含义是：因为 seqNum 是静态变量，所以必须以静态的方式来访问。基于对象的方式来访问也可以正常执行，但是会提示警告，一般不推荐这么使用。在类外部访问某类中的静态变量（常量）的语法格式如下：

```
类名.成员变量(常量)
```

在 StaticBall 类中，正确访问 seqNum 的方式是：

```
StaticBall.seqNum
```

第一次使用类时将初始化该类中的所有静态变量，以后就不再进行初始化了。无论创建多少个该类的对象，在内存中静态变量的存储都是独立于对象的。这样使用任何一个对象对该值的修改都会使该存储空间中的值发生改变，其他对象在后续引用时访问到的是变化后的值。静态变量就是基于这样的方式在所有的对象之间进行数值共享的。

静态变量在实际使用时，可以只存储一次，以节约存储空间，因此，在类内部定义的成员常量一般都是静态变量，因为常量的值在每个对象中都是相同的，而且使用 static 修饰也便于对成员常量的引用。

另外需要注意的是，static 关键字不能修饰成员方法或构造方法内部的变量。

4.6.1.2　静态方法

在 Java 语言中，static 修饰的方法称作静态方法。静态方法和一般的成员方法相比，主要有以下两个不同之处：

（1）静态方法调用起来比较方便，无须类创建对象，通过类可以直接调用。

（2）静态方法内部只能使用静态的成员变量。

一般静态方法都是类内部独立的功能方法，例如，在 JDK 中 Math 类中的所有方法都是静态的，而一般类内部的 static 方法也是方便其他类对该方法的调用。

下面通过示例展示静态方法的使用和定义，完整的代码参考 org/open/java/StaticMethodDemo.java，其核心代码示例如下：

```
public class StaticMethodDemo{
    public static int max(int[]numbers){
        int maxNum = Integer.MIN_VALUE;
        for(int number:numbers){
            if(number> maxNum)
                maxNum = number;
        }
        return maxNum;
    }

    public static void main(String[] args){
        int[]numbers = new int[]{ -1,4,32,9,2};
        int maxiumNum = StaticMethodDemo.max(numbers);
        System.out.println("Max Number:"+ maxiumNum);
    }
}
```

在类的外部调用静态方法时不需要创建对象，使用类名 . 方法名（参数）这样的语法格式进行调用，简化了代码的编写。

在上述示例中，定义了 max()静态方法用以从 int[]数组中找到值最大的元素，返回调用者。在 main()的测试方法中，静态方法可以直接基于类名进行调用，类似于静态变量，无须创建类的对象。

使用静态方法时，需要特别注意的是静态方法内部不能使用该类的非静态成员变量，否则将出现语法错误。静态方法是类内部的一类特殊方法，只有在需要时才将对应的方法声明成静态的，否则类内部的方法一般都是非静态的。

4.6.1.3 静态代码块

静态代码块指位于类声明的内部、方法和构造方法的外部、使用 static 修饰的代码块。静态代码块在该类被初始化时执行一次，以后将不再执行。在实际的代码中，如果需要对类进行初始化，可以写在静态代码块的内部。

下面的示例代码展示了静态代码块的使用方法：

```
public class StaticBlock{
    public static StaticBlock instance;

    static{
        if(instance == null)
            instance = new StaticBlock();
    }

    public void testMsg(){
        System.out.println("Hello,Static Block!");
    }
    public static void main(String[] args){
        StaticBlock.instance.testMsg();
    }
}
```

在上述示例中，定义了 StaticBlock 的静态变量 instance，使用 static 声明了一个代码块，在代码块中先判断 instance 是否为空，若为空，则创建 StaticBlock 的实例。测试方法是在 main()程序入口方法中，调用 testMsg()。

静态代码块是一种特殊的语法，在 Java 程序中，其主要的应用场景是什么呢？static 代码块会在类被 JVM 加载的时候执行，其执行时机比创建对象早，所以一般用来进行初始化配置文件或者静态变量之类的操作，例如，上述示例中的 instance 变量，就是在类加载的时候进行初始化的。当用户真正需要使用类的时候，直接可以调用静态方法或者类的静态变量。

4.6.2　final

final 关键字是最终的意思，在程序中可以用来修饰类、成员变量和方法的声明，由该关键字修饰的内容都是不可变的，这个不可变对于被修饰的类来说是不可继承的，对于方法而言是不可重载的，对于变量而言，值是不可修改的。

4.6.2.1　final 数据

final 修饰的数据是常量，常量既可以出现在类的内部，也可以出现在方法或构造方法的内部。在程序中，常量只能赋值一次，之后便只能读取而无法修改了。final 修饰的属性可以理解为在赋值之后将无法被修改。

在程序中，一般类内部的成员常量属性为了防止被修改和数值被覆盖，一般都使用 final 和 static 修饰符进行修饰。具体的示例代码如下：

```
public class Person{
    private int gender;                    //人的性别信息
    public static final int MALE = 0;      //男性
    public static final int FEMALE = 1;  //女性

    public Person(int gender){
        this.gender = gender;
    }
    public static void main(String[] args){
        Person person1= new Person(Person.MALE);
    }
}
```

在上述代码示例中，声明了 final 和 static 修饰的 int 变量 MALE 和 FEMALE，按照约定俗成的规则，变量名称全部大写，表示变量无法修改，会被当作常量来使用，对于此类变量，由于其有 static 修饰符，可基于类名直接访问。

在这个示例中，定义了两个 final 类型的常量信息，这些常量信息在创建对象的时候用以指定具体的性别常量值，在 main( )程序入口方法中创建了 Person 对象，其构造方法中传入了 Person. MALE 常量值来指定 person1 对象中的 gender 值。

final 用以修饰类中的常量值，一般与 static 静态修饰符一起使用。

4.6.2.2　final 类

final 关键字可以用来修饰类，final 修饰的类被称作最终类，最终类不能被继承，也就是该类不能有子类。由于 final 类本身无法被继承，故 final 类内部的每个方法都是无法被继承和覆盖的，本质上也是 final 方法。

在 JDK 的类库中，有相当一部分类是使用 final 来修饰的。例如，java. lang. String、java. lang. Integer、java. lang. Lang 等数据类型，都是使用了 final 修饰符的无法被继承的最终类。

使用 final 来修饰类，主要是向开发者表示这个类不允许自行扩展，从而保持类的稳定性和一致性，对于开发者而言直接使用即可。如果开发者有特殊需求，希望在这些 final 类之上扩展新的能力操作，则一般推荐使用组合的方式，在新定义的 Java 类中使用这些 final 类和实例对象，从而达到扩展这些 final 类功能和行为的目的。

4.6.2.3　final 方法

在 Java 类中使用 final 修饰的方法表示该方法在子类中不能被覆盖和重写，只能被调用。一般这些类中定义了流程和业务逻辑操作步骤，这些业务操作是固定的，不允许子类修改和重新定义流程，所以这些方法就被标识为 final，从而保证了业务流程的稳定性和一致性。

在 JDK 中有很多 Java 类用 final 来修饰特定的方法，从而将这些方法标识为不可继承和修改，允许子类调用，但不允许覆盖，如 Math 类中的数据计算方法。如果强行覆盖重写，则 Java 编译器会提示错误。这里举例展示出现错误的情况。

声明了 final 方法的基类 BaseGoods：

```
public class Goods extends BaseGoods{
    public void testFinalMethod(){
        System.out.println("Child class in testFinalMethod...");
    }
}
```

尝试继承并重写 BaseGoods 类中的 testFinalMethod( ) 方法：

```
public class BaseGoods{
    public final void testFinalMethod(){
        System.out.println("Hello,Final Method...");
    }
}
```

则在 Eclipse 中会提示如下错误信息：

```
Multiple markers at this line
    - Cannot override the final method from BaseGoods
    - overrides org.lang.book.chapter4.modifier.BaseGoods.testFinalMethod
```

从上述的提示信息可以得知，Java 编译器提示不能重写用 final 修饰的方法，大家在使用 final 以及类继承的过程中需要格外注意这个规则。

4.6.3 native

native 关键字是“本地的”意思，native 修饰的方法一般指方法的声明部分使用 Java 语言实现，方法的实现代码是在 Java 虚拟机内部使用其他语言实现的，如通过 C 语言或者 C ++ 语言实现的功能。Java 语言本身不能对操作系统底层进行访问和操作，但是可以通过 JNI（Java Native interface）接口调用其他语言实现对底层的访问和操作。

一般 native 定义实现的方法都是和系统操作有关的方法或者基于底层实现效率比较高的方法，常见于系统类，如 System 类的 arraycopy( )之类的方法等。

native 方法在 JDK 中非常常见，下面从 java. lang. System 类中截取两个示例作为说明：

```
public static native long currentTimeMillis();
public static native void arraycopy(Object src,int srcPos,Object dest,
  int destPos,int length);
```

在 Java 中定义的 native 方法是没有方法体的，只有一个方法的声明。这个方法声明就是基于 Java 语言的方法声明，具体的方法实现是通过 JNI 的方法加载其他语言，dll（动态链接库）将方法声明与具体的方法实现关联起来。这一点大家仅做了解即可，感兴趣的读者可以自行上网查阅更多的相关信息。

4.6.4 abstract

abstract 是抽象的意思，可以用来修饰类和方法，如果将类设置为 abstract，则此类只能被继承使用，不可直接创建对象。abstract 可以将子类的共性最大限度地抽取出来，放在父类中，以提高程序的简洁性。

一般情况下，abstract 的使用场景如下：

（1）父类只是知道其子类应该包含怎样的方法，但无法准确知道这些子类如何实现这些方法，其关心方法的行为和入口参数，不关心具体的实现。

（2）从多个具有相同特征的类中抽象出一个类，以这个抽象类作为子类的模板，约束子类的行为实现，从而避免子类设计的随意性。

抽象类的主要作用是帮助开发者在定义实体类的结构时，限制子类必须实现的方法，但是无须关注具体的实现细节。

如果类中有一个抽象方法，那么这个类一定是抽象类；反之，如果一个类为抽象类，则其中可能含有抽象方法，也可以不含有任何抽象方法。abstract 关键字在修饰类时，是从语言层面表示该类必须在继承中被使用。abstract 在修饰方法时，表示该方法必须在子类中被继承实现。另外，当前类必须是抽象类，即必须在当前类的修饰符中添加 abstract 关键字，否则在编译时会提示编译错误信息。

针对 abstract 简要总结以下几个基本规则：

（1）abstract 定义抽象类。

（2）abstract 定义抽象方法，只是声明，不需要实现。

（3）包含抽象方法的类是抽象类。反之，抽象类中不一定必然存在抽象方法。

（4）abstract 修饰的类中可以包含普通方法。

接下来通过定义一个抽象类，实现一个抽象方法，并实现一个具体的子类来展示 abstract 的具体用法，其核心代码定义如下：

```
public abstract class Phone{
    public abstract void call();
    public abstract void message(String msg);

    public String toString(){
        return "This is an abstract class.";
    }
}
```

这里声明了 abstract 基类 Phone，在其中定义了两个抽象的方法，这两个方法由于被声明为 abstract，所以仅仅声明了方法，而没有具体的实现。另外在 Phone 类中还定义实现了 toString( )方法，用以返回当前类的描述信息。

基于 Phone 基类定义声明的 SmartPhone 子类，其核心代码定义如下：

```
public class SmartPhone extends Phone{
    @Override
    public void call(){
        System.out.println("Smart Phone Call");
    }

    @Override
    public void message(String msg){
        System.out.println("Smart Phone Message");
    }
}
```

在 SmartPhone 类中，实现了 Phone 类中声明的两个抽象方法，@ Override 是 Java 中定义的注解（Annotation），用以标识这个方法是覆盖父类或基类的方法。然后就可以基于 SmartPhone 实现类创建具体的对象实例，执行具体的业务操作。

这里注意比较空方法和抽象方法的区别：空方法是有具体实现的，这个具体实现只不过为空而已；抽象方法是没有具体实现的，只有方法的声明。例如，下面两个示例的对比：

```
private void print(){};   //此语句表示方法的空实现
abstract void print();    //此语句表示方法的抽象,无实现
```

4.6.5　synchronized

synchronized 是一种同步锁，主要用于多线程的程序中，用以保障方法和代码块的线程安全性。所谓线程安全性就是保障每次只有一个线程进入该方法或者代码块内执行操作，其余的线程只有在当前线程执行完毕之后才可以进入这个方法或者代码块。

synchronized 修饰符应用的场景主要有以下几种：

（1）修饰一个代码块。被修饰的代码块称为同步语句块，其作用的范围是大括号{}括起来的代码，作用的对象是调用这个代码块的对象，用以保障代码块的线程安全。

（2）修饰一个方法。被修饰的方法称为同步方法，其作用的范围是整个方法作用域，作用的对象是调用这个方法的对象；在多线程环境下，某一时刻只允许一个线程访问，以确保线程安全。

（3）修饰一个静态方法。其作用的范围是整个静态方法，作用的对象是该类的所有对象。

下面通过程序示例展示 synchronized 的具体用法：

```
public class SyncCounter{
    private intcount=0;
    private static int times=0;

    public synchronized int countAdd(){
        count++;
        return count;
    }
    public int countInBlock(){
        synchronized(this){
            count++;//业务逻辑操作
        }
        return count;
    }
    public synchronized static void printTimes(){
        times++;
        System.out.println("current times:"+times);
    }
}
```

在这个示例中，一共定义了 3 个方法，每个方法都展示了一种 synchronized 的用法。

（1） countAdd( )定义了 synchronized 修饰的同步方法，实现了自增的操作。

（2） countInBlock( )定义了 synchronized 使用当前对象作为对象锁的同步代码块。

（3） printTimes( )基于 synchronized 修改的静态同步方法。

synchronized 主要应用于代码块、方法和静态方法中，用以实现线程访问的安全性。本节通过具体示例展示了 synchronized 在应用场景中的具体使用方法。本节提到的多线程技术，在后续的第 7 章中将会进行深入的分析和介绍。

4.7 this 关键字

在学习类和对象的过程中，关键字 this 频繁地出现在代码中，本节将针对 this 的用法做一个简要的梳理和总结，以使大家对 this 有一个直观的认知和理解。this 主要的应用场景有以下几个：

（1） this 调用本类中的属性，也就是类中的成员变量。

（2） this 调用本类中的其他方法。

（3） this 调用本类中的其他构造方法，调用时要放在构造方法的首行。

（4） this 代表当前对象，可以使用 this 将当前对象引用返回。

为了方便基于实例进行讲解，首先定义类 Student，本节中的示例将以 Student 代码为例进行讲解。类核心代码定义如下：

```
public class Student{
    private String name;
    private int age;
    public Student(){
        this("张三",15);//基于 this 调用构造方法
    }
    public Student(String curName,int curAge){
        this.name = curName;//基于 this
        age = curAge;//默认调用 this
    }
    public void setName(String name){
        this.name = name;
    }
    @Override
    public String toString(){
        return this.getName()+","+this.age;
    }
    ...
}
```

在 Student 类中声明了两个 private 属性，即 name 和 age，创建了基于 name 和 age 的 get/set 方法，定义了两个重载的构造函数；在构造方法中提供了 curName 和 curAge 两个入口参数，无参数的构造方法在方法体内部调用，通过赋予缺省值的方式调用有参构造方法；重载了 toString( ) 方法，输出对象中的信息。

1. 应用场景：引用成员变量

在一个类的方法或构造方法内部，可以使用“this. 成员变量名”的格式引用成员变量名，有些时候可以省略 this；如果在方法内部存在重名的内部变量，则不能省略 this，需要完整地使用“this. 成员变量名”的方式来调用。

本节的代码示例，在构造方法中，使用 this. name 进行赋值；也可以直接对 name 属性赋值，其中隐含调用了 this 当前对象引用。在 toString( ) 方法中，使用 this. age 访问当前实例中的 age 属性信息。

在类内部使用 this，可以将其作为实例访问的快捷方式。

2. 应用场景：引用构造方法

在类的构造方法内部，可以使用 this 关键字引用其他的构造方法，这样可以降低代码的重复率，也可以使所有的构造方法保持统一，这样方便以后代码的修改和维护，也方便代码的阅读。示例中在不带参数的构造方法内部，使用 this 调用其他的有参数的构造方法，并赋予入口参数缺省值。当一个类内部的构造方法比较多时，可以只编写一个构造方法的内部功能代码，然后其他的构造方法都通过调用该构造方法实现，这样既保证了所有的构造是统一的，也降低了代码的重复率。

需要注意的是，在构造方法内部使用 this 关键字调用其他构造方法时，调用的代码只能出现在构造方法内部的第一行，在构造方法内部使用 this 关键字调用构造方法最多会出现一次。

3. 应用场景：引用成员方法

在一个类的内部，成员方法之间在互相调用时也可以使用“this. 方法名（参数）”进行引用，这样引用中的 this 可以省略。例如，在本节示例的 toString( ) 方法中基于 this. getName( ) 访问 name 的属性信息。

4. 应用场景：返回当前对象的引用

this 还可以返回当前对象的引用。例如，在代码中，可以使用 return this 返回类实例的引用。此时，这个 this 代表一个实例引用。

本章小结

本章主要学习了面向对象技术的基本概念、内涵和主要的特点。结合 Java 语言在面向对象技术上的实现，详细介绍了 Java 中类和对象的概念、声明和具体使用，并通过具体的案例加深大家对类和对象的理解和应用。

此外，本章还详细介绍了在 Java 中方法重载的概念和使用方法，并给出了若干的示例演示。本章最后详细描述和介绍了 Java 中 5 种修饰符的概念和基本使用方法。

参考资料

1. 冒泡排序

https://baike.baidu.com/item/冒泡排序/4602306

2. Java Native 说明与简明教程

https://blog.csdn.net/createchance/article/details/53783490

3. 评价面向对象技术

https://www.zhihu.com/question/19582024

自 测 题

一、单项选择题

1. 下列关于封装性的描述中，错误的是（　　）。
   A. 封装体包含属性和行为
   B. 被封装的某些信息在外不可见
   C. 封装提高了可重用性
   D. 封装体中的属性和行为的访问权限相同
2. 下列关于类方法的描述，错误的是（　　）。
   A. 类方法使用关键字 static 作为修饰符
   B. 类方法和实例方法均占用内存空间，类方法在未实例化时，不占用内存空间
   C. 类方法能用实例和类名调用
   D. 类方法只能处理类变量或调用类方法
3. 下列关于包的描述中，错误的是（　　）。
   A. 包是若干对象的集合
   B. 使用 package 语句创建包
   C. 使用 import 语句引入包
   D. 包分为有名包和无名包两种
4. 下列修饰符中，可以用来定义常量的是（　　）。
   A. static　　B. final　　C. native　　D. abstract
5. 下列修饰符中，可以用来定义类方法和类变量的是（　　）。
   A. final　　B. synchronized　　C. static　　D. native
6. 下列修饰符中，可以用来定义被其他非 Java 语言实现的方法的是（　　）。
   A. synchronized　　B. native　　C. static　　D. abstract
7. 下列修饰符在修饰类时，类不能直接用来创建实例的是（　　）。
   A. abstract　　B. final　　C. synchronized　　D. override

8. 下列修饰符在修饰类时，不能被继承扩展的是（　　）。

A. final　　B. synchronized　　C. native　　D. implements

二、问答题

1. 描述类和对象的定义，并总结类和对象之间的关系。
2. 描述 Java 语言中的 5 种修饰符以及各自的功能、作用。
3. 什么是重载？重载在面向对象设计中的作用是什么？

第 5 章　面向对象语言高级特性

导　言

在学习了面向对象技术、类和对象等概念之后，从本章开始将学习面向对象程序设计的高级特性，包括继承机制、多态、接口和包。这些特性是在实际应用中构建复杂的项目和系统时用到的非常重要的技术支撑点，这些语言特性和技术将帮助开发者更好地抽象现有业务中的数据模型和业务流程，利用面向对象的实体对象继承体系，从而达到简化和控制项目系统的复杂度、降低项目风险和提升项目开发效率的目的。通过使用面向对象技术中的多态性，降低应用在实现耦合上的复杂度，让开发者编写的代码更为简洁，且易于理解，帮助开发者更好地应对和改造变更频繁的应用系统。

在本章的案例中，小智收银系统除了服务于便利店之外，还将支持超市的收银，在新系统中支持多种结算方式以及不同的商品类型。在案例的实现中，将涉及接口、抽象类、继承和包等面向对象高级特性的使用，在对象的创建和声明中使用面向对象的编程原则；在类继承和实现中，使用了方法的覆盖和父类构造方法的调用，应用多态的方式来实现方法调用。这些面向对象的高级特性在案例中很好地帮助系统实现了扩展的灵活性和良好的结构可维护性及程序可读性。

学习目标

学习完本章之后，你将可以：

【掌握】

（1）使用 extends 实现类的继承。

（2）使用 implements 实现接口。

（3）使用基于方法多态性的程序设计方法。

【理解】

（1）面向对象技术中继承的概念和应用。

（2）Java 语言中接口和抽象的相同点与不同点。

（3）理解多态性的概念和应用场景。

【了解】

（1）Java 语言中包的概念和使用。

（2）内部类的概念和主要使用方式。

（3）Java 语言中 4 种类访问控制符的概念和使用。

5.1　小智收银系统 V2.0

5.1.1　任务描述

小智收银系统发布后，其在便利店得到了很好的应用。随着市场客户的不断反馈，他们希望小智收银系统可以支持超市的收银过程。超市中的客户有不同类型，超市会为他们提供不同的折扣规则。在结算方式上，一般超市都提供了普通结账通道、快速结账通道和自助购物通道。为了鼓励客户优先使用自助购物通道，对于通过自助购物通道的结算购物清单，超市将给予额外的优惠。另外，超市方还希望小智收银系统能够支持客户购物返积分，增加客户购买的黏性。

在接到这些反馈之后，研发团队非常兴奋，同时也略感压力。兴奋的地方是，小智收银系统能够服务于更多的用户，压力来自整个系统会经历一次更大的升级改造，以支持超市的收银结算需求，在这其中也会面临更多的问题和挑战。

Java 语言和面向对象技术针对这类需求提供了很好的支持和解决方案，剩下的问题就是进行功能分析和设计，保证系统的稳定、灵活，架构清晰。整个研发团队将这个新的版本命名为小智收银系统 V2.0。

图 5－1 为小智收银系统运行过程中的界面信息。

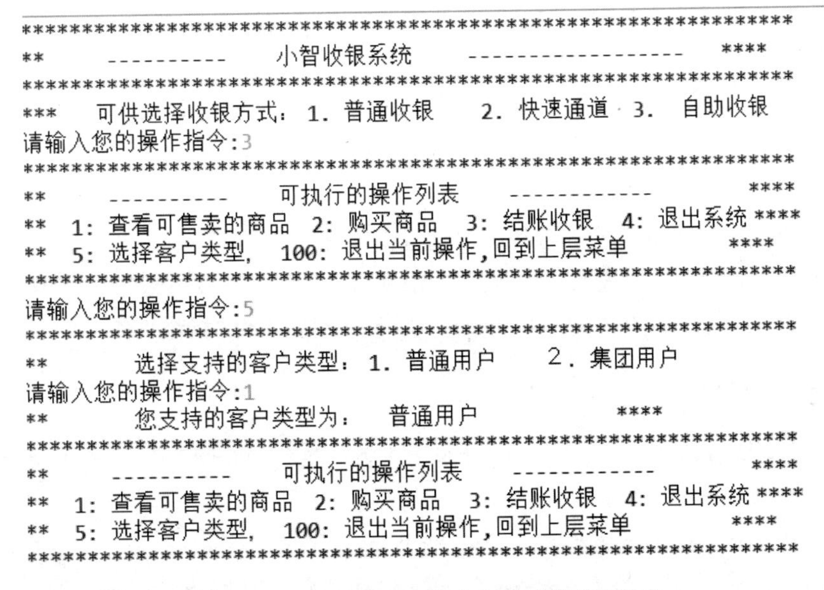

图 5－1　小智收银系统运行过程中的界面信息

图 5－1 展示了购物通道的选择以及客户类型选择的操作界面，当未选择客户类型时，将提示操作用户，选择后方可进行后续操作。

图 5－2 是进行商品结算时，商品总价和折扣信息的界面。

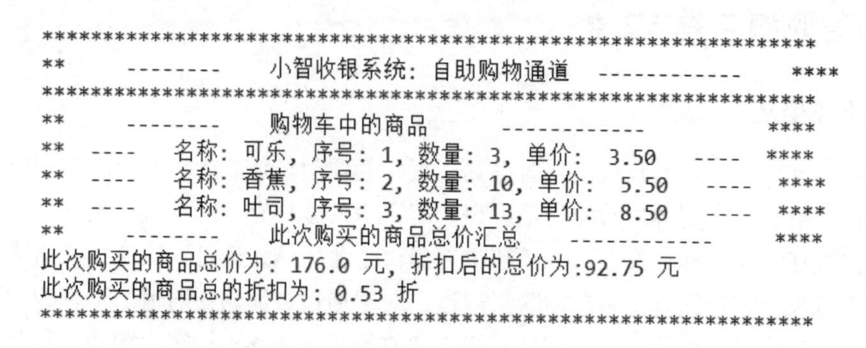

图 5－2 商品总价和折扣信息的界面

5.1.2 功能描述

在了解了客户的主要反馈之后，针对这些需求进行梳理，主要的功能点如下：

（1）结算通道支持 3 种：普通结账通道、快速结账通道和自助购物通道。使用快速结账通道的条件是客户所购买的商品数量不超过 3 件。

（2）支持更多的客户类型和客户登记，不同的登记予以不同的消费折扣。目前，该系统主要支持两种客户类型：普通客户和集团客户。普通客户是 1 倍积分返还，而集团客户则是 2 倍积分返还。普通客户根据不同的客户级别予以不同的消费折扣，而集团客户则直接给予消费的 8 折优惠。

（3）支持更多的商品类型，如水果、速食和饮料类。对于水果和速食类商品，由于存在保质期比较短的问题，希望在接近保质期的一定时间范围内，将商品予以折扣销售。

（4）在收银系统的指令中增加选择客户类型的操作。

（5）在收银系统的指令中增加选择结算通道的操作。

综合上述分析的结果可以发现，在本次收银系统 V2.0 的升级改造中，将支持更多的客户类型、更多的商品特性、更多的结算方式，系统中支持更多的指令。

5.1.3 系统架构分析

在充分了解了业务需求之后，本节将针对需求逐一进行讨论设计，并给出解决方案，最终给出系统整体的设计结构图示。

为了使收银系统支持不同的结算通道，这里首先定义了 Cashier 接口，在其中定义了 Cashier 主要的行为动作。定义了 AbstractCashier 的抽象类，其继承 Cashier 接口，在类中对若干方法提供了缺省实现。定义了 3 种结算方式类，即 NormalCashier、QuickCashier 和 AutoCashier，分别代表 3 种结算方式的抽象类。Cashier 的继承如图 5－3 所示。

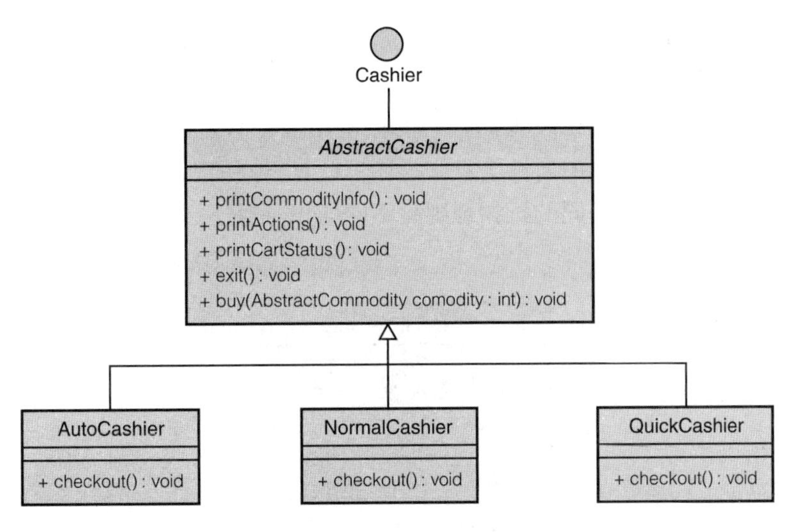

图 5-3　Cashier 的继承

在图 5-3 中，Cashier 定义了主要的行为方法，AbstractCashier 提供了若干缺省实现。在 AutoCashier、NormalCashier 和 QuickCashier 3 个具体实现类中，分别实现各自的 checkout( )结算方法，并具体计算不同的商品折扣和总价信息。

在新版本的收银系统中，将商品的种类分为 Drink、FastFood 和 Fruit。其中，FastFood 和 Fruit 由于保质期相对较短，在商品销售一段时间之后，将予以打折出售。由于不是所有的商品都有此类问题，又定义了 Discountable 接口，用以标识需要打折的商品类型。

针对上述需求，定义了 AbstractCommodity 用来描述抽象的商品，它是所有商品的基类，定义其中主要的共性信息。商品整体的定义结构图如图 5-4 所示。

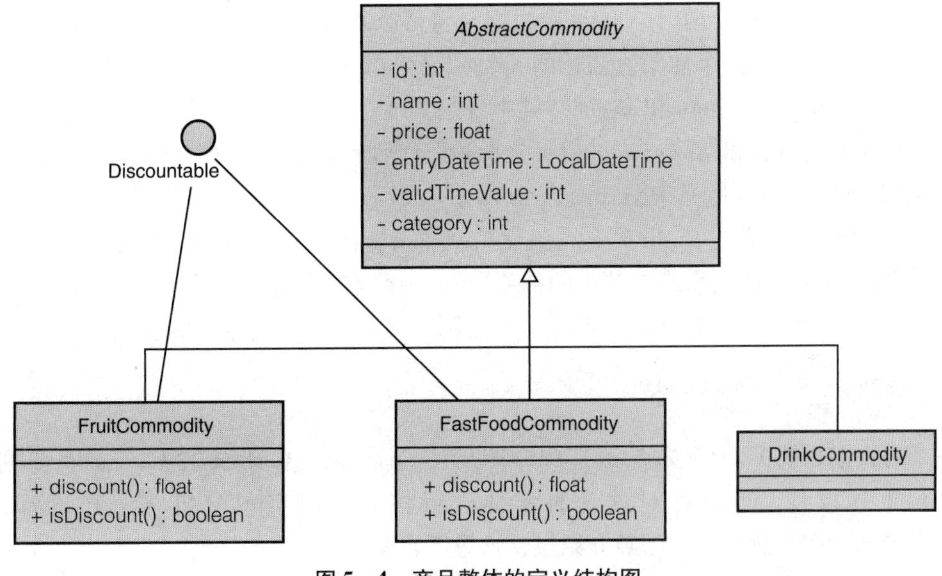

图 5-4　商品整体的定义结构图

在图 5 -4 中，Fruit 和 FastFood 两种商品实现了 Discountable 的接口，Drink 商品由于没有此类问题，故无须实现 Discountable 接口。

为了支持更多的客户类型以及提高代码的可复用性，系统还定义了 AbstractCustomer 的抽象类，用以描述客户中公共的属性信息和操作。针对不同的客户类型要求，分别在不同的子类中定义各自的特性，如不同的折扣规则、不同的积分返还规则等。客户实体类的整体结构如图 5 -5 所示。

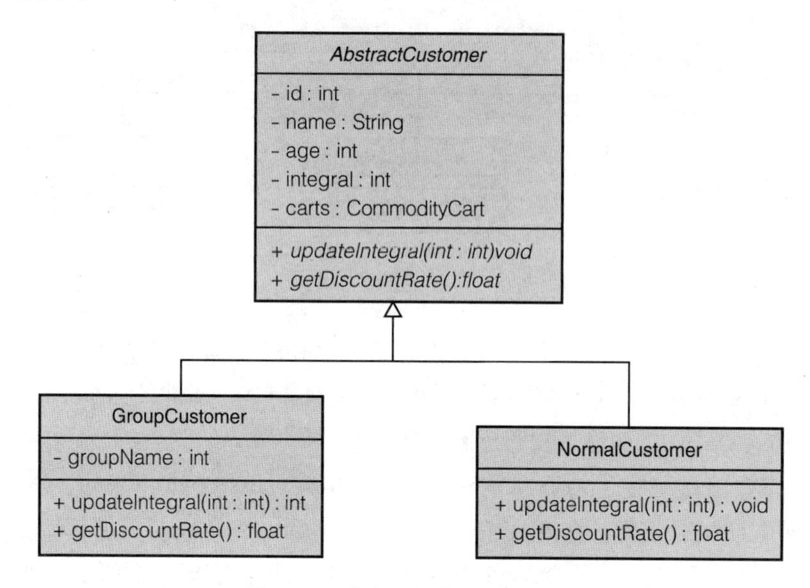

图 5 -5　客户实体类的整体结构

在图 5 -5 中，GroupCustomer 集团客户新增了 groupName 的属性信息，这个是在 NormalCustomer 中没有的，在子类中可以根据自身需求扩展属性或者方法。AbstractCustomer 是抽象类，其中定义了两个抽象方法，即 updateIntegral( ) 和 getDiscountRate( )，这两个抽象方法在 GroupCustomer 和 NormalCustomer 类中分别实现。

在针对客户、商品和结算方式进行了分析和设计后，下面将从整体的角度来分析小智收银系统 V2. 0 的架构，具体架构图如图 5 -6 所示。

在图 5 -6 中，将之前 Cashier 中的流程控制和指令判断的逻辑剥离出来放入 MainStore 中，这个 MainStore 是便利店或者超市的抽象，Cashier 收银方式是依托于 MainStore 类而存在的。在 MainStore 类中定义的 startCashier( ) 方法则定义了主题的指令控制流程。

5. 1. 4　实现与核心代码分析

在小智收银系统 V2. 0 版本的改造中，涉及对 Customer、Cashier 和 Commodity 3 种实体类型进行重新设计，重点针对这 3 种实体进行核心代码实现分析。至于 Inventory 和 CommodityCart，在之前章节中已经介绍过，这里不再赘述。

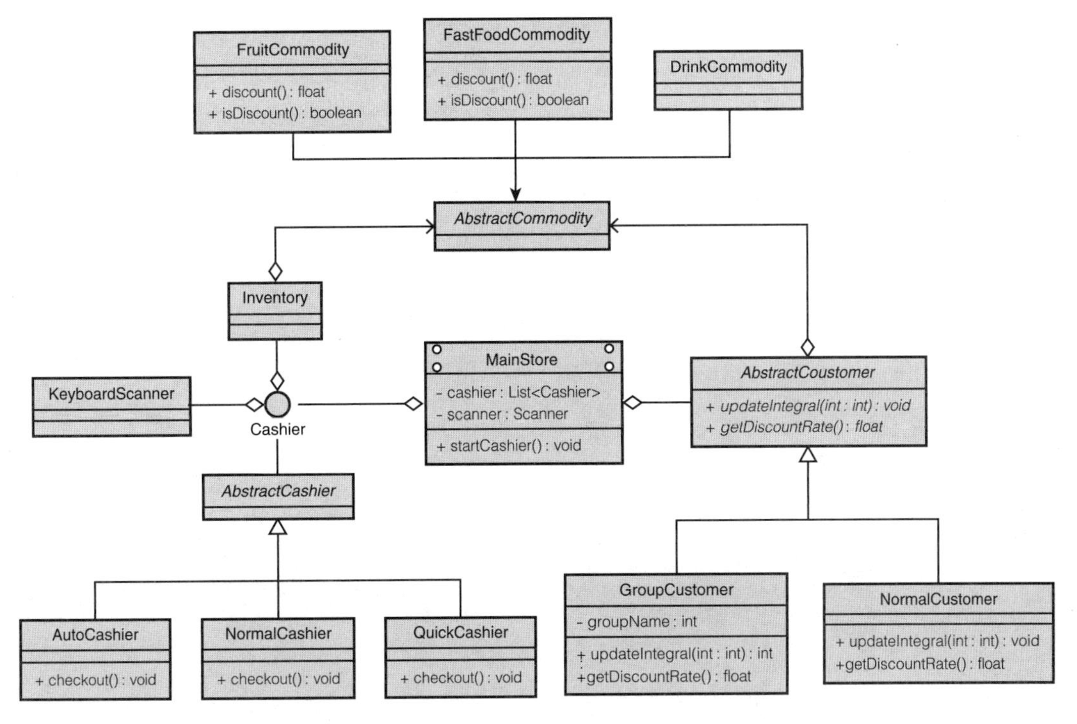

图 5-6　小智收银系统 V2.0 具体架构图

在收银结算的实体类结构中，Cashier 接口定义了收银的主要行为，其核心代码定义如下：

```
public interface Cashier{
    public float checkout(AbstractCustomer customer);
    public void buy(AbstractCustomer customer);
    public void printCommodityInfo();
    public void printActions();
    public void printHeader();
    public void exit();
    public void setInventory(Inventory inventory);
}
```

在 Cashier 接口中定义了结账收银类的主要行为，包括输入/输出和访问的级别等，具体的方法动作实现，则由其具体的实现类完成。

AbstractCashier 类实现 Cashier 接口，类中针对接口的部分方法提供了缺省实现，这些缺省实现可以被其子类直接调用。抽象类声明了若干属性，并声明了构造方法，只是由于其为抽象类，无法直接用以创建对象。其核心代码定义如下：

```
public abstract class AbstractCashier implements Cashier{
    private KeyboardScanner scanner;    //封装输入类
    private Inventory inventory;        //系统中在售的商品
    private String name;                //结账通道名称

    public AbstractCashier(KeyboardScanner scanner,Inventory inventory){
        this.scanner = scanner;
        this.inventory = inventory;
    }

    //输出购物车中的商品信息
    public void printCartStatus(AbstractCustomer customer){
        printHeader();
        if(customer.getCarts().size()==0){
            System.out.println("**--购物车中暂无商品---**");
        }
        else{
            System.out.println("**--购物车中的商品--**");
            customer.getCarts().showInfo();
        }
    }
    …
}
```

在 AbstractCashier 类中声明了 KeyboardScanner 命令行信息接收类、Inventory 货架和结账通道名称 3 个属性，定义了 AbstractCashier 构造方法，其中需要有两个构造参数。至于其余的 Cashier 方法与之前并无大的变化，这里不再赘述。

收银系统中定义了 3 种结算通道，这里仅以 AutoCashier 自助结算通道为例，分析其中的实现逻辑，其他两种类型的基本逻辑是类似的，大家可以参照源代码自行分析。AutoCashier 的核心代码如下：

```
public class AutoCashier extends AbstractCashier{
    private DecimalFormat format=new DecimalFormat("0.00");
    public AutoCashier(KeyboardScanner scanner,Inventory inventory){
        super(scanner,inventory);
        this.setName("自助购物通道");
    }
```

```
    @Override
    public float checkout(AbstractCustomer customer){
        //1.判断是否已经选择客户类型
        //2.计算商品总价的逻辑,其中包含商品本身是否存在折扣的计算逻辑
        //3.客户本身的级别中产生的总价折扣,产生最终的消费总价
        //4.由于是在自助通道,则判断消费折扣后总价是否大于30,进行自助结算优惠
        //5.输出客户的结算信息,包括总价、折扣总价和折扣率。
        //6.更新客户的积分,清空客户的购物车
    }
}
```

在 AutoCashier 类定义的构造方法中，调用了 super( ) 方法，用以调用其父类的构造方法，super 是在继承机制中调用父类的专用关键词。在 checkout( ) 实现方法中，总共进行了 6 个步骤的操作，下面将针对这 6 个步骤的实现一一进行分析和讲解。

（1）判断当前结算流程是否已经选择了客户类型，如果还没有选择，则提示客户必须先选择客户类型，其核心代码如下：

```
if(customer == null){
    System.out.println("** 请先选择合适的客户,然后进行结账操作.**");
    return -1.0f;
}
```

这里以输入参数 customer 是否为 null 作为判断条件，若不为空（null），则意味着已经选择客户类型。

（2）计算当前购物车中商品的总价。如果商品本身存在折扣，则计算折扣后的总价，其核心代码如下：

```
float totalMoney = 0.0f;
float totalCommondityDiscountedMoney = 0.0f;
for(AbstractCommodity commodity :
  customer.getCarts().getInternalCarts().keySet()){
    totalMoney += commodity.getPrice()
        *customer.getCarts().getCount(commodity);

    if(commodity instanceof Discountable){
        Discountable discountable = (Discountable)commodity;
        if(discountable.isDiscount()){
```

```
                totalCommondityDiscountedMoney += commodity.getPrice()*
                  discountable.discount()*
                  customer.getCarts().getCount(commodity);
            }
        }
    }
```

在计算商品本身的折扣时，判断其是否实现了 Discountable 接口，这里使用 instanceof 关键字进行判断；如果实现了，则判断其 isDiscount( )方法是否为 true，在 isDiscount( )为 true 的情况下，基于商品本身的折扣计算整体的商品价格。

（3）基于客户的级别继续进行折扣计算。不同级别的客户将享有不同的折扣标准；这里基于折扣的价格重新计算得到新的折扣下总的商品价格，其核心代码如下：

```
float discountTotalMoney = totalCommondityDiscountedMoney*
  customer.getDiscountRate();
```

（4）计算自助购物通道的特殊折扣，当折扣后的总价超过 30 元时，自动减 1 元，作为客户使用自助购物通道的优惠，其核心代码如下：

```
if(discountTotalMoney>=30.0f){
    discountTotalMoney -=1;
}
```

（5）输出当前结算的结果信息，包括总价、折扣后的总价和折扣率，其核心代码如下：

```
System.out.println("此次购买的商品总价:"+totalMoney+
    "元,折扣后的总价:"+discountTotalMoney+"元");
System.out.println("此次购买的商品总的折扣:"+
    format.format(discountTotalMoney/totalMoney)+"折");
```

（6）更新客户的积分，并清空客户的购物车，然后返回最终的折扣价格，其核心代码如下：

```
customer.updateIntegral(Math.round(discountTotalMoney));
customer.getCarts().clear();//清空购物车
```

Math. round( )是用来针对浮点数进行四舍五入的方法，将浮点数转化为其最接近的整数。

5.1.5 案例分析与总结

在小智收银系统 V2.0 中，利用面向对象思想，针对系统进行重新设计。在原有系统基础上，根据业务需求，抽象和扩展了结账通道实体类、客户实体类和商品实体类，并将商品本身的折扣信息以接口 Discountable 的形式进行标识，这些都是面向对象思想和程序设计的体现。在实际代码实现中，使用 AbstractCustomer、AbstractCommodity 和 Cashier 等抽象类或接口作为操作的类型，是面向对象中面向抽象的编程思想体现，这些抽象的对象将在运行过程中确定具体的实体对象，并调用实体对象的实现方法，这是多态的实际应用。

在小智收银系统 V2.0 的架构中，可以非常容易地针对 Customer、Commodity 和 Cashier 实体进行扩展，增加新的类型，而只需很少的实现代码，充分复用其在基类中的实现。新增子类可以根据需要重写覆盖父类的方法、新增所需的属性信息，这就是在面向对象程序设计中继承和覆盖的基本应用。

通过这个案例的学习，让大家对于面向对象思想和程序设计有了直观和充分的认知，并对面向对象技术带给系统开发的灵活性、可扩展性和可维护性有了更深的理解，这也是面向对象分析和程序设计在软件工程领域生机勃勃的源泉所在。本章后续的内容将针对案例中使用的语言特性进行详细的分析和介绍。

5.2 面向对象高级特性介绍

面向对象方法在计算机领域中是一种分析、理解和描述事物的思维方式，可以概括和提取出很多的特性，总结起来，其最核心的特性主要有：封装、继承、重载和多态。在了解和学习封装和重载后，本章将深入介绍面向对象技术中的继承机制和多态机制。

继承机制极大地提升了代码复用的程度，减少了冗余代码的存在，将各类相似的事物通过提取基类的方式进行抽象，提取其共性信息，由不同的子类分别实现各自独特的行为和动作。基于继承机制形成的继承关系，在程序运行过程中，会根据对象的不同而动态地选择具体的实现方法，这种机制是多态机制。多态机制可以极大地提升程序的可读性，降低程序实现和理解的复杂度，是面向对象技术中极为重要的特性之一。

在 Java 语言中，除了这些机制之外，还有内部类、包和接口等语言特性，都是在实际项目开发中必然会用到的功能和特性。本章也针对这些内容详细地进行分析和介绍。在本章内容中，基类与父类的用语含义相同，都是用来描述被继承的类，请将它们视为等同。

5.3 继承机制

5.3.1 继承的概念

在认知现实世界的过程中，要了解、认知和掌握整个世界的纷繁事物是一件非常困难的事情，于是人类就尝试将事物简单化处理，将繁杂的万物进行分类，把特征信息相似的事物归为同一类，而每一类内部根据事物不同的特征又进一步划分出很多的子类，整个的类别系统呈现倒立的树状结构。这个分类系统在植物界和动物界中体现得非常明显，例如，人类根据这种划分规则就属于哺乳纲、灵长目、人科、人属、智人种，这个分类其实就是从一般到特殊的演进分类过程。

在动物界，各类动物的繁衍生息都是一个典型的继承的实例，子女继承父母的特征信息。人类也是遵循这样的规则，父母结合生育子女，就这样一代代地繁衍生息下去。子女身体外形的特征信息基本上继承了父母的特征信息，虽然其中受到隐性基因和显性基因的影响，但子女的外表特征信息与父亲或者母亲在诸多方面是相同或相似的，这里体现的规则就是继承的基本规则。

在面向对象的程序设计语言中，支持类似的继承机制。设计出来的类遵循继承原则，类通过继承其他类的方式获取被继承类的特征和属性，从而让当前类具备了父类的行为能力和属性状态信息，这就是面向对象设计中的继承机制。

继承性提供了一种全新的类设计方式，可以充分利用已有类的内部结构和功能，通过继承直接获取父类的行为能力，而无须反复地复制相似代码，这样在很大程度上避免了冗余和重复代码的情况出现。对于大型项目，继承机制在设计分析与实施中应用非常广泛。通过类的继承体系，构建整个项目的实体类结构，可以帮助开发者对于项目的整体结构有一个非常直观和清晰的把握。

5.3.2 继承的语法

在 Java 语言中继承的语法格式比较简单，主要是使用关键字 extends 来实现，具体的语法格式如下：

```
访问控制符[修饰符]class 类名 extends 父类名{
    //具体的代码实现
}
```

在声明类时，使用 extends 关键字实现类的继承关系，其中 extends 关键字前面是声明的新类名，extends 关键字后面的类名是被继承的父类名，这个父类需要在当前系统中声明存在。Java 语言采用的是单重继承，也就是说，一个类只能有一个直接父类。在类声明时，如果没有使用 extends 关键字声明父类，将由 Java 编译器帮助当前类自动继承 Object 类，这个

Object 类是 Java 语言中所有类的最顶层父类。

下面通过程序的具体代码示例来展示 extends 的具体使用方法，本章中所有的示例代码都可以参考 org/open/java 中的内容，本章后续参考示例代码都可以在该目录中找到。

Animal 类声明为抽象的基类，在类中声明了 name 属性，并定义了 abstract 方法 run()。

```
public abstract class Animal{
    private String name;
    public abstract void run();
    //get/set 方法省略
}
```

接下来以 Animal 类作为父类，定义 Mammal 哺乳动物作为其子类：

```
public class Mammal extends Animal{
    public Mammal(String name){
        this.setName(name);
    }
    @Override
    public void run(){
        System.out.println(this.getName()+"is running");
    }
    public static void main(String[] args){
        Mammal mammal = new Mammal("Mammal");
        mammal.run();
    }
}
```

在这个实现子类中，构造方法中调用了 setName()方法，这个方法继承于父类 Animal，设置了 name 属性，这个属性是在父类中定义的，在子类中没有定义；覆写了抽象方法 run()，在这个方法内，调用父类的 getName()方法，输出一个字符串信息。在 main()程序入口方法中，创建了 Mammal 的对象，并调用 run()方法。执行 main()主函数，输出的结果信息是“Mammal is running”。

在 Mammal 子类中，没有定义 name 属性，但是依然可以正常地通过继承父类的 getName()/setName()方法进行操作访问，并保存在构造函数中传入的 name 属性值中。

如果两个类之间存在继承关系，那么这两个类之间会产生什么变化呢？下面将针对这些变化和特征信息做一个简要的总结分析：

（1）子类拥有父类的所有属性。子类继承父类所有的属性，在父类中声明的属性在子类内部可以直接调用。但是如果访问控制符限制，则无法访问，如对于声明为 private 的属性，则子类无法直接访问。

（2）子类拥有父类的所有方法。子类继承父类所有的方法，在父类中声明的方法在子类内部可以直接调用。如果访问控制符限制，则无法访问，如对于声明为 private 的方法，则子类无法直接访问。

（3）子类不拥有父类的构造方法。子类不能继承父类的构造方法，如果需要在子类内部使用和父类传入参数一样的构造方法，则需要在子类内部重新声明这些构造方法。

（4）子类类型是父类类型。子类类型的对象可以自动转换为父类类型的对象，父类类型的对象则需要强制转换为子类的对象，转换的语法与基本数据类型转换的语法相同。

继承机制通过父类和子类的继承关系，在父类中定义共同的功能行为、属性等信息，子类通过继承的方式获取这些行为和属性信息，在代码中仅需覆盖个性化的方法以及个性化的属性即可，从而让子类更为轻量、简单。整个继承体系让每个层次的功能结构更分明，便于整体的规划和设计，这正是面向对象技术中继承机制的强大之处。

5.3.3 方法覆盖

在之前的内容中提到子类覆盖父类的方法，本节将详细介绍在进行方法覆盖时需要注意的事项，以及在父类中定义方法时如何来设定方法的访问权限和是否设置为 abstract 抽象类型等事项。

在父类中，方法的定义有 3 种不同情况需要处理，这些情况分别如下：

（1）声明为 public/protected 且使用了 abstract 修饰。

（2）声明为 private 的私有方法。

（3）声明为 public/protected/没有修饰符的方法。

对于子类而言，针对父类的上述 3 种情况，需要进行如下应对处理：

（1）子类必须实现该抽象方法，也可以继续声明为 abstract 方法。

（2）父类中声明为 private 的方法，对于子类而言，是不可见和无法访问的。

（3）对于父类中的这些方法，子类既可以选择进行扩展，也可以直接进行调用。

子类在方法覆盖时，除了上述的 3 种处理规则外，还需要注意下列覆盖规则：

（1）子类的方法名称、返回数据类型及参数信息，必须与父类保持一致。

（2）子类方法不能缩小父类方法的访问权限。访问控制符的权限大小是 public > protected > 默认 > private，public 不能修改为 protected，反之，protected 的方法可以在子类中被修改为 public。

（3）子类方法抛出的异常不能超出父类方法中定义的异常。

（4）方法覆盖只存在于子类和父类之间，同一个类中只能重载。

（5）父类的静态方法不能被子类覆盖为非静态方法，即静态与非静态之间不能转换。

（6）子类可以定义和父类的静态方法同名的静态方法，以便在子类中隐藏父类的静态方法（满足覆盖约束）。

（7）父类的非静态方法不能被子类覆盖为静态方法。

（8）父类的非抽象方法可以被子类覆盖为抽象方法。

这里的规则虽然很多，但大家不用担心记不住，因为 Java 编译器在集成开发环境 Eclipse 中监督开发者是否遵守了这些规则，并提供各类的提示和警告错误信息，帮助开发者正确使用这些规则。

本节的示例将基于 5.3 的示例继续扩展，在 Animal 类中新增了 sayHello( ) 方法和 sayPrivateHello( ) 的私有实现方法，在 Mammal 类中覆盖了 sayHello( ) 方法。其核心代码如下：

```
public abstract class Animal{
    public String sayHello(){
        return this.sayPrivateHello("Hello,");
    }
    private String sayPrivateHello(String msg){
        return msg + this.name;
    }
    public abstract void voice();
    …
}
```

接下来查看一下子类 Mammal 的定义，具体代码内容如下：

```
public class Mammal extends Animal{
    …
    @Override
    public void voice(){
    }
    @Override
    public String sayHello(){
        return"Hello World,"+ this.getName();
    }
    public static void main(String[] args){
        Mammal mammal = new Mammal("Mammal");
        mammal.run();
        System.out.println("sayHello:"+ mammal.sayHello());
    }
}
```

在这个示例中，Mammal 子类覆写了 voice 的抽象方法，这里的实现为空实现，覆写了父类实现的 sayHello( )方法。程序入口 main( )方法在调用 sayHello( )方法时，sayHello( )的实现是定义在 Mammal 子类中的，对于父类中的 sayPrivateHello( )，在子类中是无法访问和调用的。

方法覆盖保持了类结构的统一，在实际项目开发中可以极大地方便程序开发人员基于整个项目的视角构建类的行为和操作，使项目的整体结构保持统一，便于项目的维护。在使用子类的对象时，子类中定义的方法如果覆盖从父类继承过来的方法，则实际调用的是子类的方法实现，而不是父类的方法实现。

在实际项目开发中，子类覆写父类提供的抽象方法和缺省实现是非常常见的行为扩展技巧，恰当地使用方法覆盖将为项目开发带来很大的便利，提升项目的开发效率。

5.3.4 属性信息

在 Java 语言的类继承机制中，对于父类中定义的属性信息，子类中将如何进行访问呢？本节将围绕这个问题来展开介绍。

一般而言，在 Java 类中定义的属性，除了 static 修饰的属性会被声明为 public 之外，绝大多数情况下都会被声明为 private，之所以类中的属性会被声明为 private，是希望对这些属性的访问操作进行控制，通过方法来访问，而非直接通过访问属性的方式。如果将来的访问过程发生变化，则可以直接修改方法中的逻辑，而不会影响到调用者的代码修改。这样可以让逻辑代码的实现具备良好的封装性和隔离性。

下面将子类访问父类中属性信息的规则做一个简要梳理，具体规则如下：

（1）父类中声明为 public/protected 的属性，在子类中直接进行访问，如同访问类自身的属性一样，访问方式为：对象 . 属性名。

（2）父类中声明为 private 的属性，在子类中需要通过定义的 get/set 方法进行访问，一般在类中会针对属性定义对应的 get/set 方法，例如，在 Animal 类中的 name 属性，定义了 getName( )/setName( )方法用以操作访问 name 属性。

5.3.5 继承注意事项

在使用继承的过程中，除了注意方法覆盖和属性的问题之外，还有很多需要注意的事项。下面就针对这些注意事项一一进行分析说明。

1. 属性覆盖没有必要

方法覆盖是重写对应的功能，属性覆盖在继承时的语法上也支持（在子类内部声明和父类属性名相同的属性），但是在实际使用时修改属性的类型将导致类结构的混乱，因此在继承时一般不推荐使用属性覆盖。

2. 子类构造方法的设计

子类构造方法的设计是使用继承时子类特别需要注意的问题，在子类的构造方法内部必须调用父类的构造方法。为了方便程序员进行开发，如果在子类内部不显示调用父类构造方法的代码，则子类构造方法将自动调用父类默认的构造方法。而如果父类不存在默认的构造方法，则必须在子类内部使用 super 关键字手动调用，关于 super 关键字的使用将在 5.4 节进行详细介绍。另外需要注意的是，子类构造方法的参数列表和父类构造方法的参数列表不必完全相同。

3. 子类实例的创建过程

在创建子类实例时，由于需要调用父类的构造方法，所以子类实例的创建过程就显得比较复杂。子类实例的创建过程遵循如下规则：首先调用父类的构建过程，其次调用子类的构建过程，无论调用父类还是子类的构建过程，都是先初始化属性，再执行构造方法。子类的整体初始化过程如图 5 -7 所示。

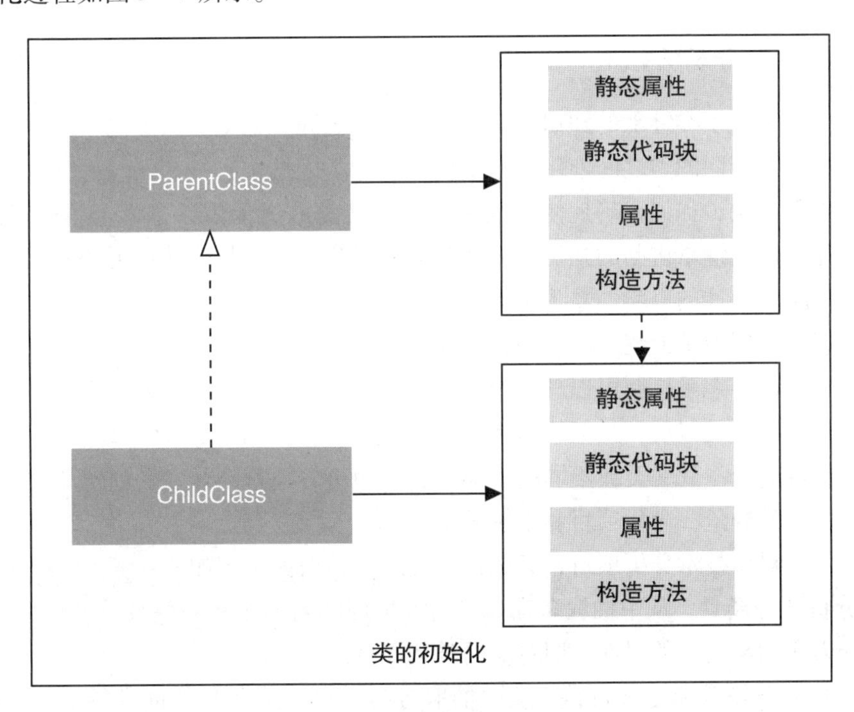

图 5 -7　子类的整体初始化过程

从图 5 -7 中可以发现对象的构造顺序如下：

（1） ParentClass 的静态属性。

（2） ParentClass 的静态代码块。

（3） ParentClass 的属性。

（4） ParentClass 的构造方法。

（5） ChildClass 的静态属性。

（6）ChildClass 的静态代码块。

（7）ChildClass 的属性。

（8）ChildClass 的构造方法。

单个类的构建过程一般都是先静态属性、静态代码块和代码属性的初始化，然后才是调用构造方法，从而完成类的实例创建过程。父类的构建过程在子类之前，待父类构建完成之后，才开始子类的实例构建过程。

4. 不要滥用继承

在实际的项目设计中，继承机制虽然功能强大，但是不能滥用。使用继承机制建立关系，一般用于构建实体类的体系、将项目或系统中的所有实例类进行分类、针对具有相似性的实体提取共性等场合。对于实体之间具有关联，但是没有相似性的实体，可以通过组合和聚合的方式，建立实体类之间的关联。继承机制只是建立类之间关联的一种方式，但不是唯一方式。

5.3.6 类继承的分析方法

在了解了诸多关于类继承的知识之后，大家可能会问：如何从一个实际的应用场景中提取类？如何选择在不同的类之间使用继承来构建实体类的结构呢？

对于初学者来说，如何正确地使用继承机制构建类的继承体系是学习 Java 语言的一个难点，这里除了涉及继承机制的知识，还涉及面向对象的分析与设计相关的知识。本节将基于面向对象分析与设计的思路，着重讲解进行类继承分析的过程与步骤，希望通过一系列的分析，帮助读者更好地掌握继承的使用技巧和思考方式。

从本质上来看，继承机制可以理解为在实体类之间组织数据和功能的不同方式，当系统中的数据和功能都实现以后，按照数据和功能的相似性进行分层组织，即按照继承的方式，将功能方法和数据分派到父类或不同的子类中，从而更好地帮助开发者创建和维护系统，减少系统冗余代码的数量，简化项目和系统的结构。

在使用面向对象技术分析项目，尝试构建类时，一般的步骤如下：

（1）分析业务场景，从中抽取名词。根据收集到的名词之间的关系，进行分析和研究，将名词划分为名词与名词的属性，即对应的类和属性。

（2）分析业务场景和需求内容，从中抽取各类动词。将各类动词进行梳理分析，将各类的功能转换为动词，将这些动词与已有的名词建立关联，将有效的动词转换为名词对应类中的方法和行为。

（3）根据名词中的动作和属性，提取共性，构建父类/抽象类。将名词进行分类，在同类名词中提取共性，共性包括动作和属性信息。这些共性信息就构成了基类或抽象类的基本组成元素。

（4）构建基类的继承体系。通常的类定义中，一个类的属性不要超过 8 个，有业务逻辑的方法不要超过 6 个，这里的数量限制不是绝对的，更多地是为了控制类的复杂度和大小，一般而言，过于复杂的类都是难以维护的，所以大家要尽可能避免类似问题的出现。

如果类中的属性和方法太多，可以重新提取新的基类，将共性更强的属性和方法放入更高层次的基类中，从而使每层的类都能保持简洁、内聚，易于维护和理解。

至于基类/父类是否需要被声明为 abstract 抽象类型，则根据当前类是否需要创建实例而定，如果不需要创建实例，则可以将其声明为 abstract 类，并不允许基于此类创建对象，反之则定义为普通的 Java 类。

（5）通过对象的关联关系构造系统。实际中是无法完全通过继承来构建整个系统的。除继承之外，还可以使用对象的关联关系来构建系统，即可以在 A 对象中调用 B 对象的某个方法，从而完成相应的业务操作。类 A 和类 B 彼此之间没有任何的继承关系，它们各自都有自己的类继承体系，这种关系在面向对象技术中有：依赖、关联、聚合和组合，这些关联的关系依次增强。

实际项目中，继承关系用以构建实体类的主体结构，不同的类继承体系之间通过不同的关联关系建立起各种联系，从而构建一个完整可用的系统。

在上述步骤中，步骤（1）和步骤（2）是分析需要实现的功能，步骤（3）~步骤（5）则更多是类层面的设计与构建，建立起类的继承和协作关系。

5.3.7　继承体系的设计原则

在前面介绍的类继承过程分析中，提及类与类之间存在的不同关系。在实际项目中，正是这些类与类之间纷繁复杂的关系构建了一个复杂的可用系统。本节将针对这些类和类之间的关系做进一步的详细说明。这些关联关系主要有 3 种：

（1）没有关系。项目中的两个类之间没有任何关联，不需要进行对象之间的调用和消息传递，则这两个类之间就没有关系，可以互相进行独立的设计。

（2）使用关系（has-a）。如果一个类的对象是另外一个类的属性，则这两个类之间的关系是使用关系。这种使用关系又可以根据耦合程度的不同，划分为依赖、关联、聚合和组合，关于这几个概念可以参考本章的参考资料。

这里通过示例来说明使用关系。一个人（Person）可以买车（Car）和房子（House），Person 类依赖于 Car 类和 House 类的定义，因为 Person 类引用了 Car 和 House 的对象。车辆（Car）由引擎、轮胎、车体、车窗和车门等不同的零部件类组成，则可以理解为车辆（Car）拥有（has）多个不同的组件类。这些就是典型的使用关系。

（3）继承关系（is-a）。如果类 A 与类 B 非常类似，且类 B 可作为类 A 的特例，在分类上存在通用、特殊的包含关系，即类 A 包含了类 B，则可以使用继承，由类 B 继承类 A。例如，在之前的示例中，Animal（动物）在分类上包含了 Mammal（哺乳动物），则 Mammal 可以继承 Animal 类。一般的规则是由特殊类继承通用或者抽象的类。

在了解类与类之间的关系之后，下面将介绍项目中继承的设计方法。在实际应用中，设计类的继承一般有两种方法：

（1）自上而下的设计。在实际设计时，考虑类的体系结构，先设计父类，然后根据需要增加子类，并在子类的内部实现或添加对应的方法。

（2）自下而上的设计。在实际设计时，先不考虑类的关系，每个类都分开设计，然后从相关的类中把重复的属性和方法提取出来，形成基类。如果基类太大，则继续抽取，创建层次更高的基类。

对于初学者来说，第二种设计方法相对来说比较容易实现，是一个从具体到抽象的过程，所以一般初学者都按照第二种设计方法进行设计，设计完成以后再实现为具体的代码。在实际项目开发中，两种设计方法都是非常实用的，需要结合项目的实际特征和团队情况来选择适合的方法。

5.4 super

super 关键字在 Java 语言中主要是用在继承关系中，在子类中访问父类的方法和属性时使用，主要的使用形式有以下几种：

（1）在子类的构造方法内部调用父类的构造方法。

（2）在子类中调用父类中的成员方法。

（3）在子类中调用父类中的成员变量。

这里需要注意的是，super 关键字是依赖于对象的，是非静态的，因此，其无法在静态方法和静态代码块内使用，只能在构造方法或实例方法内使用。

5.4.1 调用父类的构造方法

在构造子类的对象时，必须调用父类的构造方法。为了方便代码的编写，在子类的构造方法内部会自动调用父类中默认的构造方法，如果父类中没有默认的构造方法，则必须手动进行调用，使用 super 关键字可以在子类的构造方法内调用父类的构造方法。

使用 super 关键字调用父类的构造方法的示例代码如下：

```
public abstract class Animal{
    public int type = 0;
    private String name;

    public Animal(){
    }
```

```
    public Animal(String name){
        this.name = name;
    }
    public Animal(String name,int type){
        this.name = name;
        this.type = type;
    }
    …
}
```

Mammal 子类的代码定义如下：

```
public class Mammal extends Animal{
    public Mammal(){//等同于调用 super()}
    public Mammal(String name){
        super(name);
        //TODO something
    }
    public Mammal(String name,int type){
        super(name,type);
        //TODO Something
    }
    …
}
```

在该示例代码中，Mammal 继承 Animal 类，在 Mammal 的构造方法内部使用 super 关键字调用父类的构造方法，具体调用哪个构造方法没有限制，根据需要进行调用并且在构造方法中传入适当的参数即可。

由于 Mammal 的父类 Animal 类中定义了默认的构造方法，所以 Mammal 的构造方法内部 super()的代码可以省略，如果没有显示调用父类的构造方法，则默认会调用 super()。

super 调用构造方法的代码只能出现在子类构造方法的第一行可执行代码中。super 调用构造方法的代码在子类的构造方法内部最多出现一次，不能反复调用，且不能和 this 调用构造方法的代码一起使用。

5.4.2　引用父类成员方法

子类中继承了父类中的成员方法，一般可以直接通过方法名使用。但是如果在子类中覆盖父类的成员方法，则无法直接访问被覆盖的父类成员方法。如果需要访问被覆盖的父类方法，则需要使用 super 关键字进行调用。

具体调用父类方法的示例代码如下：

```
public abstract class Animal{
    public String sayHello(){
        return"Animal.sayHello:"+this.getName();
    }
    …
}
```

在 Mammal 子类中覆盖 sayHello( )方法的代码如下：

```
public class Mammal extends Animal{
    @Override
    public String sayHello(){
        System.out.println(super.sayHello());
        return "Mammal Class.sayHello:"+this.getName();
    }
    public static void main(String[] args){
        Mammal mammal=new Mammal("Mammal");
        System.out.println(mammal.sayHello());
    }
    //省略其他代码
}
```

执行上述代码的结果输出为：

```
Animal.sayHello:Mammal
Mammal Class.sayHello:Mammal
```

从上述的执行结果中可以看到，在 Mammal 类 sayHello( )方法中通过 super. sayHello( )的方式调用父类的方法。在结果信息中，根据程序执行的先后顺序，先执行父类的 sayHello( )，再执行子类中的 mammal. sayHello( )。

这里需要声明的是，“super. 方法名”的访问方式只适用于方法被覆盖的情况，除此之外，则可以直接基于“this. 方法名”的方式进行调用。

5.4.3 访问父类的属性

如果要在子类中直接访问父类的属性，需要这个属性是 public/protected/默认的访问控制权限，而非 private 控制权限，且在子类中进行了属性的覆盖。在这种情况下，一般可以使用“super. 属性”来调用。如果在子类中没有覆盖，则可以使用“this. 属性”直接访问。

在实际项目中，很少在子类中直接覆盖父类的属性或者成员变量，一般来说，这样做没有什么实际的意义。绝大多数类的属性信息都声明为 private 类型，通过对应的 get/set 方法针对这些属性进行访问，而非直接基于属性名进行访问。

5.5 多态性

多态性是指在程序中定义的引用变量所指向的具体对象类型和通过该引用变量实际调用的方法在代码编写时是不确定的，需要在程序运行期间确定。一个引用变量最终会指向哪个类的实例对象，该引用变量调用的方法是哪个类中的方法，是在程序运行期间动态决定的，即在程序运行过程中动态决定最终会调用哪个实例方法。

多态性是面向对象技术最灵活和强大的特性，多态性依赖继承性，可以把多态性理解为基于继承性的扩展和深入。基于继承机制产生的子类结构，在程序运行中动态地决定调用哪个继承层次上的对象方法，从而简化了调用方的代码实现，提高了程序的可读性和可维护性，符合面向对象设计中的面向抽象、而非具体的实现的编程设计原则。

本节根据不同的使用场景，分两个方面来介绍多态性：对象类型的多态性和方法的多态性。为了方便后续的讲解，首先给出一个继承的示例，之后将以这个示例为核心进行介绍。完整代码可以参阅 org/open/java/ploym，具体的类定义如下：

```
public class Wine{
    public void drink(){
        System.out.println("drink ==> "+"wine");
        taste();
    }
    public void taste(){
        System.out.println("taste ==> "+"wine");
    }
}
```

定义了两种具体的子类，即 MTWine 类和 WLYWine 类，MTWine 类代码定义如下：

```
public class MTWine extends Wine{
    public void drink(){
        System.out.println("drink ==> "+"茅台");
        taste();
    }
    public void taste(){
```

```
        System.out.println("taste ==> "+"茅台");
    }
}
```

WLYWine 类的代码定义如下：

```
public class WLYWine extends Wine{
    public void drink(){
        System.out.println("drink ==> "+"五粮液");
        taste();
    }
    public void taste(){
        System.out.println("taste ==> "+"五粮液");
    }
}
```

在该示例代码中，WLYWine 和 MTWine 是 Wine 的子类，分别覆盖 Wine 定义的 drink( ) 和 taste( ) 两个方法。

对象类型的多态性是指声明对象的类型不是对象的最终真实类型，而对象的真实类型由创建对象时调用的构造方法决定。按照继承的规则，子类的对象也是父类类型的对象，可以直接赋值给父类类型的变量。例如，MTWine 的对象也是 Wine 类型的对象，代码如下：

```
Wine mtwine = new MTWine();
```

这里声明了 Wine 类型的对象 MTwine，但使用了 MTWine 类的构造方法来创建，将子类类型的对象赋值给了父类类型的引用变量。虽然使用了 Wine 声明的对象类型，但在内部存储上是 MTWine 类型的对象。

那么如何判断 Wine 类型的变量实际指向的对象类型呢？在 Java 语言中可以使用 instanceof 运算符进行判断，其作用是判断一个对象是否是某个类的对象，如果是，则表达式的值为 true，否则为 false。语法格式如下：

```
对象名 instanceof 类名
```

使用 instanceof，需要注意的是，类名必须和声明对象时的类之间存在继承关系，否则将出现语法错误的提示。使用 instanceof 测试类型的示例代码如下：

```
public class TestWineType{
    public static void main(String[] args){
        Wine wine1= new MTWine();
        Wine wine2= new WLYWine();
```

```
        boolean isMT = wine1 instanceof MTWine;
        boolean isWLY = wine2 instanceof WLYWine;
        System.out.println("MT object:"+ isMT);
        System.out.println("WLY object:"+ isWLY);
    }
}
```

程序运行的结果输出为：

```
MT object:true
WLY object:true
```

从上述的程序运行结果可以看出，wine1 对象既是 Wine 类的实例，也是 MTWine 类的实例，只是对于 wine1 实例而言，实际类型被隐藏了起来，这就是对象的多态。本质上讲，wine1 实际指向的对象就是 MTWine 的实例。

在了解了对象的多态性之后，这个特性有什么用处和价值呢？多态性是面向对象语言中简化代码结构和代码实现非常重要的一个手段，可以将具体的实现与使用者进行分离，调用者无须关注具体的实现，即可让功能的实现与功能的调用之间互不影响。

针对多态性在实际项目中的应用场景，接下来从以下两个方面进行分析：

（1）基类的存储。利用基类声明集合类型，这样就可以存储一系列不同子类的具体对象，简化了数据的存储。例如，当需要存储多个 MTWine 和 WLYWine 对象实例时，可以声明一个 Wine 类型的数组或者列表进行存储，而无须关注具体的子类类型，示例代码如下：

```
Wine[] wines = new Wine[3];
wines[0]= new MTWine();
wines[1]= new MTWine();
wines[2]= new WLYWine();
```

数组 wines 存储了不同类型子类的对象，只是在名义上的类型（语法上的类型）为 Wine 类型，这样在程序中针对 wines 数据进行操作时就非常方便了，以后增加新的子类时也无须针对已有的代码进行改造，直接创建对象添加到数组中即可。

（2）方法定义中针对基类进行编写设计，而非具体子类，包括入口参数和返回结果类型。这个应用场景主要是体现方法的入口参数类型使用基类，而非具体的子类；返回结果的数据类型也是使用基类。这种设计方法可以很容易地支持新的子类实现，无须修改已有的实现逻辑代码。

例如，实现一个调用各种酒的 drink()方法的操作逻辑，可以基于 Java 语言的多态性通过如下的定义实现：

```
public void invokeDrink(Wine wine){
    wine.drink();
}
```

方法多态性的功能测试方法如下:

```
public static void main(String[] args){
    Wine mtWine = new MTWine();
    Wine wlyWine = new WLYWine();

    WineCollection wc = new WineCollection();
    wc.invokeDrink(mtWine);
    wc.invokeDrink(wlyWine);
}
```

在 invokeDrink()方法的定义中，入口参数的类型定义为 Wine 类，Wine 类是所有酒类的基类，子类都是基于 Wine 类扩展而来的。invokeDrink()方法可以处理所有 Wine 子类的对象，这种多态性的使用简化了代码的书写，降低了代码的重复率，从而降低了维护的难度。

方法的返回值也可以利用多态性，将方法的返回结果数据类型定义为基类，调用这个方法的业务逻辑代码就会非常简单，操作都是针对基类进行的。即使将来扩展出新的子类，这部分业务逻辑代码也无须修改。多态性体现了面向对象技术中代码编写针对抽象编程的设计原则。

5.6 访问控制符

之前已经介绍了在属性、方法和类定义中使用访问控制符，本节将详细介绍访问控制符的具体含义和用法。

访问控制符的作用是定义被声明的内容（类、属性、方法和构造方法）的访问权限，类似日常生活中关于各类文件的保密级别，在文件中标注的访问权限决定了哪些人可以接触到这些文件。Java 语言中的访问控制符是控制被声明的内容之间能否访问的开关。在 Java 语言中，访问控制符在面向对象技术中处于很重要的地位，合理地使用访问控制符，可以降低类和类之间、模块与模块之间的耦合性（关联性），从而降低整个项目的复杂度，提升项目的可维护性和可读性。

在具体的实现中一般遵循最小开放原则，只有在必须访问的前提下才开放访问权限，将其余的内容通过访问控制符控制或隐藏起来。这样，在不同的类、模块乃至系统之间开放的信息变得比较有限，从而降低了整个项目内部的耦合度，这也符合面向对象设计原则中的封装性。

Java 语言提供了 4 个访问控制符，即 private、default、protected 和 public，分别代表 4 个访问控制级别，default 是指在没有使用任何访问控制符的情况下默认的访问控制级别。Java 语言中的访问控制级别由低到高如图 5-8 所示。

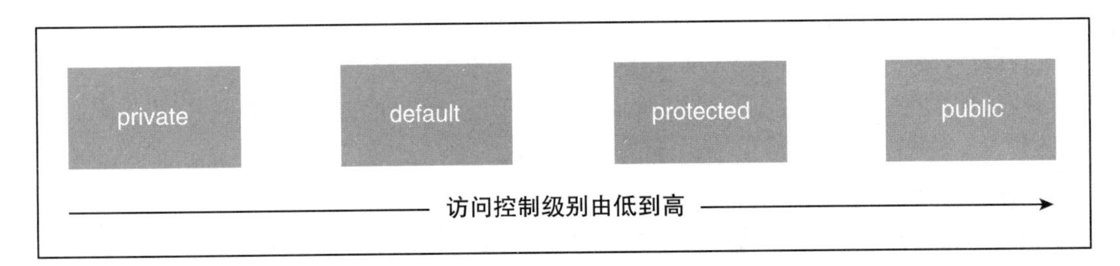

图 5-8　Java 语言中的访问控制级别

这 4 个访问控制级别的控制范围说明如下：

（1）private（当前类访问权限、私有权限）。如果类里的一个成员（包括成员变量、方法和构造器等）使用 private 访问控制符，则这个成员只能在当前类的内部被访问。很显然，这个访问控制符用于控制成员变量和内部方法最合适，用它来控制成员变量就可以把成员变量隐藏在该类的内部，外部的请求者无法访问。

（2）default（包 package 访问权限、包权限）。如果类里的一个成员（包括成员变量、方法和构造器等）或者一个外部类不使用任何访问控制符，称之为包访问权限，default 访问控制的成员或外部类可以被相同包下的其他类访问。

（3）protected（子类访问权限、继承权限）。如果一个成员（包括成员变量、方法和构造器等）使用 protected 访问控制符，那么这个成员既可以被同一个包中的其他类访问，也可以被不同包中的子类访问。通常情况下，如果使用 protected 控制一个方法，则是希望其子类重写这个方法。

（4）public（公共访问权限、公共权限）。这是一个最宽松的访问控制级别，如果一个成员（包括成员变量、方法和构造器等）或者一个外部类使用 public 访问控制符，那么这个成员或外部类就可以被所有类访问，不管访问类和被访问类是否处于同一个包中，是否具有父子继承关系。

访问控制符权限如表 5-1 所示。

表 5-1　访问控制符权限

访问控制符	同一类中	同一包中	同一子类中	其他
private	是	否	否	否
default	是	是	否	否
protected	是	是	是	否
public	是	是	是	是

在 4 种访问控制中，public 称作公共权限，其限制最小，使用 public 控制的内容可以在所有位置访问对应的类。protected 一般称作继承权限，使用 protected 控制的内容可以被同一个包中的类访问，也可以被不同包内部的子类访问，用于控制仅开放给子类的属性、方法和构造方法。在没有访问控制符的情况下使用 default，一般称作包访问权限，无访问控制符控制的内容可以被同一个包中的类访问，用于控制项目中一个包内部的功能类，这些类的功能只是辅助其他的类实现，不能被包外部的类直接访问。private 一般称作私有权限，其限制最大，类似于文件中的绝密，使用 private 控制的内容只能在当前类中被访问，而不能被类外部的任何内容访问。

在之前定义的类示例中，如 Animal 类和 Mammal 类，属性（如 name）等都被声明为 private，就是只允许在当前类中进行访问，如果子类或其他类需要访问该属性，则需要通过属性对应的 get/set 方法，一般的 get/set 方法都是被声明为 public 的，允许任意类进行访问。相应的类定义如下：

```
public abstract class Animal{
    private String name;
    public String getName(){
        return name;
    }

    public void setName(String name){
        this.name = name;
    }
    //其他相关代码
}
```

类的方法如果被声明为 private，则意味着这个方法只能被当前类访问。当一个类的构造方法被声明为 private 时，表示允许外部的类通过该构造方法来创建对象，但只允许通过类的静态方法来获取类的实例，这是在设计模式中使用非常广泛的单例模式。一般的单例模式代码如下：

```
public class Singletone{
    private static Singletone instance;
    private Singletone(){
    }
    public static Singletone getInstance(){
        if(instance == null){
            instance = new Singletone();
        }
```

```
        return instance;
    }
}
```

在这个单例模式中，首先将构造方法声明为 private，使其仅可在类内部被调用。声明了 static 修饰的 Singletone 类型的 instance 属性，定义了 static 修饰的 getIntance( )方法，在调用 getInstance( )方法时，创建 instance 的实例，并将实例返回调用者。

总之，访问控制符通过控制声明的内容访问权限，实现对内容的隐藏，从而降低代码的耦合性，降低项目的复杂度，方便实际项目中代码的维护和升级改造。

5.7 抽象类和接口

在面向对象技术中有两个非常重要的概念：抽象和封装。所谓抽象是指将需求中的信息提取出各种实体、数据和动作行为。所谓封装是指将数据和行为封装到一个类里，数据变成了属性，行为变成了方法。通过抽象，将需求中的信息转变为类，通过类就可以很好地描述现实世界中的各类事物，帮助开发者更好地抓住事物的本质特征。

在实际项目中存在非常多的类，这些类之间彼此具有各种各样的关系，这些关系可以通过继承或关联等方式建立联系，从而构建起整个系统的骨架结构。这些骨架结构类描述了项目里最重要的实体以及业务逻辑单元，描述了这些实体和业务单元最基本的动作行为，这些骨架结构类和最基本的动作行为往往是抽象的，无法在实际业务中直接调用。描述这些抽象的类和动作行为就需要用到本节中介绍的抽象类和接口。

5.7.1 抽象类和抽象方法

抽象类（Abstract Class）是指使用 abstract 关键字修饰的类。抽象类是一种特殊的基类，仅作继承之用，无法直接创建实例。其他未使用 abstract 关键字修饰的类一般称作实体类。在之前的内容中虽然介绍过 abstract 关键字的用法，但是并未深入介绍抽象类的使用，本节将针对这部分内容进行详细介绍。

本节中使用的代码请参阅 org/open/java/abstracts。下面将展示具体的抽象类定义：

```
public abstract class AbstractDemo{
    public AbstractDemo(){}
}
```

从抽象类定义示例中可以看到，在 class 前添加了 abstract 关键字，即该类变成抽象类。

抽象方法（abstract method）是指使用 abstract 关键字修饰的方法。抽象方法是一种特殊的方法，其他未使用 abstract 关键字修饰的方法一般称作普通方法。如果一个类中存在抽象方法，则这个类就一定是抽象类，需要在这个类的声明部分使用 abstract 关键字。这个规则由 Java 编译器进行语法检查，如未标识为抽象类，则编译器将对开发者提示错误信息。

一个抽象方法的定义示例如下：

```
public abstract class AbstractDemo{
    //省略其他代码
    public abstract void work();
}
```

抽象方法就是在方法前面添加 abstract 关键字，没有具体的实现部分，仅有方法的声明，具体的实现由子类的覆盖方法来完成。

相对于实体类，抽象类主要有以下两点不同：

（1）抽象类不能使用自身的构造方法创建对象（语法不允许），但是抽象类可以声明对象实例。具体的使用示例代码如下：

```
AbstractDemo ad1= new AbstractDemo();//语法错误,抽象类不能创建实例
AbstractDemo ad2;//声明变量,语法正确
```

上述声明的对象 ad2 默认为 null，一般都是使用子类的构造方法创建对象。

（2）抽象类内可以包含任意个（0 到多个）抽象方法。抽象类内部是否包含抽象方法是可选的，实体类是不能包含抽象方法的。

在继承抽象类时，如果基类是抽象类且包含抽象方法，在子类中未实现抽象方法，则该子类必须声明为抽象类，即抽象类的子类也是抽象类，否则 Java 编译器将提示语法错误。如果子类需要成为实体类，则必须覆盖继承的所有抽象方法。这是抽象类核心的语法功能之一，强制子类覆盖抽象方法。

下面将从两个方面来介绍抽象类的应用场景：

（1）抽象类仅可用于继承和扩展，无法直接创建实例。在项目中希望某些类只能用作基类，供其他的类继承扩展，不做具体的类来使用，则可以将这些类声明为 abstract，通过语言层面的机制强化这些约束。

（2）将需要子类强制覆盖的方法设置为 abstract。这样可以使所有的子类在方法声明上保持一致，在逻辑上方法的功能保持一致，从而保证整个实体类体系结构的一致性，方便后续的维护和管理。设计模式中的模板模式就是基于 abstract 方式实现的，大家如果感兴趣可自行参阅相关资料，做进一步学习和了解。

这两种应用场景在实际项目开发中使用得还是比较多的，大家需要在今后的实际编程学习和项目开发实践中认真体会，逐步模仿，最终掌握和理解。

5.7.2　接口

在 Java 语言中，接口（Interface）是一个抽象类型，是一系列方法的声明，是一组方法特征的集合。一个接口只有方法的定义，但是没有方法的实现，这些方法可以在不同的地方被不同的类实现，而这些实现可以具有不同的行为（功能）。

接口通常以 interface 来声明。一个类通过继承接口的方式来继承接口的方法定义。如果一个类只由抽象方法和全局常量组成，那么在这种情况下不会将其定义为一个抽象类，而会定义为一个接口，所以接口严格来讲属于一个特殊的类，而这个类里面只有抽象方法和全局常量，就连构造方法也没有。

接口在语言层面上只规定实现什么功能，如方法名称、入口参数和返回结果数据类型，而不限制如何实现，在程序设计领域中称作“设计和实现相分离”，接口定义属于设计部分，接口的实现则是实现部分。这种“设计和实现相分离”的结构极大地简化了程序项目的设计和管理，使整个项目分工更加细致，也就是使程序设计完全独立，在设计完成以后再进行代码的编写。

在 Java 语言中，接口 interface 定义语法规则如下：

```
访问控制符 interface 接口名[extends 父接口 1,父接口 2,…]{
    常量声明
    方法声明
}
```

下面通过具体示例了解接口定义与实现的使用方法：

```
public interface Vechicle{
    public static final String type = "gastype";
    public String info();
}
```

在上述示例中，接口中定义了一个方法 info()，只有方法声明，没有实现部分。该接口中声明了一个由 static 和 final 修饰的 String 类型的常量 type。对于 Vechicle 接口来说，它描述了 Vechicle 在设计层面具备的基本特性、动作行为和状态信息。

从上述示例可以看出，接口定义主要包含以下信息：

（1）常量数据。接口的属性是由 public、static 和 final 修饰的，如果声明时不书写 public 和 static 修饰符，则系统将自动添加这两个修饰符。

（2）抽象方法。接口中的所有方法都只在逻辑上规定该方法的特征信息，包括方法名称、入口参数和返回结果数据类型，而没有具体实现。访问控制符只能是 public 和默认的访问控制符。

（3）接口继承。使用 extends 关键字，接口可以继承其他的接口，多个接口名之间使用逗号分隔。和类的继承方式一样，子接口继承父接口中所有的常量数据和方法，子接口的对象也是父接口的对象。这里需要注意的是，和抽象类一样，接口只能声明对象，而不能直接基于接口创建对象实例。

在接口设计定义完成以后，一般通过声明对应的类来实现接口，实现接口的语法如下：

```
访问控制符[修饰符]class 类名[extends 父类名]implements 父接口 1,父接口 2,…{
    //具体的业务实现代码
}
```

类中除了使用 extends 继承父类之外，同时也可以使用 implements 关键字实现接口。一个类可以实现任意多个接口，但是继承只能有一个父类，即类继承是单继承，实现的接口则可以是多个。类似于类中的抽象方法，实现接口的子类中，接口的所有方法都必须实现，如果其中出现不实现（覆盖）父接口的方法，则该类必须声明为抽象类。这是由 Java 编译器确保遵守的语法规则。

接下来通过两个 Vechicle 的子类来展示接口的具体使用方法：

```
public abstract class Car implements Vechicle{
    @Override
    public abstract void info();
}
```

这里 Car 实现 Vechicle 接口，并将 info( )声明为 abstract，而类 Car 由于存在抽象方法，则被声明为 abstract 类。

```
public class Truck implements Vechicle{
    @Override
    public void info(){
        System.out.println("I am a truck");
    }
}
```

Truck 类实现了 Vechicle 接口，实现了 info( )方法，从而将 Truck 变成了实体类，可以根据需要创建实例对象，调用相应的方法，完成业务操作。

由于实现接口时，不限制实现接口的数量，所以类可以实现任意多个接口，这样就使类的通用性获得了极大的增强，基于 Java 语言的多态性特性，可设计出更为灵活的系统。在实际项目中，通过继承不同的接口，在同一个类中可以实现不同类型的功能。方法的声明是统一的，在同一个类中集中化管理不同的行为，这种实现方式在实际项目开发中的使用非常广泛。

JDK 提供的类库中大量使用了 Interface，用以构建各种功能强大且易用的类库，这里以大家日常使用的 List 类为例，介绍一下在实际项目中是如何应用 Interface 特性的。

首先来观察 List 的继承体系，如图 5－9 所示。详细的代码大家可以参考 JDK 中自带的源代码。

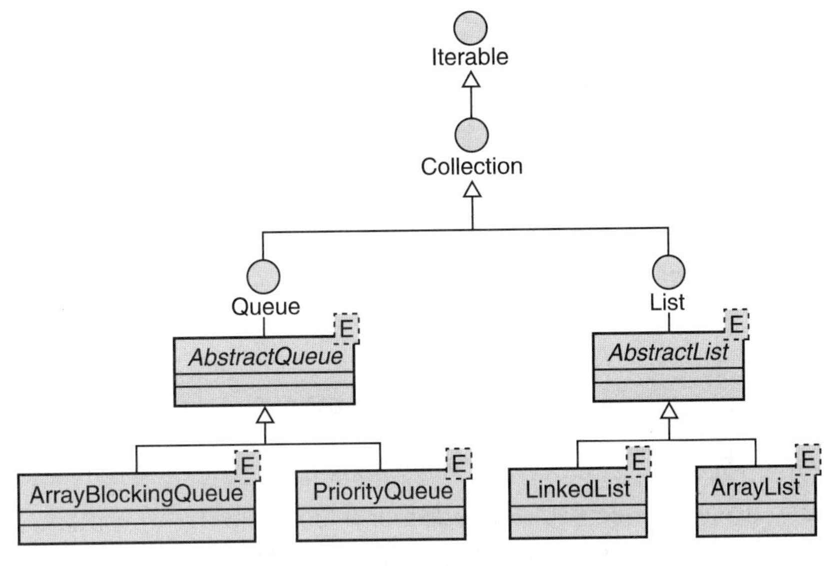

图 5－9　List 的继承体系

在继承体系中，经过 5 层继承之后才创建了具体的实现类 ArrayList、LinkedList、PriorityQueue 和 ArrayBlockingQueue。以 ArrayList 为例，ArrayList 是在日常开发中使用非常广泛的集合工具，它提供了丰富的增、删、改、查操作方法，方便开发者实现具体的业务逻辑功能。在到达 ArrayList 类之前，整个继承体系经过了 Iterable→Collection→List→AbstractList→ArrayList，其中，Iterable、Collection 和 List 是接口，Iterable 描述了可迭代和循环遍历的特性，Collection 描述了一组元素构成的集合特性，List 在集合特性的基础上新增了可重复元素以及顺序的存储。在 List 基础上声明了 AbstractList 抽象类，ArrayList 继承 AbstractList 在内部使用数组，最终实现了可供开发者直接使用的列表实体类。

从这个略显复杂的继承体系中可以发现，在实际类继承体系中，为了实现可维护性和可扩展性，系统设计者需要将功能按照从抽象到具体和分层设计的方式，按照功能分层实现和逐层扩展的原则进行设计。这样设计的最大优势在于，允许开发者基于多种不同的方式使用 List 数据结构。容器类的使用有以下几种方式：

（1）用具体实现类 ArrayList/LinkedList 直接创建列表对象。

（2）基于 ArrayList 继承实现具体的子类。

（3）基于 AbstractList 抽象类，自行扩展实现具体的子类。

（4）基于 List 接口实现子类，或者基于 Collection 接口实现子类。

从上述继承体系可以发现，在 List 的继承体系中提供给了开发者很多的扩展点和继承点。这种设计是非常灵活的，可以直接使用，也可以根据需要选择不同的扩展点，从而满足开发者的不同层次需求。

接下来看 ArrayList 自身的定义，这里使用统一模型描述语言（UML）描述具体的继承关系，如图 5－10 所示。

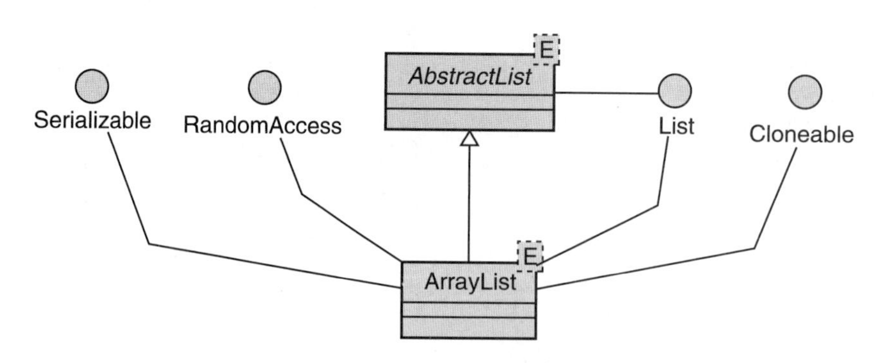

图 5－10　ArrayList 的继承关系

从图 5－10 中可以发现，ArrayList 除了继承 AbstractList 之外，还实现了 4 个不同的接口，这里 Serializable、RandomAccess 和 Cloneable 都是 Java 语言的标识接口，标识接口都是用来表示类具备某个方面的特性的，标识接口没有定义具体的抽象方法。这些标识接口代表着 ArrayList 这个类具备可以被序列化、被随机访问和可复制 3 个特性。ArrayList 实现了多个接口，并继承了 AbstractList 的抽象类。这种结合抽象类和接口的继承模式在实际项目中的应用非常广泛。

关于 ArrayList 的具体使用方法，这里不再赘述，感兴趣的读者可以参阅本章的参考资料或者自行上网查询相关资料进一步学习。

5.7.3　抽象类与接口的对比

抽象类和接口都是 Java 语言在抽象和定义事物时提供的语言设计结构，它们解决类似的问题，但是又有所不同。在学习完两者的内容之后，读者们一定会问，既然它们两个解决的问题类似，那么在实际进行类设计时，使用抽象类还是接口呢？进行选择的依据和标准是什么呢？为了消除大家心中的这些疑惑，本节将对抽象类和接口进行简单的对比分析，帮助大家理解和掌握两者的区别和联系，从而在后续实际项目中更好地选择合适的设计结构。

5.7.3.1　应用的场景分析

在实际的项目中，系统需要定义不同种类的实体类和业务逻辑。不同的实体类和业务逻辑之间有很多的相似性，也有很多的差异性。其主要表现在行为动作、功能和状态属性信息上。这些类是整个系统中关键的内容，在这种情况下，需要考虑引入抽象类和接口，通过接口和抽象类将整个对象体系分层进行构建。共同的行为和属性放入接口和抽象类，有差异的部分则进入子类，根据具体情况扩展和实现。

什么时候使用抽象类呢？当满足以下条件时，最好使用抽象类进行设计：

（1）子类没有继承其他父类的需求。

（2）子类中存在完全相同的功能实现方法。

（3）子类中存在相同的属性。

（4）设计出的类结构需要继承其他类。

当需要满足上述条件时，可以考虑使用抽象类，否则就需要考虑使用接口实现。如果类需要继承其他类，则必须使用抽象类。

那么什么时候应该考虑使用接口呢？当满足以下条件时，最好使用接口进行设计：

（1）子类已经继承了其他父类。

（2）子类中不存在完全相同的功能实现方法。

（3）子类中不存在相同的属性。

（4）设计出的结构不需要继承其他类。

当子类已经继承了某父类时，由于 Java 语言只支持类的单继承，故只能使用接口结构。至于抽象类和接口的其他用途，可以参考以下的规则：

（1）当禁止创建该类的对象时，可以把该类声明为抽象类。

（2）当需要存储大量的常量数据，而这些常量数据在项目中多个类之间使用时，可以考虑使用接口。

（3）当需要标识具有某种功能或者特征的类对象时，可以使用标识接口。例如，Serializable 接口用以标识类实例是否是可序列化的。

上述的诸多规则都是一些最佳实践，而非强制的标准。开发者在经过大量阅读和开发实践之后，才可以更加深刻地理解如何恰当、优雅地应用抽象类和接口。

5.7.3.2　共同特性

抽象类和接口都是用来描述系统的抽象概念的，这些概念与实际系统的具体事物有映射关系，但又有所不同。它们的共同之处主要表现在以下几个方面：

（1）抽象类和接口都可以声明对象变量，实例只能使用子类或接口实现类的构造方法进行创建。

（2）抽象类和接口内部都可以包含抽象方法且必须被实现，用于被继承者扩展和实现。按照 Java 语言的语法，子类在继承抽象类或实现接口时，必须覆盖这些抽象方法，否则子类必须声明为抽象类。

（3）抽象类和接口都代表一种对象类型，都可以访问在类型中定义的抽象方法以及属性信息。

从上述共性可知，抽象类和接口都是用来描述抽象事物共性的，用以被不同的子类继承和实现，使用目的和解决问题的方式一致。

5.7.3.3　不同之处

抽象类和接口虽然有诸多共同之处，但是两者在语法以及用法上还有很多不同之处，具体如下：

（1）抽象类是类，而接口是接口。抽象类是一个类，所以其内部可以包含构造方法、方法和属性等，当然抽象类也受到类的单继承限制。而接口是接口类型，接口内部只能包含常量属性和抽象方法，但是一个类可以实现多个接口，所以接口不受类的单继承的限制，支持多重接口实现。

（2）抽象类内部可以包含实体方法，而接口不能。抽象类是一个类，所以在抽象类内部包含抽象方法和实体方法，而接口内部的每个方法都必须是抽象方法。

（3）抽象类可以继承类和实现接口，而接口不能继承类，接口只能继承接口。抽象类是一个类，所以在系统设计时可以基于抽象类继承已有的类，充分利用已有类的实现，但是接口不能继承类，其只能继承接口。

5.8 内部类

内部类是 Java 语言中定义的特殊形式的类，简单地说，就是在一个类的内部声明了另外一个类，这种在类内部声明的类就被称作内部类。在声明内部类时，内部类可以声明在类的内部、类的方法内部，也可以声明在类的构造方法内部。内部类声明的语法格式和一般类的声明一样。根据类定义的不同方式，内部类分为静态内部类、成员内部类、局部内部类和匿名内部类 4 种，其中静态内部类和匿名内部类是在实际项目开发中应用比较多的内部类形式。

对于内部类的相关使用方法，本节只进行简要说明，帮助读者了解内部类的概念和基本用法，能够根据实际的业务需求恰当地使用内部类来解决问题。

5.8.1 静态内部类

定义在类内部的静态类，顾名思义被称为静态内部类，它是使用最为广泛的内部类形式。下面通过一个具体示例说明静态内部类的使用方法。

```
public class Out{
    private static int a;
    private int b;

    public static class Inner{
        public void print(){
            System.out.println(a);
        }
    }
}
```

在该示例代码中，类 Inner 声明在类 Out 的内部，Inner 是内部类，而 Out 则被称为 Inner 的外部类。静态内部类可以访问外部类所有的静态变量和方法，即使用 private 修饰的私有变量也同样可以访问。除此之外，静态内部类和普通类一样，可以定义静态变量、方法和构造方法等。下面来看看如何使用内部类声明变量：

```
Out.Inner inner = new Out.Inner();
inner.print();
```

在上述示例的代码编译以后，将生成两个 class 文件：Out. class 和 Out $ Inner. class。这里需要说明的是，内部类 inner 也被编译成一个独立的类文件，类文件的名称为：外部类类名 $ 内部类类名 . class。在内部类中可以很方便地访问外部类的属性，而外部类则不能直接引用内部类中的属性和方法。内部类是如何访问外部类的属性信息的呢？看看编译之后的代码就明白了：

```
public class Out$Inner{
    public Out$Inner(){
    }
    public void print(){
        System.out.println(Out.access$0());
    }
}
```

从上述代码中可以发现，Inner 类通过 Out. access $ 0( ) 这种自动生成的方法访问 Out 中定义的变量，而非直接访问变量。

这种内部类在 JDK 中有广泛的应用，Java 集合类 HashMap 内部就使用一个静态内部类 Entry 封装其中的数据。Entry 是 HashMap 存放元素的抽象，HashMap 内部维护 Entry 数组，用于存放元素，但是 Entry 类对使用者是透明的。像这种和内部实现关系密切且不依赖外部类实例的，通过使用静态内部类来实现一定程度逻辑的封装。

5.8.2　匿名内部类

匿名内部类是一种没有名字的局部内部类，不能使用关键字 class、extends 和 implements，没有构造方法，只能用于创建对象。匿名内部类隐式地继承了一个父类或者实现了一个接口。在生成的 . class 文件中，匿名类会生成 OuterClass $ 1. class 文件，数字根据是第几个匿名类依次类推。匿名内部类由于简便轻量，在实际项目开发中使用得比较多，通常作为一个方法参数使用。

匿名内部类可以出现在任何允许表达式出现的地方，其语法格式定义如下：

```
new 类/接口{
    //匿名内部类实现部分
}
```

下面通过一个具体示例来展示匿名内部类的使用：

```
public class AnnoymousOut{
    …
    public void test(){
        Thread thread = new Thread(new Runnable(){
            @Override
            public void run(){
                System.out.println("Hello world!");
            }
        });
        thread.start();
    }
}
```

Thread 类的构造方法入口参数为 Runnable 接口，一般而言，Runnable 是无法直接创建对象的，但是通过匿名内部类的方式可以创建对象。在这个匿名内部类中，需要实现其中的方法 run( )，就可以创建继承于 Runnable 接口的匿名内部类实例。

在使用匿名内部类时，需要注意以下几个规则：

（1）使用匿名内部类时，必须继承一个类或者实现一个接口，但是两者不可兼得，同时也只能继承一个类或者实现一个接口。

（2）匿名内部类中是不能定义构造函数的。

（3）匿名内部类中不能存在任何静态成员变量和静态方法。

（4）匿名内部类不能是抽象的，它必须要实现继承的类或者实现接口的所有抽象方法。

匿名内部类由于无法声明一个完整的类定义，不需要类名，故可针对已有的类和接口进行扩展，并创建实例，是一种非常方便的类扩展机制。例如，在一般的事件监听机制中，可使用匿名内部类创建具体的事件处理类。匿名内部类的优势是简单快捷，无须新增类，仅仅适合创建单一实例的情况，如果需要创建多个实例，则需要重新声明定义类，基于声明的类来创建实例。

5.8.3 内部类应用分析

内部类是 Java 语言诞生以后的一个语法，设计该语法的初衷主要有两个：

（1）隐藏内部类的实现。将只有被外部类使用的功能隐藏在内部类的内部，其他类在访问这个内部类时的语法相比普通类的使用会比较复杂，从而在一定程度上避免了其他类对于内部类的访问。

（2）内部类可以访问外部类的所有属性和方法。避免了在内部类中参数传递，可以访问外部类中的所有属性和方法，private 访问控制符修饰的属性和方法也可以被内部类访问，这样将方便内部类的编写，也减少了外部类需要向其他类开放的属性和方法的数量。

当然，内部类在具有一系列的好处的同时，也存在若干的不足，主要有以下两点：

（1）增加了语法的复杂度。在一个类的内部声明一个类，语法的复杂度增加了，在一定程度上也损害了 Java 语言的编程风格，同时大幅增加阅读代码的难度。

（2）使整个项目的结构变得复杂。内部类增加了每个类的复杂度，使得项目的结构变得更加复杂。在一个类内部同时定义其他的类，这样的结构相对于单一类来说，类实现的功能变得复杂。

5.9　包

随着项目复杂度的增加，一个项目中需要实现的类和接口的数量也快速增长，实际项目中的类往往数以千计，这么庞大的类如何进行管理呢？出现命名重复的类时，该如何处理呢？为了方便对代码进行管理和阅读，需要将这些类和接口按照一定的规则进行分类，在 Java 语言中，为了对同一个项目中的多个类和接口进行分类和管理，专门设计了包（Package）的概念，使用包对类和接口进行管理。

5.9.1　包概念

包是 Java 语言提供的一种类命名空间的机制，它是 Java 类文件的一种组织和管理方式，是一组功能相似或相关的类或接口的集合。Java 语言中，package 提供了访问权限和命名的管理机制，它是 Java 中一个非常重要的概念。

包的概念最开始出现，是为了避免类名重复，现在这个功能得到了广泛的应用。例如，不同的商业公司和开源项目组织会为同一个功能各自实现一套类库，这些类名之间存在着大量的重复。使用包的概念就可以很方便地解决类名重复的问题。引用 Java 类中的包路径也可以帮助开发者更多地了解类的信息，如所属的功能模块、组织和项目等。

那么包到底是什么呢？其实包是一个逻辑概念，就是给类名加了一个前缀，就像日常生活中的地址信息。地址信息是按照从大到小的顺序排列书写的，包名路径也是按照包名从大到小的顺序拼写的，即使同一个地名，在不同的地址信息中也是可以识别的。例如，在不同的城市里都有钟楼和鼓楼这个地名，那就可以使用北京鼓楼和西安钟楼进行区分，这里的鼓楼和钟楼就相当于类，而前面的前缀如北京市或陕西省西安市，就相当于包名路径。

综上所述，在 Java 语言中，包主要有以下的作用：

（1）把功能相似或相关的类或接口组织在同一个包中，方便类的查找和使用。

（2）避免重名类的冲突，方便类的管理和维护。如同文件夹一样，包也采用了树形目录的存储方式。同一个包中的类名是不同的，不同包中的类名可以是相同的，当同时调用两个不同包中相同类名的类时，应该加上包名以示区别。因此，包可以避免类名冲突。

（3）包限定了访问权限，拥有包访问权限的类才能访问某个包中的类。

5.9.2 创建包

包是 Java 语言中一组类的集合，具有相似的功能或者为了实现特定功能的类被放入同一个包中。一般根据类的功能来设定包名，如设置类包、各类业务逻辑功能包、网络通信类包和工具包等结构。打包的语法格式如下：

```
package 包名1[.包名2[.包名3...]];
```

在该语法中，包名可以设置多个，包名和包名之间使用“.”进行分隔，包名的个数没有限制。前面的包名包含后面的包名。按照 Java 语言的编码规范，包名中所有字母都小写，由于包名将转换为文件夹的名称，所以包名中不能包含特殊字符。

下面通过若干示例来说明包的使用：

```
package org.lang.book.chapter5.packages; //本节代码包
package org.apache.commons.commons - lang3; //apache 开源 lang 工具
```

在示例中，package 后面跟随的包路径将被转化为文件系统中的文件夹目录结构，例如，org. open. java. packages，该包名将转换为路径 org \ open \ java \ packages 的 4 层目录结构，前面的包名是后面包名的父目录。在 Java 语言中，包在物理上被转换成一个文件夹，操作系统通过文件夹管理各个类和接口。

在包声明的时候需要注意以下问题：

（1）类定义中 package 声明语句必须是程序代码中的第一行可执行代码。package 包语句的上面只能包含空行或注释。

（2）package 声明的语句在类中最多出现一次。如果在代码中没有书写 package 语句，则该类将被打入默认包中，默认包无法被其他的包引用。

（3）在命名包时应该避免使用与系统冲突的名字，如 java. lang、java. util 等 JDK 自带的包。

下面通过一个 package 的声明示例来展示其用法：

```
package org.open.java.packages;
…
public class PackageDemo{
    …
}
```

通过包语法，可以为每个类增加一个前缀，类的全名就是包名 . 类名。通过在类名前面加入包名，在不同包中就可以存在重名的类库，但是一般不建议在一个项目中的类名存在重复的情况，否则容易出现各种类引用的问题。

5.9.3　引入包

Java 社区是目前程序设计语言领域最为活跃的开源社区，在开源社区中涌现了大量优秀的第三方类库，Java 包的机制让开发者可以以优雅和清晰的方式使用第三方类库。在项目中引入这些类库，在代码中引入这些包，同一个包内部的类会被默认引入，当需要使用包中的类时，必须首先引入包对应的类，然后才可以在代码中使用该类。

Java 语言中引入包的语法格式如下：

```
import 包名1[.包名2[.包名3,…]].类名|*;
```

在该语法中，import 关键字后面是包名，包名和包名之间使用“.”分隔，最后为类名或“*”，如果书写类名则代表只引入该类，如果书写星号则代表引入该包中的所有类、接口、异常和错误类等。

以下为 import 引入类的代码示例：

```
import org.open.java.*;
import java.util.ArrayList;
```

在上述第一个示例中，import 引入类 java 包下面所有的类，“*”表示当前包下面所有的类。第二个示例指定类具体的类名 ArrayList，通过 import 引入具体的类。

在 import 语句中，除了可以引入类之外，还可以使用 static 关键字引入在类中定义的静态方法，而非整个类，提供了更为细粒度的引入机制。具体的语法格式如下：

```
import static 包名1[.包名2[.包名3,…]].类名.方法名;
```

在上述语法格式中，import 后面使用了 static，表示引入的是类中定义的静态方法。

引入包的代码书写在类声明语句的上面、包声明语句的下面，import 语句在一个代码中可以书写任意多句，下面是使用 import 语句的类代码示例：

```
package org.open.java.packages;

import org.open.java.superdemo.Animal;
import org.open.java.superdemo.Mammal;
import static java.lang.Math.abs;

public class PackageDemo{
    public PackageDemo(){}
    public static void main(String[] args){
        Animal animal = new Mammal("My Mammal");
        animal.sayHello();
        System.out.println("absolute number:"+ abs( - 0.23));
    }
}
```

在这个示例中，PackageDemo 类引入了在 superdemo 包中定义的 Animal 类和 Mammal 类，同时也引入了 java. lang. Math 包中的 abs 静态方法。在 main( )方法中，创建了 Animal 类实例 animal，调用了 sayHello( )方法。在最后一句输出语句中，通过 abs 方法输出 -0. 23 的绝对值，输出结果信息如下：

```
Animal.sayHello:My Mammal
absolute number:0.23
```

5. 9. 4　常用系统包

JDK 中提供了丰富的类库，这些类库分别归属于不同的 Java 类包，在日常开发中常用的包如下：

（1）java. lang 包。Java 的核心类库，包含了运行 Java 程序必不可少的系统类，如基本数据类型、基本数学函数、字符串处理、线程、异常处理类等，系统缺省加载这个包。

（2）java. io 包。Java 语言的标准输入/输出类库，如基本输入/输出流、文件输入/输出流、过滤输入/输出流等。

（3）java. util 包。Java 的实用工具类库。在这个包中，Java 提供了很多实用的方法和数据结构。例如，Java 提供日期（Data）类、日历（Calendar）类，用于产生和获取日期及时间；提供随机数（Random）类，用于产生各种类型的随机数；提供堆栈（Stack）、向量（Vector）、位集合（Bitset）和哈希表（Hashtable）等类，表示相应的数据结构。

（4）java. math 包。常用的数据计算工具类，包括四则运算以及各类的数学算法。

（5）java. net 包。实现网络功能的类库，如 Socket 类、ServerSocket 类。

（6）java. sql 包。实现 JDBC 的类库以及常用的数据库操作类库。

JDK 提供了丰富的类库，这里无法一一赘述，感兴趣的读者可以自行上网查阅相关资料。

本章小结

本章着重讲解和学习了 Java 语言中的继承机制，基于抽象类和接口构建实体类的分层继承机制。在类的继承中，学习了属性和方法的覆盖以及访问调用方式，super 关键字是在继承体系中用以访问父类的方法和属性。抽象类和接口在 Java 语言中是两个非常重要的概念，两者之间既有类似性，也有各自的应用场景，它们是在进行系统分析设计时需要深入思考和了解的技术点。内部类是 Java 语言中一个比较常见的用法，大家了解其用法，能够读懂相关代码即可。包是 Java 语言中管理和引入类库的重要机制，通过 Java 的包机制，开发者可以以优雅和简单的方式引入第三方类库和 JDK 中的类库，用以解决实际业务中的问题。

本章学习的内容是 Java 语言学习中进行系统分析与设计的高级内容部分，内容比较多，有些内容比较抽象，需要反复思考与讨论，之后方可有一定的了解和掌握。本章的内容是分析与设计一个优秀的软件系统所必备的知识。

参考资料

1. 依赖、关联、聚合和组合之间区别的理解

https://www. cnblogs. com/wanghuaijun/p/5421419. html

2. Java 类继承关系中的初始化顺序

http://blog. csdn. net/u011080472/article/details/51330114

3. Java ArrayList 增、删、改、查使用示例

https://www. cnblogs. com/liupengpengg/p/6062292. html

4. JDK 8 中的常用类库介绍

https://www. cnblogs. com/jpfss/p/8662217. html

自 测 题

一、单项选择题

1. 下面语句中，把方法声明为抽象的公共方法是（　　）。

A. public abstract method( );　　B. public abstract void method( );

C. public abstract void method( ){ }　　D. public void method( ) extends abstract;

2. main( )方法是 JavaApplication 程序执行的入口点，关于 main( )方法，下列方法中合法的是（　　）。

A. public static void main( )　　B. public static void main（String[ ]args)

C. public static int main（String[ ]args)　　D. public void main（Stringarg[ ]）

3. 关于被私有访问控制符 private 修饰的成员变量，下列说法中正确的是（　　）。
   A. 可以被三种类所引用：该类自身、与它在同一个包中的其他类、在其他包中的该类的子类
   B. 可以被两种类访问和引用：该类本身、该类的所有子类
   C. 只能被该类自身所访问和修改
   D. 只能被同一个包中的类访问
4. 下列关于子类继承父类构造函数的描述中，正确的是（　　）。
   A. 创建子类的对象时，先调用子类自己的构造函数，然后调用父类的构造函数
   B. 子类无条件地继承父类不含参数的构造函数
   C. 子类必须通过 super 关键字调用父类的构造函数
   D. 子类可以继承父类的构造函数
5. 下列关于类的定义中，a1、a2 为接口，x、y 为类，继承代码中错误的是（　　）。
   A. public interface a1 extends a2 {…}
   B. public x extends a1 {…}
   C. public class x extends y {…}
   D. public class x extends y implements a1 {…}
6. 下列选项中，由（　　）修饰符修饰的变量是被同一个类生成的对象共享的。
   A. public　　B. private　　C. static　　D. final
7. 下列关于 java 类的说法中，错误的是（　　）。
   A. 类体中有变量定义、构造方法和成员方法的定义
   B. 构造函数是类中的特殊方法
   C. 类一定要声明为 public，才可以执行
   D. 一个 java 文件中可以有多个 class 定义
8. 方法重载是指（　　）。
   A. 两个或两个以上的方法取相同的方法名，但形参的个数或类型不同
   B. 两个以上的方法取相同的名字和具有相同的参数个数，但形参的类型可以不同
   C. 两个以上的方法名字不同，但形参的个数或类型相同
   D. 两个以上的方法取相同的方法名，并且方法的返回类型相同

二、问答题

1. 接口和抽象类之间有什么相似和不同之处？各自有什么不同的应用场景？
2. 多态性的含义是什么？多态性在面向对象编程中有什么优势？
3. 访问控制符有几种？分别指出它们的应用范围。
4. 在继承体系的设计中一般有什么样的设计原则？

第6章　Java异常处理机制

导　言

在Java代码编写过程中，程序并不是一直可以正常工作的。在某些情况下，程序会出现各种各样的问题和错误，这些问题和错误就是在本章中将要进行深入分析和介绍的异常处理。在Java语言中，异常主要是指在程序中标识各类可能出现的问题情况，由开发者主动捕获并进行相应的处理，保证在异常情况发生时，程序仍然可以按照开发者当初的设想工作和应对。

本章的案例将针对小智收银系统中可能出现错误和异常的地方进行分析。在这些可能出现异常的地方声明异常，并在调用的位置进行异常捕获，确保程序在发生异常的时候可以正常地应对处理。在案例中定义了三大类异常，用以描述不同类型的异常集合，在特定类别的异常中基于异常code标识不同的异常。

本章案例分析之后，将针对案例中用到的异常进行详细的分析和介绍。在了解Java异常的基础上，学习和掌握异常的声明、抛出和捕获处理。学习完异常的主要操作和处理之后，本章还将给出异常处理的注意事项和最佳实践，帮助开发者以优雅和正确的方式使用异常。

学习目标

学习完本章之后，你将可以：

【掌握】

（1）Java异常的声明机制。

（2）Java异常的抛出机制。

（3）Java异常捕获和应对处理的方法。

【理解】

（1）Java异常的两个分类：受控异常和非受控异常。

（2）用户自定义的异常实现类。

【了解】

（1）Java异常使用中的若干误区和注意事项。

（2）Java异常使用中的若干最佳实践。

6.1　小智收银系统异常改造

6.1.1　收银系统的异常

小智收银系统（以下简称“收银系统”）在客户使用过程中，经常会由于客户的误操作作而发生一些问题，例如，在购买商品之前，并未选择客户类型之类的问题。在发现这些问题之后，研发团队及时进行了修复。随着问题的增多，这些关于问题的逻辑判断和错误提示的信息散落在系统不同的位置，难以维护和管理。是否有一种机制来管理这些可能的错误和问题呢？

异常机制就是在 Java 语言中专门用来处理可能出现问题的机制。利用这套机制，可以方便地管理各类异常和错误，集中化管理这些错误信息。通过异常机制，可以将系统中众多判断转换为异常的抛出和捕获，简化了日渐复杂的程序控制流程。

在收银系统中，出现异常信息提示的运行界面如图 6－1 所示。

```
*****************************************************************
**      ----------     小智收银系统      ------------------      ****
*****************************************************************
***   可供选择收银方式： 1. 普通收银      2. 快速通道   3.   自助收银
请输入您的操作指令:1
*****************************************************************
**      ----------     可执行的操作列表      ------------       ****
**  1: 查看可售卖的商品  2: 购买商品  3: 结账收银  4: 退出系统 ****
**  5: 选择客户类型,  100: 退出当前操作,回到上层菜单          ****
*****************************************************************
请输入您的操作指令:5
*****************************************************************
**      选择支持的客户类型： 1. 普通用户      2. 集团用户  3:不支持客户
请输入您的操作指令:5
Customer Exception:该客户类型暂不支持.
*****************************************************************
**      选择支持的客户类型： 1. 普通用户      2. 集团用户  3:不支持客户
请输入您的操作指令:
```

图 6－1　出现异常信息提示的运行界面

当客户选购的商品超过 3 件，却选择进入快速结账通道进行结账时，系统会提示如图 6－2 所示的异常信息。

```
*****************************************************************
**      ----------     可执行的操作列表      ------------       ****
**  1: 查看可售卖的商品  2: 购买商品  3: 结账收银  4: 退出系统 ****
**  5: 选择客户类型,  100: 退出当前操作,回到上层菜单          ****
*****************************************************************
请输入您的操作指令:3
*****************************************************************
**   Warning: 当前顾客不符合快速结账通道的条件, 所购商品大于 3 件, 请切换
***  Cashier  Exception： 客户购买的商品不符合当前购物通道         ***
*****************************************************************
**      ----------     可执行的操作列表      ------------       ****
**  1: 查看可售卖的商品  2: 购买商品  3: 结账收银  4: 退出系统 ****
**  5: 选择客户类型,  100: 退出当前操作,回到上层菜单          ****
*****************************************************************
请输入您的操作指令:
```

图 6－2　通道异常信息

6.1.2　系统异常点的功能分析

经过针对小智收银系统的梳理和分析，将其中可能存在的异常点总结如下：

（1）收银系统的操作员在使用系统时，没有选择客户类型，就开始进行结账操作。

（2）在结算通道中，客户选购的商品不符合当前通道的规则，如在快速结账通道中，客户购买的商品数量超过了 3 件。

（3）收银系统的操作员输入了无效的客户类型。

（4）收银系统的操作员输入了无效的商品序号 ID。

这些异常点散落在系统的不同地方，在这些地方需要定义异常的规则、提示的异常信息以及处理的逻辑操作。异常点在异常机制里将被统一进行处理，整体的程序结构会变得简洁、清晰。

6.1.3　收银系统异常的定义

在深入分析了收银系统中可能出现的异常点之后，就需要在系统中设计一套异常机制来描述系统中的各类异常，于是在收银系统中定义异常类的系统类结构，具体如图 6 -3 所示。

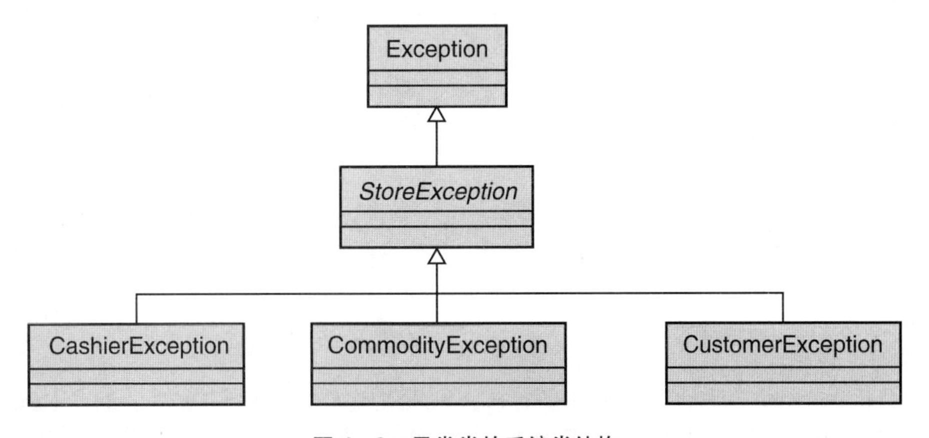

图 6 -3　异常类的系统类结构

如图 6 -3 所示，Exception 是 Java 语言中需要开发者显示捕获的异常类。在这里定义了一个 StoreException 的抽象异常类来描述整个系统的异常，由于 StoreException 是 abstract 描述的，所以其无法被直接实例化。在 StoreException 基础之上派生出 3 个子异常类型，分别是 CashierException（结算通道异常）、CommodityException 异常和 CustomerException（客户异常），它们分别用来描述收银系统中这 3 种类型的异常信息。

收银系统的异常需要接收异常 code 和异常信息两个字段，用以标识不同的异常。每一类异常都划分了不同的异常 code 区间，CashierException 的异常 code 区间为 0 ~ 1 000，CustomerException 的异常 code 区间为 1 001 ~ 2 000，CommodityException 的异常 code 区间为 2 001 ~ 3 000，每一种类型的异常大约支持 1 000 种不同的类型错误。

在这里使用了基于类型的异常类和基于 code 分段的异常类，基于这种机制应用系统可以很好地支持不同类型异常的扩展，也便于识别不同的异常类型。

6.1.4 系统异常改造的核心代码实现

为了更好地在收银系统中对异常进行统一管理，可以基于 JDK 提供的 Exception 异常基类进行拓展，声明和定义 StoreException，将其声明为 abstract 类型，作为具体异常子类型的基类。其核心代码实现如下：

```
public abstract class StoreException extends Exception{
    private int code;
    public StoreException(int code,String message,Throwable throwable){
        super(message,throwable);
        this.code = code;
    }
    public StoreException(int code,String message){
        super(message);
        this.code = code;
    }
    public int getCode(){
        return code;
    }
    public void setCode(int code){
        this.code = code;
    }
}
```

在 StoreException 类中新增了 code 属性，该属性用来表示异常类型下的具体异常，用 code 标识不同的异常。在构造方法中使用 super 关键字调用基类中定义的构造方法，然后针对 code 属性进行赋值操作。

在收银系统中根据异常点的功能分析，将异常类型定义为收银异常、商品异常和客户异常 3 个子类型。由于它们彼此之间非常类似，这里仅以收银异常类型为例进行分析，其余的子类型可以参考本书附带的代码进行学习。CashierException 的核心代码实现如下：

```
public class CashierException extends StoreException{
    public CashierException(int code,String message){
        super(code,message);
    }
```

```
    public CashierException(int code,String message,Throwable throwable){
        super(code,message,throwable);
    }
}
```

在 CashierException 类代码中，继承基类 StoreException，定义声明了两个重载的构造方法。在构造方法中通过 super 关键字调用基类中定义的构造方法，基本上是完全复用基类中的构造方法定义的。这里的 CashierException 没有附加属性和信息定义，仅通过新的类定义声明一个新的子异常类型。在整个收银系统中，CashierException 的 code 值范围定义为 0 ~ 1 000，其他异常子类型的 code 值范围依次顺延。按照这种声明定义方式，大类的异常类型通过异常类来区分，在不同的异常类型内部，通过不同的异常 code 区分异常类中的具体异常信息。本质上这是异常定义中的两层异常类方法。

接下来将对业务逻辑代码中的异常点进行改造。由于整个系统中的异常改造点比较多，这里仅以其中两个改造点为例进行讲解和分析，其余的改造点请参考本书附带的源代码进行学习。

首先以 Cashier 接口中定义的 checkout( ) 方法为例，其中存在没有选择客户类型而进行结算的异常点，需要将 Cashier 接口中的方法声明增加异常类型的支持，其核心代码变动如下：

```
public interface Cashier{
    public float checkout(AbstractCustomer customer)throws CashierException;
    …
}
```

Cashier 接口的 checkout( ) 方法对异常进行了声明，表示由于方法实现中无法处理此异常，有可能会将 CashierException 异常抛给方法的调用者，方法的调用者需要自行对异常进行捕获处理，或者在无法处理的情况下，将其抛给更高层的调用者。

在 AbstractCashier 抽象类中，由于并没有提供缺省的实现，故无须声明定义 checkout( )。这里以 QuickCashier 自助购物通道类中的 checkout 方法为例，展示其中异常的抛出，其核心代码实现如下：

```
public class AutoCashier extends AbstractCashier{
    private DecimalFormat format=new DecimalFormat("0.00");
    public AutoCashier(KeyboardScanner scanner,Inventory inventory){
        super(scanner,inventory);
        this.setName("自助购物通道");
    }
```

```
    @Override
    public float checkout(AbstractCustomer customer)throws CashierException{
        System.out.println("**********************************");
        if(customer == null){
            System.out.println("** 请先选择客户,然后进行结账操作.**");
            throw new CashierException(
              ExceptionInfo.Cashier_InValid_Customer,
              ExceptionInfo.getErrorInfo(ExceptionInfo.Cashier_InValid_
              Customer));
        }
    }
    if(!isMatched(customer)){
        System.out.println("** Warning:当前顾客不符合快速结账通道的条件,
          所购商品大于3 件,请切换到其他沟通通道.***");
        throw new CashierException(
        ExceptionInfo.Cashier_Commodity_Not_Matched,ExceptionInfo.
          getErrorInfo(ExceptionInfo.Cashier_Commodity_Not_Matched));
    }
    …
}
```

在 QuickCashier 的 checkout( )方法中，判断入口参数 customer 是否为空，如果为空则认为用户并未选择，需要向调用方抛出 CashierException。这里抛出异常的方式是 throw 异常实例，异常实例是新创建的 CashierException 实例。在判断客户是否符合当前购物通道的规则时，定义 isMatched( )方法进行判断，如果当前客户不符合，则创建 CashierException 异常实例，并将其抛出。异常实例构造方法的异常 code 和异常信息是从 ExceptionInfo 类中获取的，在这个类中定义了所有的异常 code 和描述信息。

ExceptionInfo 类主要用于集中存放系统中的异常 code 和异常信息，方便在这个系统中进行共享和读取。其核心代码实现如下：

```
public class ExceptionInfo{
    //购物通道中没有合法客户
    public static final int Cashier_InValid_Customer = 100;
    //购物通道中的商品不符合要求
    public static final int Cashier_Commodity_Not_Matched = 101;
    //暂不支持的客户类型
    public static final int Customer_Type_Not_Supported = 1001;
    //无效的商品 ID
    public static final int Commodity_Invalid_Id = 2001;
```

```
    //初始化异常的描述信息
    private static Map<Integer,String> errorInfo = new HashMap<>();
    static{
        errorInfo.put(ExceptionInfo.Cashier_InValid_Customer,"购物通道中
          没有合法客户");
        errorInfo.put(ExceptionInfo.Cashier_Commodity_Not_Matched,"客户
          购买的商品不符合当前购物通道");
        errorInfo.put(ExceptionInfo.Customer_Type_Not_Supported,"该客户类
          型暂不支持.");
        errorInfo.put(ExceptionInfo.Commodity_Invalid_Id,"无效的商品序号
          ID");
    }
    public static String getErrorInfo(int exceptioncode){
        return errorInfo.containsKey(exceptioncode)?
            errorInfo.get(exceptioncode):"No matched error info";
    }
}
```

具体异常 code 通过不同的前缀区分，它们都被 public static final 的修饰符修饰，是静态且不可修改的常量值。异常 code 与异常信息被存放在 HashMap 类型的 errorInfo 变量中。static 变量修饰的代码块在程序启动的时候进行初始化，将各个异常 code 和描述信息加载到 errorInfo 中；在 ExceptionInfo 类中声明了 static 修改的 getErrorInfo( )方法，其入口参数为 int 类型，用户可以基于异常 code 查询所对应的异常信息。

Inventory 类的 validateId( )方法，在声明方法时使用 throws CommodityException，定义方法在执行过程中可能会抛出的异常，抛出的异常将由调用者进行捕获处理。Inventory 类的核心代码修改如下：

```
public boolean validateId(Integer commodityId)throwsCommodityException{
    //新增的商品 Id 校验,超出此范围的重新输入
    if(commodityId<1 || commodityId>this.commodities.size()){
        throw new CommodityException(
        ExceptionInfo.Commodity_Invalid_Id,
        ExceptionInfo.getErrorInfo(ExceptionInfo.Commodity_Invalid_Id));
    }
    return true;
}
```

在 validateId( )方法中，当 commodityId 不符合规则时，将抛出 CommodityException，其异常 code 和异常信息从 ExceptionInfo 中获取。这种处理方式的好处在于简化了流程控制，在调用外层进行异常捕获，而无须引入分支的逻辑判断。

整个收银系统还有其他的异常改造点，这里不再一一列出进行分析，大家可以自行参考本书附带的源代码进行查阅和分析。

6.1.5 案例总结与分析

在小智收银系统的异常改造案例中，基于 Exception 重新定义了系统抽象异常基类 StoreException，在其基础上分别定义了 CustomerException、CashierException 和 CommodityException 3 个异常子类型，并基于 exception 的 code，将具体的异常进行分段，每一种子类型为 1 000 个异常，为后续的扩展留有空间。这种异常类型的定义方式在实际项目中是特别常用的。所有的异常 code 和异常信息在这个案例中是定义在 ExceptionInfo 类中的，这种异常 code 和异常信息定义的优点就是便于集中管理和维护，无须在具体的业务代码中直接写死 code 和描述信息，提供一定的灵活性。对于更大规模的项目而言，一般会将这些异常 code 和异常信息放到配置文件中，在应用启动过程中，动态进行加载和访问。

6.2 异常概述

Java 程序在运行时，除了正常工作之外，还会发生各种意外。在意外情况下，程序将无法按照预期正常工作，有可能会报出错误信息，执行错误的行为，甚至直接退出运行状态，这些情况在程序设计领域中被称为异常。在系统设计之初，就需要考虑处理此类异常信息问题的应对策略。

Java 语言提供了一种非常优秀的应对机制——异常处理机制。异常处理机制就是在程序运行过程中，当异常发生时，按照代码中预先设定的异常处理逻辑，有针对性地处理异常，让程序尽最大可能恢复正常并继续执行，且保持代码结构的清晰。

Java 异常可能是由于方法中的语句执行时引发的，也可能是通过 throw 语句主动抛出的，只要程序中产生了异常，就会用一个对应类型的异常对象对其进行封装，Java 运行环境（JRE）会试图寻找匹配的异常处理代码对异常进行处理。

其实，简单地进行异常处理在很多程序设计语言中都是可以实现的，根据对异常现象进行判断，对不同的情况做出不同的处理。Java 语言的异常处理机制的最大优势之一，就是可以将异常情况发生的状态信息在方法调用链条中进行传递，通过传递可以将异常情况传递到合适的位置，由不同异常捕获者进行处理。这种机制类似于现实中发现了火灾，单个个体势单力薄，无法扑灭大火，发现者可以拨打 119 将失火的异常情况传递给消防指挥中心，然后由消防指挥中心将这个情况传递给离失火最近的消防队，消防队及时赶到火灾现场进行灭火。Java 异常处理机制，以一种优雅和灵活的处理方法，让 Java 语言的异常处理过程变得更加灵活和简单。

下面通过具体的示例了解异常发生的过程，完整代码参照本章附带的代码，其核心代码如下：

```
public class ExceptionDemo{
    public static void main(String[] args){
        String str = null;
        System.out.println("String:"+ str.toString());
    }
}
```

在程序运行过程中，在控制台的输出结果如下：

```
Exception in thread "main" java.lang.NullPointerException
    at org.lang.book.chapter6.ExceptionDemo.main(ExceptionDemo.java:12)
```

从这个程序执行时的输出可以看出，提示在 main 线程（thread）中出现了异常，异常的类型为 java. lang. NullPointerException，异常出现在 ExceptionDemo 的 main( ) 方法中，出现异常的代码在 ExceptionDemo. java 代码中第 12 行。NullPointerException 用来指示调用空对象 null 的方法时报出的异常，一般是由于对象本身存在问题造成的。

这里出现异常是由于没有创建对象 str 造成的，将程序中的 String str = null 代码替换为 String str = "abc" 即可解决该异常。

在程序执行过程中，会出现各种各样的异常情况。这些异常情况在 Java 异常体系中都被封装为具体的异常类，这些异常类是 6. 3 节中将要介绍的内容。

6. 3　Java 异常类

Java 语言中 Throwable 类是 Java 异常类型的顶层父类，Java 异常对象是 Throwable 类的（直接或者间接）实例。所有异常类组成的体系就是 Java 语言中的异常类体系。在 Java 标准类库中内建了一些通用的异常，这些异常都是以 Throwable 为顶层父类衍生出来的。Throwable 类派生出子类：Error 类和 Exception 类。

1. Error 类

Error 类及其子类的实例，代表了 JVM 本身相关的错误。如果异常发生，程序将无法恢复这些异常，这些错误不能被开发者通过代码处理进行应对。常见的 Error 类包括内存溢出 StackOverflowError 和内存不足 OutOfMemoryError 等。由于 Error 很少出现且开发者在应对处理上无能为力，因此开发者需要重点关注以 Exception 类为父类的各种异常类。

2. Exception 类

Exception 类及其子类代表程序运行时发生的各种预期之外的事件，可以被 Java 异常处理机制识别和捕获，是 Java 异常处理中的核心内容。

在 Java 系统提供的开发包中，声明了几百个 Exception 类的子类，分别代表各种各样的异常情况，这些异常类根据分类位于不同的 Java 包中，类名均以 Exception 为后缀。如果发生的异常情况在 JDK 中没有对应的异常类进行描述和封装，则可以声明新的异常类描述未知的异常情况。

由于 Java 语言中异常类繁多，下面仅选取部分异常类来展示 JDK 中的异常体系，如图 6-4 所示。

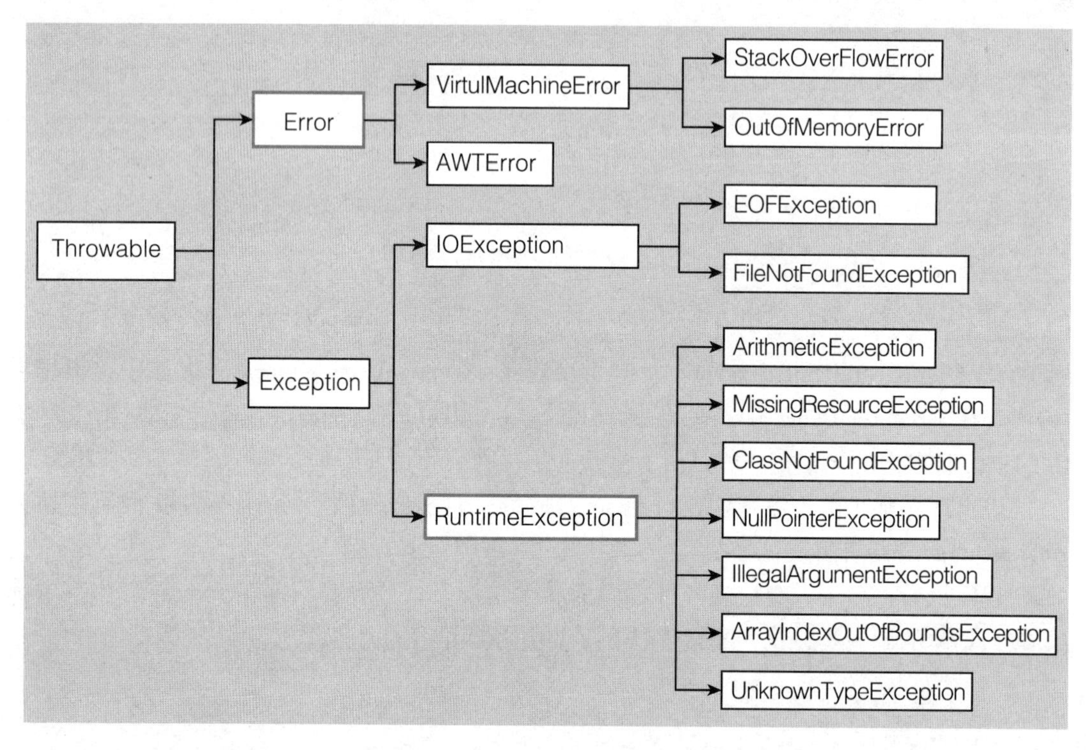

图 6-4　Java 语言中的部分异常类

从图 6-4 可以看到，Java 异常体系是分层的继承体系。Throwable 是最上层类，Error 和 Exception 是其中的两个大类。这两个大类还可以继续细分，直到最后的具体异常类。这里只是列举了部分异常，更多的异常类信息可以自行查阅 JDK 中自带的帮助文档。

在这些异常类中，根据异常是否需要强制捕获和处理，可以将所有异常类分为两种，即受控异常（checked exception）和非受控异常（unchecked exception）。

（1）非受控异常。Error 类和 RuntimeException 类及其子类都属于非受控异常。它们在编译时不会提示开发者显示捕获异常，不要求程序处理这些异常。对于这些异常的发生，通常需要通过修改代码解决发生问题的根源，而不是通过异常处理器在异常发生时进行捕获。这种异常发生的原因多半是业务逻辑或者代码逻辑存在问题，如除 0 异常 ArithmeticException、强制类型转换异常 ClassCastException、空指针异常 NullPointerException 和数组索引越界异常 ArrayIndexOutOfBoundsException 等。

（2）受控异常。除了 Error 类和 RuntimeException 类及其子类之外的其他异常都属于受控异常。Java 编译器会强制要求开发者为此类异常做预备处理工作（使用 try-catch-finally 或者 throws）。在方法中要么用 try-catch 语句捕获它并处理，要么用 throws 子句声明抛出异常，由调用者捕获处理，否则编译将无法通过。此类异常一般是由程序的外部运行环境导致的。由于程序可能被运行在各种未知的环境下，而开发者无法干预用户如何使用程序。于是开发者就必须为各类异常做好准备，具体异常有 SQLException、IOException、SocketException、FileNotFoundException 和 ClassNotFoundException 等。

熟悉异常类的分类，将有助于在实际开发中正确地处理异常，也使得在使用异常类时可以选择恰当的异常类类型。由于异常类的数量非常多，在实际使用时需要经常查阅异常类的文档，根据文档说明和编译提示正确地进行异常处理。

6.4　Java 异常处理机制

为了方便开发者进行异常处理，Java 语言定义了一套异常处理和捕获的语法规则，这些语法规则主要分为以下几个部分：

（1）抛出异常。当程序运行时，如果发现有异常的情况，JVM 就会生成对应的异常对象，在其中封装异常发生的位置以及上下文的状态信息，并将异常对象传递给程序的调用者，从而将异常从发生现场传递给 Java 运行系统，这个过程被称作抛出异常。抛出异常是整个异常处理机制的起点，也是异常的发源地，一般出现在项目底层的代码中。

（2）异常声明。当一个方法在执行时，除了能够完成正常的功能以外，可能还会出现一些异常情况。为了提醒调用该方法的开发者注意处理这些异常情况，会在方法的声明中将这些异常显示地声明出来，这就是异常声明。异常声明的语法使得异常处理目标更加明确，这些异常都是开发者在调用时必须明确进行处理的。

（3）捕获异常及异常处理。当异常被抛出以后，如果不进行处理，则异常实例会在方法调用链条中继续向上传递，直到最上层的调用者。在 Java 程序中 main( ) 静态方法就是最上层的调用者，最终异常信息将在控制台输出。

在实际项目中，当异常被抛出以后，需要首先捕获该异常，然后按照异常的不同种类，分别进行处理。

6.4.1　异常声明

如果一个方法内部的代码可能会抛出异常（受控异常），但方法自身没有处理应对的能力或者不愿意在方法内捕获处理，则可以在方法的声明上使用 throws 关键字声明可能会发生的异常，由方法的调用者进行捕获处理。

在实际开发工作中，经常会用到第三方类库。在使用类库时，一般是无法看到方法的源代码的。开发者无法知道这些方法将出现怎样的异常情况。因此，需要有一种语法，可以让类库的使用者能够看到被调用的方法可能出现的异常情况。这就是异常声明语法所要解决的问题。

throws 方式不同于 try-catch-finally。throws 是将方法中可能出现的异常向调用者声明，自身不做具体处理。采取这种异常处理的原因可能是方法本身不知道如何处理这样的异常，或者说让调用者处理更好。调用者需要为可能发生的异常编写处理逻辑。

异常声明的语法如下：

```
访问控制符[static][返回值]方法名称(方法参数,...)throws 异常1,异常2...{
    //方法逻辑代码
}
```

从上述语法定义中可以发现，throws 是放在方法定义之后，在具体的方法代码之前声明的。声明的异常可以有多个，分别以“,”进行分隔。关于异常声明需要注意如下几点：

（1）异常必须是方法内部可能抛出的异常。

（2）异常类名之间没有顺序。

（3）属于 RuntimeException 子类的异常可以不书写在 throws 语句以后，受控异常则必须在 throws 语句中声明。

下面通过示例来了解异常声明语法的使用方式：

```
public static void test(String str) throws IllegalArgumentException,SQLException
```

在上述示例中，test( )方法声明了两个异常，即 IllegalArgumentException 和 SQLException。这两个异常都需要调用者显示地捕获和处理。这些异常都是在 test( )方法中可能发生的。

在 JDK 类库中，方法定义中声明 throws 异常的情况特别常见。例如，Integer 类中定义了 parseInt（String s）方法，功能是将 String 类型的字符串转换为 int 类型的数值，其在方法定义中声明了 NumberFormatException 异常，表示在转换过程中有可能出现传入的字符不是数字的情况，从而产生该异常。例如，“abc”在转换为 int 类型时，就会出现异常，而“123”则是可以正常处理的字符串。parseInt( )方法定义如下：

```
public static int parseInt(String s)throws NumberFormatException{
    return parseInt(s,10);
}
```

基于 throws 方式声明异常在类定义中是特别常见的。throws 让类和方法本身免去了处理异常逻辑的困扰，从而让业务代码变得简单，但是它让调用者明确了解当前方法可能出现的异常，并且需要在调用者的代码中进行显示地捕获和处理，这样增加了方法调用者的工作量，提高了代码的复杂度，这是在实际使用中需要权衡和选择的。

6.4.2　抛出异常

在实际项目中，类的方法除了实现业务逻辑功能之外，还需要考虑到各种异常情况。如果在代码中出现无法处理的异常情况，则应该在该方法内部抛出对应类型的异常，由方法的调用者明确了解可能出现的异常情况，并显示地加以捕获和处理。这种做法可以通过 throw 语句手动显式地在方法内部抛出一个异常，throw 语句后面必须是一个异常对象。

throw 语句必须写在方法之内，执行 throw 语句的位置就是一个异常抛出点，它和由 Java 运行环境自动形成的异常抛出点没有任何差别。

抛出异常的语法格式如下：

```
throw 异常对象;
```

抛出异常的示例如下：

```
throw new NullPointerException();
```

或者先声明创建，然后抛出异常对象：

```
ArithmeticException e = new ArithmeticException();
throw e;
```

在了解了 throw 语法之后，下面通过具体 throw 示例加深理解。具体代码示例如下：

```
public class ThrowsDemo{
    publicvoid myMethod(String name,int num1)throws SQLException{
        System.out.println("test exception");
        throw new SQLException("sql exception");//异常抛出点
    }
}
```

在这个示例中，myMethod( ) 方法在代码中创建了 SQLException 实例，并将其抛出，myMethod( ) 方法定义需要使用 throws 声明 SQLException，明确告知方法调用者需要对方法中的异常进行捕获和处理。

在 JDK 类库中大量使用 throw 进行异常抛出，这里以 Math 的 toIntExact( ) 方法为例，这个方法的功能是将 long 类型的数值转换为 int 类型，具体的方法定义如下：

```
public static int toIntExact(long value){
    if((int)value! = value){
        throw new ArithmeticException("integer overflow");
    }
```

```
        return(int)value;
    }
```

在这个示例方法的代码中，创建了 ArithmeticException 实例，并将其抛出。但是在 toIntExact()方法定义中没有使用 throws 声明异常，原因是什么呢？这是由于 ArithmeticException 属于 unchecked exception，无须在方法定义中声明异常，也无须显示地捕获异常进行处理。

6.4.3 异常捕获与处理

在之前的内容中介绍了异常的声明与抛出。如果程序中出现异常，则需要进行捕获并进行相应的异常处理，以保障系统或者程序不会因为出现异常而做出错误的行为，甚至引发系统的崩溃，保障系统的稳定。

为了捕获异常并对异常进行处理，使用的捕获异常以及处理的语法格式如下：

```
try{
    //业务逻辑代码,可能发生异常或者抛出异常
}catch(异常类名 参数名){
    //异常处理代码
}
…
catch(异常类名 参数名){
    //异常处理代码
}
```

在该语法中，将正常的程序逻辑代码放入 try 语句块中进行执行。这些代码是可能会抛出异常的代码。在 catch 语句入口中写入对应的异常类类名，在 catch 语句块中执行该类型异常的处理代码。当程序执行到 try-catch 语句时，如果没有发生异常，则完整地执行 try 内部的所有代码，catch 内部的代码不会执行。如果在执行时发生异常，则从发生异常的代码开始，后续的 try 语句代码将不会执行，直接跳转到该类型异常对应的 catch 语句块中，允许定义多个 catch 语句，每个 catch 语句针对不同的异常类型进行异常处理。

在实际使用时，由于 try-catch 的执行流程，无论 try 语句块还是 catch 语句块都不一定会被完全执行。在实际业务场景中，有些处理代码则必须得到执行，如文件操作中的文件关闭、数据库连接的释放和网络连接的关闭等。Java 语言在异常处理的语法中专门提供了 finally 语句块来保障此类代码的执行。即使在 try 或 catch 语句块中包含 return 语句也会被执行，具体的语法格式如下：

```
finally{
    //清理代码
}
```

该语法可以和之前两种 try-catch 语句一起使用，也可以和 try 语句匹配使用，与 try 语句块配合使用的语法格式如下：

```
try{
    //逻辑代码
}finally{
    //清理代码
}
```

在代码执行时，无论 try 语句块中的语句是否发生异常，finally 语句块内部的代码都会获得执行。

结合已经列举异常处理的语法，完整的异常处理结构语法定义如下：

```
try{
    //业务逻辑代码,可能发生异常或者抛出异常
}catch(异常类名 参数名){
    //异常处理代码
}
finally{
    //清理代码逻辑
}
```

finally 语句块是可选的，但其中定义的逻辑会在结束之后被执行。可以把 finally 语句块中定义的逻辑处理作为过程的收尾清理工作。catch 语句无法匹配和处理发生的异常，finally 语句块会做兜底处理。如果 finally 语句块无法处理，则会再次抛出，交由调用者来处理。

一个 try 语句块至少要有一个 catch 块或 finally 块与之配合使用，但是 finally 语句块不是用来处理异常的，它不会捕获异常。一般来说，finally 语句块主要做一些清理工作，如流的关闭、数据库连接的关闭和资源释放等收尾操作。

在使用 finally 语句块时应有一个良好的编程习惯：在 try 语句块中打开资源，在 finally 语句块中清理释放这些资源。最后总结一下使用异常处理语法时需要注意的一些问题：

（1）try 语句块内部的代码执行效率比较低。因此，在代码中只把可能出现异常的代码放在 try 语句块内部，而非全部的代码。

（2）注意判别异常的类型（受控异常/非受控异常）。如果逻辑代码中抛出的异常属于 RuntimeException/非受控异常，则不强制使用 try-catch 语句。如果抛出的异常属于非 RuntimeException 子类/受控异常，则必须进行异常捕获处理，一般需要放入 try-catch 语句中。

（3）捕获异常的范围。catch 语句块中只能捕获 try 语句块中抛出的异常，Java 编译器会对超出范围的异常捕获提示语法错误。

在了解了 Java 异常处理机制之后，下面通过示例展示使用异常捕获的具体方式，核心代码示例如下：

```
public class TryCatchDemo{
    public static void main(String[] args){
        try{
            TryCatchDemo demo = new TryCatchDemo();
            demo.testDivideZero();
        }catch(ArithmeticException ae){
            System.out.println("处理异常");
            ae.printStackTrace();
        }
        finally{
            System.out.println("Finally cleanup...");
        }
    }
    public void testDivideZero(){
        System.out.println("I am in the divideZero method...");
        int num = 10/0;//异常抛出点
        System.out.println("I will never be called,right?");
    }
}
```

上述示例中使用了 try-catch-finally 语句。异常抛出点在 testDivideZero( )方法中的除 0 操作。由于此处抛出异常，故其后的语句不会被执行。异常变量 ae 的方法 printStackTrace( )将打印完整的异常调用栈。程序输出的结果信息如下：

```
I am in the divideZero method...
处理异常
Finally cleanup...
java.lang.ArithmeticException:/by zero
    at org.lang.book.chapter6.TryCatchDemo.testDivideZero(TryCatchDemo.
      java:19)
    at org.lang.book.chapter6.TryCatchDemo.main(TryCatchDemo.java:7)
```

从上述输出结果可以发现，catch 代码块的语句先输出，然后输出 finally 中的语句，最后打印整个的异常栈。那么这个异常栈有什么作用呢？下面参照图 6 - 5 进行详细说明。

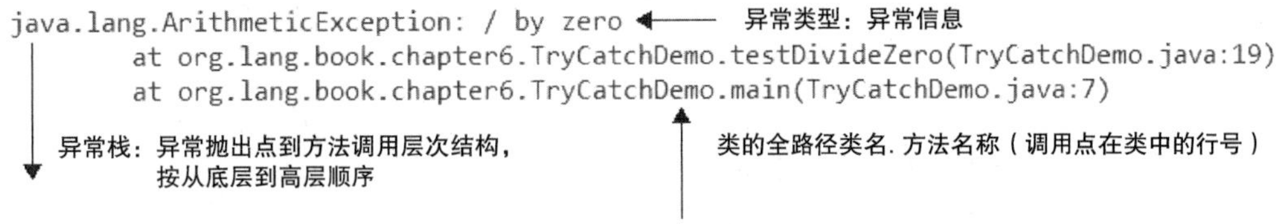

java.lang.ArithmeticException: / by zero
at org.lang.book.chapter6.TryCatchDemo.testDivideZero(TryCatchDemo.java:19)
at org.lang.book.chapter6.TryCatchDemo.main(TryCatchDemo.java:7)
异常类型：异常信息
异常栈：异常抛出点到方法调用层次结构，
按从底层到高层顺序
类的全路径类名. 方法名称（调用点在类中的行号）

图 6 – 5 异常栈信息

在图 6 – 5 中，针对异常栈中信息进行了分析，从中可以发现，异常栈给开发者提供了关于异常点的详细信息，包括异常类型、异常信息、异常点的调用层次结构和异常点/调用点在类中的具体位置信息。这些信息对于开发者分析和定位问题是非常有用的。

6.5 自定义异常

虽然 JDK 类库中提供了近百种 Exception 类型，但是在实际系统中这些异常仍然有可能无法满足具体业务的需求，需要开发者自行定义异常类。

如果需要自定义异常类，则直接或者间接继承 Exception 类。因此，这样的自定义异常都属于受控异常。如果要自定义非受控异常，则需要继承 RuntimeException，这类异常无须异常捕获和处理。在编码规范上，一般将异常类命名为 × × × Exception，其中 × × × 用来代表该异常类型名称。

自定义异常类示例的定义如下：

```
public class BusinessException extends RuntimeException{}
```

自定义异常都是类型定义，通过不同的类型标识不同的异常类型，与普通类定义过程是一样的。

为了帮助读者更好地了解如何自定义异常，下面将以 JDK 系统类库中的 IOException 为例，分析其定义的代码实现。其中删除了注释部分，完整代码可以参考 JDK 源代码。具体的代码实现如下：

```
public class IOException extends Exception{
    public IOException(){
        super();
    }
    public IOException(String message){
        super(message);
    }
```

```
    public IOException(String message,Throwable cause){
        super(message,cause);
    }
    public IOException(Throwable cause){
        super(cause);
    }
}
```

从 IOException 类定义中可以发现，定义异常主要是定义不同的构造函数。这些构造函数包括以下几种情况：

（1）一个无参构造函数。

（2）一个带有 String 参数的构造函数，并调用父类的构造函数。

（3）一个带有 String 参数和 Throwable 参数的构造函数，并调用父类的构造函数。

（4）一个带有 Throwable 参数的构造函数，并调用父类的构造函数。

这些构造方法提供了灵活的异常构建方式。在实际项目中，开发者可以根据实际需要选择实现不同的构造函数。

在本章收银系统案例中，定义 StoreException 异常类，表示为便利店中的异常基类，在此基础上扩展定义了 CashierException、CommodityException 和 CustomerException 3 个异常类。其中 StoreException 的定义如下：

```
public abstract class StoreException extends Exception{
    private int code;
    public StoreException(int code,String message,Throwable throwable){
        super(message,throwable);
        this.code = code;
    }
    public StoreException(int code,String message){
        super(message);
        this.code = code;
    }
    public int getCode(){
        return code;
    }
    public void setCode(int code){
        this.code = code;
    }
}
```

在 StoreException 异常类中定义了 code 作为其异常的标识，在构造函数中通过 super( ) 调用父类的构造函数。

基于 StoreException 异常类，扩展出了 3 个不同的子类，这里仅以 CashierException 为例，介绍其具体的实现：

```
public class CashierException extends StoreException{
    public CashierException(int code,String message){
        super(code,message);
    }
    public CashierException(int code,String message,Throwable throwable){
        super(code,message,throwable);
    }
}
```

CashierException 继承 StoreException，表示收银台相关的各类异常，通过不同的 code 标识不同的异常，在类中仅仅定义了两个构造方法，在其中基于 super( ) 调用父类的构造函数。

6.6　异常的注意事项

异常处理对于稳定性和可靠性要求很高的系统是非常重要的。它直接关系到系统在面临各种不确定的环境和运行状态时，如何进行应对和处理。在发生各类异常错误时，是否有能力保证和保持系统的稳定和正常运转。

本节将针对 try-catch-finally 异常处理机制中需要注意的若干问题进行补充说明，以帮助开发者更好地使用异常处理机制。

（1）抛出在继承中的异常类型。当子类重写父类中带有 throws 声明的方法时，其 throws 声明的异常必须在父类异常的可控范围内，即在子类中，抛出的异常为父类中抛出的异常类或其子类。这是继承体系中的多态性要求，以确保子类以及父类在处理机制上保持一致。

例如，父类中方法抛出了两个异常，子类就不能抛出 3 个及以上的异常。父类抛出异常 IOException，子类就必须抛出 IOException 或者 IOException 的子类。

JDK 也有类似的用法。java. io. Reader 和子类 java. io. BufferedReader 在 Reader 类中定义的 read( ) 方法，方法抛出异常 IOException，其子类中 read( ) 方法只能抛出 IOExeption 或其子类，不能超越父类抛出异常类型的约束。

（2）多线程中的异常。在 Java 多线程环境下，每个线程都是一个独立的执行流和独立的函数调用栈。如果程序没有使用多线程，则只有一个线程。任何未被捕获的异常都会导致程序终止执行。对于在多线程环境下的系统，未被捕获的异常仅会导致异常所在的线程终止执行，只会影响这个线程所执行的功能，对于整个系统而言不会产生影响。

Java 中的异常是线程独立的。线程的问题应该由线程自身来解决，而不要委托外部，也不会直接影响其他线程的执行。

（3）try-catch-finally 中的变量。try 语句块中的局部变量和 catch 语句块中的局部变量（包括异常变量）以及 finally 中的局部变量，它们之间不可共享使用，变量仅限于在各自的作用域内使用。

（4）catch 匹配规则。每个 catch 语句块用于处理一种类型异常。异常匹配是按照 catch 语句块的顺序从上向下依次寻找的。只要匹配到一个 catch 语句，其中的异常处理逻辑就会执行。匹配时不仅支持精确匹配，也支持父类匹配。因此，try 语句块下的多个 catch 异常类型存在父子关系，应该将子类异常放在前面，父类异常放在后面。这样保证每个 catch 捕获块都有存在的意义。

（5）finally 语句块和 return 语句。在 Java 语言中，return 语句用于表示执行完当前功能并返回结果值。在 try 语句块中，即便有 return、break 和 continue 等改变执行流程的语句，finally 语句块最终也会被执行，finally 语句块中 return 返回值会覆盖 try 语句块或者 catch 语句块中的 return 返回值。

为了防止引起理解上的混乱，一般在 finally 中不建议使用 return 和抛出异常，finally 语句块用来释放资源是最合适的。

6.7 异常使用的最佳实践

在实际应用系统开发中，由于业务以及系统本身的复杂性，在系统中定义的异常类种类繁多。在这种情况下开发者将面临一个问题：该如何定义异常类型以描述这些繁杂的异常情况呢？

本节将尝试使用 3 种不同的定义方式描述实际系统中的异常，并针对这些方法加以对比分析，帮助开发者掌握这些方法的优点、缺点，为在今后的实际开发中，根据实际情况做出最优化的技术选择奠定基础。

1. 使用不同的异常类描述不同的业务异常和系统异常

（1）方案描述：由于基于抽象和继承机制减少开发的工作量，但在实际系统中存在的异常类型非常多，在最终的异常体系中将会出现数量庞大的异常类。

（2）优点：每个异常通过一个异常类描述，非常清晰准确，且易于扩展。

（3）缺点：开发工作量大，出现大量类和冗余的代码，不同的异常类除了类名不同之外，几乎完全相同，不利于代码的管理和维护。

针对方案 1 中的问题，还可以考虑使用不同的技术方案规避大量的异常类。这里采用基于异常 ID 的方式描述不同的异常类型。

2. 基于异常 ID 的方式描述不同的异常类型

（1）方案描述：假定异常类型范围为 1 ~ 10 000，将其分为 20 个区域描述不同的异常类别。例如，1～500 为数据库异常；501～1 000 为通信异常等。在系统中为不同的异常 ID 提供有效的描述信息。

（2）优点：规避了大量的类定义。无须维护和管理这些异常类。系统中主要通过异常 ID 区分不同的异常类。使用很少的异常类即可满足系统需求。

（3）缺点：大量的异常 ID 对于开发者而言，不是非常容易理解，可读性和可维护性相对较差。

在之前两个方案的基础上，针对各自的优点、缺点是否可以进行折中呢？结合两者的优点，摒弃各自的不足，构建一个结合有效和易懂的异常类型方案。于是结合两者的优点而成的异常类型技术方案 3 就隆重出场了。

3. 混合异常类型的构建方案

（1）方案描述：首先根据实际系统的业务场景和技术需求，构建不同的异常类别，这些异常类别一般不超过 20 个，这些类别使用异常类来定义。在各个异常类别中，使用异常 ID 对异常具体类型进行细分。

（2）优点：定义若干异常类别，通过异常类型快速了解异常的信息，然后根据 ID 进行具体异常类型的识别。

（3）缺点：需要开发者根据实际情况进行折中和衡量，如异常类定义的数量为多少等。

在计算机系统中，上述 3 种方案都有具体的应用案例。例如，日常电脑中使用的浏览器是通过 ID 区分不同的错误信息的：HTTP 请求中的状态码 404 是著名的访问网页不存在的错误信息；403 是由于未授权禁止访问的状态码。在 Windows 操作系统中也经常会遇到类似的情况，例如，出现问题时，只提示了一串数字码和不太容易理解的文字描述（详见本章参考资料）。这些也都是异常描述方案的具体表现。本章中的案例也是采用了第 3 种技术方案来定义异常的。

在实际系统中，开发者需要根据实际情况进行评估，并采用最合适的技术方案来描述系统中出现的各类异常。

本章小结

Java 异常是 Java 语言提供的处理程序中各类异常情况的应对机制。通过异常处理机制，实现了业务逻辑实现和异常处理机制的分离，保持了 Java 语言在业务逻辑实现上的优雅和简洁。Java 异常分为受控异常和非受控异常。两者的不同之处在于，当异常发生时，是否从异常中恢复正常运行。对于开发者而言，关注的重点是受控异常。当受控异常发生时，通过捕获异常进行应对处理，可以保持程序正常运行。在处理异常时，可以使用 try-catch 的方式进行捕获，也可以结合 finally 进行内存、网络连接和资源等的清理释放操作。在方法内部无法处理的异常类型，则可以使用抛出方式，将异常抛出，由方法调用者进行捕获和处理。

本章的最后，针对实际项目中的异常定义给出了 3 套技术方案。并针对这些方案进行了对比分析。在实际项目中，可以结合项目的特点，选择适合的技术方案。

参考资料

1. 常见异常介绍

http://blog. csdn. net/qq_27292113/article/details/51025734

2. Windows 错误码

https://www. cnblogs. com/icebutterfly/p/7834453. html

3. Http 状态码详解

http://tool. oschina. net/commons? type =5

自 测 题

一、单项选择题

1. Java 语言中用来抛出异常的关键字是（　　）。

A. try　　B. catch　　C. throw　　D. finally

2. 在 Java 语言中，一定会执行完的代码是（　　）。

A. try　　B. catch　　C. finally　　D. throw

3. 关于异常，下列说法中正确的是（　　）。

A. 异常是一种对象

B. 一旦程序运行，异常将被创建

C. 为了保证程序运行速度，要尽量避免异常控制

D. 以上说法都不对

4. （　　）类是所有异常类的父类。

A. Throwable　　B. Error　　C. Exception　　D. IOException

5. 在 Java 语言中，下列（　　）子句是异常发生的位置。

A. try {…}　　B. catch {…}　　C. finally {…}　　D. 以上都不对

6. 在 Java 语言中，方法声明中用来声明异常的关键字是（　　）。

A. throw　　B. catch　　C. finally　　D. throws

7. 自定义异常类时，可以继承的类是（　　）。

A. Error　　B. Exception 及其子类

C. AssertionError　　D. Applet

8. 对于 try {…} catch 子句的排列方式，下列选项中正确的是（　　）。

A. 子类异常在前，父类异常在后　　B. 父类异常在前，子类异常在后

C. 只能是子类异常　　D. 父类异常和子类异常不能同时出现

9. 使用 catch（Exception e）的优点是（　　）。

A. 指挥捕获个别类型的异常

B. 捕获 try 语句块中产生的所有类型异常

C. 忽略一些异常
D. 执行一些程序

10. 所有的异常类皆继承于（　　）类。
A. java. lang. Throwable　　B. java. lang. Exception
C. java. lang. Error　　D. java. io. Exception

11. 下列异常中，属于受控异常的是（　　）。
A. Error　　B. NullPointerException
C. StackOverflowException　　D. IOException

12. 下列异常中，属于非受控异常的是（　　）。
A. RuntimeException　　B. FileNotFoundException
C. SQLException　　D. SocketException

二、问答题

1. 受控异常和非受控异常的区别在哪里？两类异常分别有哪些？

2. 在 try-catch-finally 语句中，finally 语句块的作用是什么？有哪些应用场景？

3. 实际项目中，有哪些异常体系定义的技术方案？这些方案分别有哪些优点、缺点？

4. 实际项目中，在什么情况下考虑将异常抛出，交由调用者进行捕获处理？在什么情况下需要在方法内部进行处理？

第7章　多线程编程

导　言

多线程是在软件系统中实现多个线程并发执行的技术。具备多线程能力的软件系统依赖于硬件层面的多核心和芯片级别的超线程技术，使得在同一时刻有多于一个的线程在执行，从而提升整个软件系统的处理能力和处理效率。Java语言对多线程技术的支持和实现非常优秀，其创建和管理线程的状态方式优雅而简单。

本章将首先从线程的概念说起，然后介绍线程的状态和生命周期等基础的理论和概念。线程的创建和使用在整个多线程编程中是核心的内容，掌握创建线程的3种方式，了解不同的创建线程方式之间的异同。在掌握创建线程的方式之后，接下来就需要思考多线程的使用实例和应用场景，如这种技术主要是在哪些业务场景中发挥着重要的作用，针对不同的业务场景该如何选择是否应用多线程技术。本章还将针对多线程的同步、并发和死锁等问题展开讨论和学习。

本章的案例将以搜寻素数的过程为例进行分析。分别实现普通的单线程版本和多线程版本。在整个任务的分析和拆解过程中，向大家展示如何进行分解和抽取。构建可以并发执行的应用程序。从最终的执行效率来看，多线程技术对程序性能提升的影响是非常巨大的。在实现任务时抽取了基类，用以定义公用的方法实现。基类中抽象方法的定义便于子类的实现和扩展，在子类中聚焦于任务的执行方式，从而获取很好地扩展和清晰的程序结构。

学习目标

学习完本章之后，你将可以：

【掌握】

（1）创建线程的3种方式：Thread、Runnable和Callable。

（2）实现线程安全的机制：synchronized和锁。

（3）多线程编程中并发和同步的方式。

【理解】

（1）线程的基本概念。

（2）线程生命周期的5个状态以及彼此之间的转化。

【了解】

（1）多线程编程中的死锁概念、产生的危害和预防措施。

（2）多线程编程的主要应用场景。

7.1　搜寻质数案例

7.1.1　案例任务描述

质数又称素数，是大于 1 的自然数，除了 1 和它自身外，不能被其他自然数整除。素数在现实中的应用非常广泛。计算机安全领域中的密码学、公钥密码、加密算法和安全认证等，都是立足于大素数来实现的。现在通用的 RSA 密码体制，其安全性建立在依靠素数上。素数为 RSA 密码体制的安全性提供了足够复杂度的保障。目前业界炙手可热的区块链和比特币领域，其中的加密算法也是建立在大素数之上的。

我国著名的数学家陈景润毕生求证的哥德巴赫猜想被誉为世界近代三大数学难题之一，这就是一个关于寻找素数的猜想。其核心猜测是一个大偶数能分成两个素数之和，至今仍未被证明，须后世数学家们不懈地努力。

本案例中，将基于 Java 语言实现一个搜寻素数的过程。利用计算机帮助人类自动寻找素数。由于这个数字的区间很大，且计算量相对比较大，所以这里实现两个版本的素数寻找过程，即单线程版本和多线程版本。多线程版本将充分利用多线程的优势，基于多线程和分段寻找最大的素数，从而大大缩短整个程序的运行时间。

7.1.2　案例功能分析

素数的定义是大于 1，且只能被 1 和其自身整除的自然数。除了素数之外，其他的数称为合数。判断素数的逻辑如下：

（1）如果当前数小于或等于 1，则其不是素数，素数必须大于 1。

（2）以 2 到当前数的平方根区间，一次遍历整数，如果可以整除，则不是素数。如果没有任何一个数字可以被整除，则这个数就是素数。

关于第 2 点，为什么遍历整除的区间上限取当前数的平方根呢？这是由于一个数不是素数就是合数，那么一定可以由两个自然数相乘得到，其中一个大于或等于它的平方根，一个小于或等于它的平方根，并且成对出现。因此，这里取平方根作为区间上限，可以减少一半的计算量，同时又具有同样的功能效果。

下面来看看素数搜寻案例中单线程版本的运行结果，如图 7－1 所示。

```
<terminated> SingleThreadPrimeFinder [Java Application] /Library/Java/JavaVirtualMachines/jdk1.8.0_66.jdk/
Number of primes under 30000000 is 1857859
Time (seconds) taken is:49.633441132
```

图 7－1　单线程搜寻素数

多线程并发版本的运行结果如图 7－2 所示。

```
<terminated> ConcurrentPrimeFinder [Java Application] /Library/Java/JavaVirtualMachines/jdk1.8.0_66.jd
Number of primes under 30000000 is 1857859
Time (seconds) taken is:23.886896594
```

图 7 - 2　多线程并发搜寻素数

这两个结果都是在笔者的个人电脑上运行得到的。素数搜寻的区间为 1 ~ 30 000 000。虽然在不同的硬件配上最终的执行时间会有所差异，但是在同一台机器上运行的相对时间是一致的。从程序执行消耗的时间来看，多线程版本比单线程版本缩短了一半左右。由此可见，多线程的并发执行，对于运行效率和时间要求苛刻、敏感的应用是非常有价值的。

7.1.3　案例中的设计

在了解了实现素数的基本流程之后，需要针对这个寻找素数的过程功能进行设计。由于这里需要支持两个版本，即普通版本和多线程版本，并且两个版本之间的差异集中在运行机制上，与具体的素数寻找过程无关，所以将具体的搜寻过程提取出来，放入基类中。在子类中分别实现了普通版本和多线程版本的执行模式。具体的设计思路如图 7 - 3 所示。

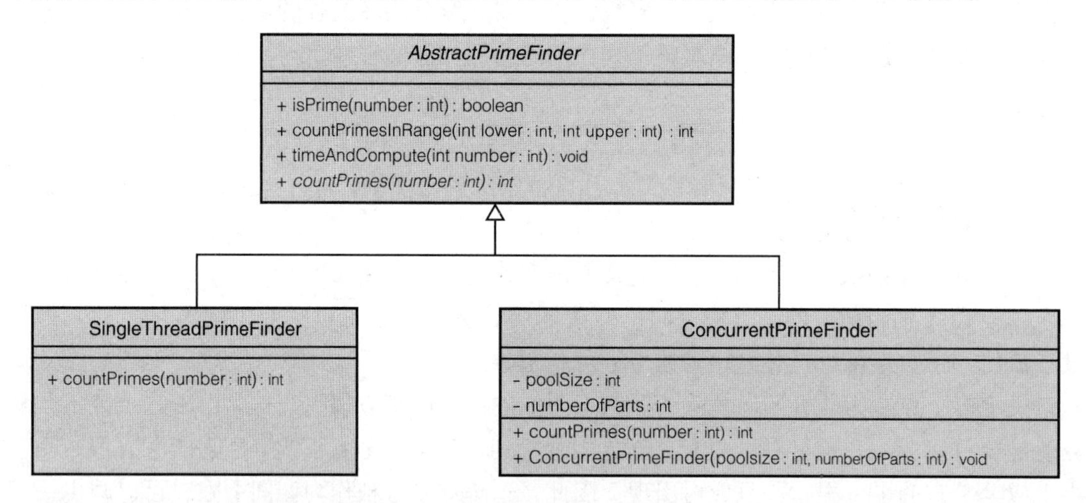

图 7 - 3　寻找素数的程序类

在图 7 - 3 的类图中可以发现，基类 AbstractPrimeFinder 被声明为 abstract，无法被直接实例化，其中定义了 3 个拥有具体业务逻辑的方法。countPrimes( ) 方法被声明为 abstract 类型，用以被子类覆盖实现，countPrimes( ) 方法中定义具体的执行模式，多线程版本的运行机制将在这个方法内进行实现。通过继承机制，两个子类可以直接调用基类中定义的 3 个已经实现的方法，如同调用本地方法一样，非常直观。

在实现设计中，利用基类，抽取了公共实现方法，放入基类中。在基类中声明了一个抽象方法，用于在子类实现。这种设计充分利用了继承机制的优势，实现了代码的复用，简化了子类的开发工作。

7.1.4　关键步骤与核心代码分析

在了解了案例的整体设计之后，本节将详细分析其中的关键步骤和核心代码实现。AbstractPrimeFinder 是整个素数搜索的核心类，其中定义主要的搜寻规则和过程，其核心代码实现如下：

```
public abstract class AbstractPrimeFinder{
    //素数的判断过程
    public boolean isPrime(final int number){
        if(number <= 1)return false;
        for(int i = 2;i <= Math.sqrt(number);i ++)
            if(number % i == 0)return false;
            return true;
    }
    //计算一个区间内素数的个数
    public int countPrimesInRange(final int lower,final int upper){
        int total = 0;
        for(int i = lower;i <= upper;i ++)
            if(isPrime(i))total ++ ;
        return total;
    }
    //统计程序计算素数所花费的时间
    public void timeAndCompute(final int number){
        final long start= System.nanoTime();
        final long numberOfPrimes = countPrimes(number);
        final long end = System.nanoTime();
         System.out.printf ( "Number of primes under %d is %d\n", number,
           numberOfPrimes);
        System.out.println("Time(seconds)taken is:"+(end-start)/1.0e9);
    }
    //子类继承实现的抽象方法
    public abstract int countPrimes(final int number);
}
```

在 AbstractPrimeFinder 基类中，将素数的寻找过程拆分为素数的判断（isPrime 方法）、区间素数的寻找（countPrimesInRange 方法）和统计程序寻找最大素数的时间消耗（timeAndCompute 方法）。countPrime( )方法被声明为 abstract 类型，用作素数寻找的入口方法，需要不同的子类进行覆盖实现，不同的执行方式将在此方法中定义。

在 timeAndCompute( )方法中，调用了此时被声明为 abstract 类型的 countPrimes( )方法，这是面向对象程序设计中一条比较重要的设计方法。在基类中定义了关键的流程步骤，将其中的若干步骤提取出来，定义为抽象方法或提供缺省的实现。这些步骤将在子类中被实现或者覆盖，提供差异化的操作。这种设计方式是在基类中定义操作的规则，具体步骤的操作细节则由具体的子类负责实现，从而实现抽象与具体的分离。

SinglePrimeFinder 是素数寻找的普通版本，默认情况下都是基于单线程的方式来执行的。其核心代码实现如下：

```
public class SingleThreadPrimeFinder extends AbstractPrimeFinder{
    //实现父类中的方法
    @Override
    public int countPrimes(int number){
        return this.countPrimesInRange(1,number);
    }
    //程序主方法
    public static void main(String[] args){
        new SingleThreadPrimeFinder().timeAndCompute(30000000);
    }
}
```

在此单线程版本中，countPrimes( )方法接收 number 参数作为搜索区间的上限，直接调用在基类中声明定义的 countPrimesInRange( )方法，基于 1 ~ number 区间进行素数的搜寻。在 main( )方法中创建 SingleThreadPrimeFinder 类的实例，并调用 timeAndCompute( )方法。启动素数的搜寻，并记录其中消耗的时间。在 timeAndComputer( )方法中将基于面向对象技术中的多态方式调用 countPrimes( )方法，从而执行真正的搜寻操作。

ConcurrentPrimeFinder 实现了素数寻找的多线程版本，其核心代码实现如下：

```
public class ConcurrentPrimeFinder extends AbstractPrimeFinder{
    private final int poolSize;         //创建线程池的大小
    private final int numberOfParts;    //任务的份数
    //构造方法初始化线程的个数和任务的划分
    public ConcurrentPrimeFinder(final int poolSize,final int numberOfParts){
        this.poolSize = poolSize;
        this.numberOfParts = numberOfParts;
    }
    @Override
    public int countPrimes(final int number){
```

```
        int count=0;//统计各区间的素数个数
        try{
            final List<Callable<Integer>> partitions=new ArrayList
              <Callable<Integer>>();
            final int chunksPerPartion=number/numberOfParts;
            for(int i=0;i<numberOfParts;i++){
                final int lower=(i*chunksPerPartion)+1;
                final int upper=(i==numberOfParts-1)?number:lower+
                  chunksPerPartion-1;
                partitions.add(new Callable<Integer>(){
                    @Override
                    public Integer call(){
                        return countPrimesInRange(lower,upper);
                    }
                });
            }
            final ExecutorService executorPool=Executors.
              newFixedThreadPool(poolSize);//在线程池中创建线程
            final List<Future<Integer>> resultFromParts=executorPool.
              invokeAll(partitions,10000,TimeUnit.SECONDS);
            executorPool.shutdown();//执行完成之后关闭线程池
            for(final Future<Integer> result:resultFromParts)
              //统计各任务的素数个数
               count+=result.get();
        }catch(Exception ex){
            throw new RuntimeException(ex);
        }
        return count;
    }
    //启动4个线程、4个分组方式来计算
    public static void main(String[] args){
        new ConcurrentPrimeFinder(4,4).timeAndCompute(30000000);
    }
}
```

ConcurrentPrimeFinder 类中定义了两个属性。poolSize 用来定义线程池的大小，表示在程序中可以并发执行的线程数量。numberOfParts 定义了素数搜寻的区间数量。例如，搜寻区间为 10 000，设置 numberOfParts 为 4，则会生成 0 ~ 2 500、2 501 ~ 5 000、5 001 ~ 7 500 和 7 501 ~

10 000 4 个搜寻的子区间。这些划分的好处在于，可以充分发挥当前硬件中多线程的优势。将各个区间的搜寻并发处理，可以极大地提升整个程序的搜寻效率，缩短消耗的时间。

类中声明了构造方法 ConcurrentPrimeFinder( )。其中，poolSize 和 numberOfParts 作为入口参数，在构造方法中赋值给实例的对应属性。

countPrime( )方法中定义了基于多线程技术实现的素数搜寻过程。在方法实现中，首先声明 List <Callable> 的列表结构，用于存放拆分之后的具体线程任务。Callable 是 Java 语言实现线程并返回结果值的一种实现方式。搜寻素数的过程根据区间数量进行拆分，并将每一个子区间封装到 Callable 的对象之内，同时将 Callable 对象放入 List <Callable> 的列表之内。

基于 Executors 工具类声明了 poolSize 大小的执行线程池。调用线程池 executorPool 的 invokeAll( )方法，执行 List <Callable> 列表中存放的 Callable 线程任务。在线程池执行完毕，调用 shutdown( )方法，关闭线程池。遍历线程池执行的结果 resultFromParts，并将其中的结果进行累计，得到最终的素数个数。

在整个执行过程中，线程池存在异常发生的可能，需要进行异常的捕获。这里使用 try-catch 进行异常的捕获。当异常发生时，将异常栈的信息输出到控制台。对于线程池中的异常，在当前方法中无法处理，于是创建新的 RuntimeException，抛出给调用者，交由调用者根据具体情况来处理。

在 main( )方法中，创建 ConcurrentPrimeFinder 实例，指定 poolSize 为 4，素数搜索区间为 4，在 1 ~ 30 000 000 区间中搜寻存在的素数数量。在此多线程版本中，使用了 ExecutorService 类型的线程池，基于 Executors 的线程创建方式和 Callable 的线程实现方式。其中一个非常有意思的技巧就是需要将任务进行拆分，拆分为不同的子任务。这些子任务是可以并发执行的。此案例是将一个大的执行区间拆分为若干个彼此独立的子区间，并将它们分别放入 Callable 的线程实现中。

7.1.5 案例分析与总结

本案例的目的是实现在区间内搜寻素数个数的过程。抽象定义了基类 AbstractPrimeFinder。其中声明定义了 3 个方法实现，将具体的执行方式以抽象方法的方式进行定义，交由子类进行覆盖实现。将公有的实现提取、个性化的实现交由子类的设计思路是面向对象程序设计中典型的思路，方便子类进行扩展和实现逻辑上的复用。

在多线程版本中，使用了线程池的方式实现多个任务的并发执行。其中使用 Executors 创建 ExecutorService 的线程池，只需将定义的任务列表交由线程池执行。交由线程池执行的任务列表是将整体的任务分解而来，彼此之间能够支持隔离，支持并发执行任务。此案例是基于数字区间进行分区操作的。每一个数字区间基于 Callable 封装成独立的线程实体，从而将一个任务拆分为多个在线程池中执行的任务列表。

Callable 类似于 Runnable 的线程接口，不同之处在于其允许返回结果值和抛出线程执行过程可能出现的异常信息。关于线程相关的内容将在本章后面详细展开。

本案例详细地展示了如何将一个具体的任务进行抽象分解。充分利用 Java 语言特性，使用多线程技术并发执行任务列表。从而大幅提升程序的执行效率、缩短任务执行的时间消耗。相比普通的执行模式，多线程技术虽然实现过程增加了一定的复杂度，但是其在执行效率上的提升，对于很多时间敏感和面对庞大用户群体的互联网应用来说，却是极为关键和重要的。这也是学习和理解多线程这一概念的出发点。

7.2　线程简介

计算机领域一直在不停地演进和发展，并成为技术更新最快的领域。作为处理器之王的 Intel 公司，为整个世界提供着中央处理器（Central Processing Unit，CPU）。它在 2007 年正式提出了 Tick-Tock 开发模式，并且每隔一年左右就推出新一代的处理器。这些处理器在性能上有大幅度的提升，在能耗上则大幅度下降。根据摩尔定律的规则：当价格不变时，集成电路上可容纳的元器件数目约每隔 18 ~ 24 个月便会增加一倍，性能也将提升一倍。在半导体工业如此发达的今天，当中央处理器的主频达到 4 GHz 之后，逐步提升的空间已经不大，于是逐步向多核心的中央处理器以及超线程技术发展。同时，大数据技术和人工智能技术的爆炸式发展，推动了目前开发语言在并行任务处理上的发展，从而可以充分发挥多 CPU 以及多核心 CPU 的硬件性能，大幅度提升系统在任务处理和数据计算上的效率。

Java 语言从诞生之时起，就从语言层面上充分支持多线程技术。每个 Java 程序在底层都是通过线程来执行的。CPU 生产厂商在推出多核心 CPU 以及超线程技术之后，让多线程技术如虎添翼，利用多线程技术可以大幅度提升计算效率。

多线程技术允许在一个程序中通过多个线程同时执行业务逻辑，发送处理请求并进行计算。相对于之前的单线程或者单进程应用来说，并发和多线程技术可以充分发挥目前的硬件性能，缩短处理时间。这些都是可以通过多线程编程技术实现的。这种技术就是多线程的程序设计。本章将介绍如何在 Java 语言中进行多线程的程序设计。

7.2.1　进程和线程

操作系统中执行程序的实体是进程和线程。代码通过进程和线程完成实际的任务。在正式学习多线程编程之前，有必要了解一下进程与线程的概念及两者之间的区别与共同之处。

1. 定义

进程（Process）是指操作系统中一个独立运行的程序。例如，在日常的电脑使用中，一般会开着微信进行聊天，也会打开浏览器去浏览网页，同时运行 Office 中的 Word 文字处理软件进行文档编写，电脑里放着音乐。这个是日常工作或者休闲时的使用场景。这些应用都是独立的进程，运行在 Windows 操作系统上。使用 Windows 操作系统自带的任务管理器就可以清晰地看到当前操作系统中正在运行的进程信息。

在操作系统中，进程是具有一定独立功能的程序的一次运行，是操作系统进行资源分配和调度的一个独立单位。每个进程拥有独立的内存空间等系统资源。进程和进程之间的系统资源不是彼此独立的。进程之间一般通过管道类的进程间通信（Inter-Process Communication，IPC）方式进行通信。在操作系统上同时运行多个进程，可以充分发挥计算机的硬件能力，给用户造成一种多个程序并行运行的感觉。

线程（Thread）是指同一个程序（进程）内部每个单独执行的流程，是 CPU 调度和分派的基本单位。它是比进程更小的能独立运行的基本单位。在同一进程内部可以有多个线程。线程本身基本上不拥有系统资源，只拥有一点在运行中必不可少的资源（如程序计数器、一组寄存器和堆栈），但是它可与同属一个进程的线程共享进程所拥有的全部资源。线程是比进程更为轻量的执行实体。

2. 进程与线程的关系

一个线程可以创建和撤销另一个线程，同一个进程中的多个线程之间可以并发执行。相对进程而言，线程是一个更接近于执行体的概念，它可以与同进程中的其他线程共享数据，但其拥有自己的栈空间，拥有独立的执行序列。进程中包含多个线程，这些线程共享进程下的各类资源。

3. 进程与线程的区别

进程与线程的主要差别在于它们拥有不同的操作系统资源管理方式。进程有独立的地址空间。当一个进程崩溃后，在保护模式下不会对其他进程产生影响。而线程只是一个进程中的不同执行路径。线程有自己的堆栈和局部变量，但线程之间没有单独的地址空间。一个线程死掉就等于整个进程死掉。所以多进程的程序要比多线程的程序健壮。但在进程切换时，耗费资源较大，效率要低一些。对于一些要求同时执行并且又要共享某些变量的并发操作，只能用线程，而不能用进程。

一个程序至少有一个进程，一个进程至少有一个线程。线程的划分尺度小于进程，这使得多线程程序的并发性高。不同的进程在执行过程中拥有独立的内存单元，而多线程是共享内存，因此多线程极大地提高了程序的运行效率。

线程在执行过程中与进程也是有区别的。每个独立的线程有一个程序运行的入口、顺序执行序列和程序的出口。但是线程不能独立执行，必须依存在应用程序中，由应用程序提供多个线程执行控制。

从逻辑角度来看，多线程的意义在于：在一个应用程序中有多个执行部分可以同时执行。但操作系统并没有将多个线程看作多个独立的应用（多个独立的进程），来实现进程的调度和管理以及资源分配。这就是进程和线程的重要区别。

在很多地方，线程被看作一种“轻量级进程”。因为使用线程和进程比较类似，而且使用线程时对系统资源（如内存、CPU 等）的占用要比进程小很多，也就是有更小的系统开销。另外，同一个程序中的线程之间变量是共享的，线程之间的数据交换要比进程之间的数据交换简单一些。

7.2.2　多线程优势

线程的概念增加了编程的难度，也增加了程序的复杂度，但是在实际项目中多线程技术被大规模地使用，这主要是因为多线程技术对于提升系统性能和处理效率具有先天的优势。多线程程序主要的优势体现在如下两方面：

（1）提高程序响应速度。使用线程可以将消耗大量处理时间的任务操作在后台完成，需要对外进行响应的任务在独立的线程里进行处理，这样可以提升应用的整体处理效率。例如，在进行网络通信时，消息的接收和发送过程使用单独的线程来处理，也就是启动一个单独的线程进行，消息的处理过程则会创建新的线程进行处理，这样消息接收和处理可以并行，彼此互不影响。由于它们都是独立的线程，所以并不会阻塞系统内其他线程的执行，如用户在界面上的操作和响应等，也就是不会阻塞对于界面的操作。另外，对于需要大量操作数据的程序或进行数据变换的程序，也需要在后台启动单独的线程来提高前台界面的响应速度。

（2）充分利用系统资源。在一个程序内部同时执行多个流程可以充分利用 CPU 等系统资源，从而最大限度地发挥硬件的性能。例如，超线程技术以及目前 CPU 硬件层面的多核心技术。

当然多线程技术也存在一些不足。例如，当程序中的线程数量比较多时，系统将花费大量的时间进行线程的切换。多线程带来的性能提升反而会被这些切换的消耗抵消，降低程序的执行效率。

对于多线程，另外一个需要注意的问题是，多线程的程序设计相比普通程序设计具有相当的复杂度，尤其是在问题的调试和定位方面，存在非常多的困难。另外，还需要考虑线程的同步问题和线程的安全性问题，考虑应用的并发场景等。这些因素都增加了使用多线程技术的复杂度。

总而言之，相对于多线程技术的复杂度和存在的问题，多线程技术是一种非常优秀和实用的技术，在实际项目中是非常有价值的。

7.3　线程状态与生命周期

在开始进行多线程程序设计之前，需要先熟悉线程从创建到最终消亡的过程，这个过程也被称为线程的生命周期。

线程在整个生命周期中的状态包括新建、就绪、运行、阻塞和死亡。它们之间的转化关系如图 7－4 所示。

下面针对线程中的各个状态进行介绍。

（1）新建状态。使用 new 关键字和 Thread 类或其子类建立一个线程对象后，该线程对象就处于新建状态。它将保持这个状态直到程序 start( ) 这个线程。

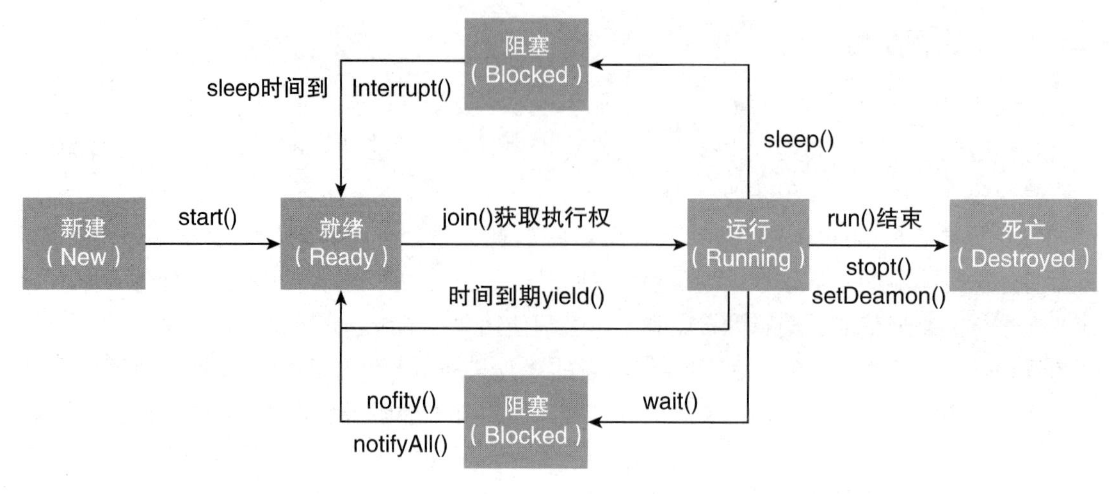

图 7－4　线程转化关系图

（2）就绪状态。当线程对象调用了 start( ) 方法之后，该线程就进入就绪状态。就绪状态的线程处于就绪队列中，要等待 JVM 线程调度器的调度。

（3）运行状态。如果就绪状态的线程获取了 CPU 资源，就可以执行 run( )，此时线程便处于运行状态。处于运行状态的线程最为复杂，它可以变为阻塞状态、就绪状态和死亡状态。

（4）阻塞状态。如果一个线程执行了 sleep（睡眠）、suspend（挂起）等方法，就会暂时释放占用的 CPU 资源，该线程就从运行状态进入阻塞状态。在睡眠时间已到或获得 CPU 资源后，其可以重新进入就绪状态。阻塞状态又可以分为以下 3 种：

① 等待阻塞。运行状态中的线程执行 wait( ) 方法，使线程进入等待阻塞状态。

② 同步阻塞。程序获取 synchronized 同步锁失败（因为同步锁被其他线程占用）。

③ 其他阻塞。当通过调用线程的 sleep( ) 或 join( ) 发出 I/O 请求时，线程就会进入阻塞状态。当 sleep( ) 状态超时、join( ) 等待线程终止或超时或者 I/O 处理完毕，线程重新转入就绪状态。

（5）死亡状态。当一个处于运行状态的线程完成任务或者其他终止条件发生时，该线程就切换到终止状态。

一个线程从创建开始，通过调用不同的方法实现线程状态之间的转化，实现了对进程的控制和调度，从而完成在线程 run( ) 方法中定义实现的业务逻辑操作。

7.4　线程创建与使用

Java 使用 Thread 类代表线程实体，所有的线程对象必须是 Thread 及其子类的实例，在 Java 中，可以使用 3 种方式来创建线程：

（1）继承 Thread 类创建线程。

（2）实现 Runnable 接口创建线程。

（3）实现 Callable 接口创建线程。

本节将围绕这 3 种方式来介绍如何创建线程。

7.4.1 继承 Thread 类

Thread 是 Java 语言中代表线程的实体类，可以基于 new 直接创建线程，一般通过继承 Thread 类创建线程，具体步骤如下：

（1）定义 Thread 类的子类，实现 run( ) 方法。run( ) 是线程在运行过程中执行的方法，将需要执行的业务逻辑或者方法调用、封装到这个方法内。其余的方法是否实现或覆盖，都是可选的。

（2）创建 Thread 子类的实例。

（3）调用线程的实例 start( )，启动线程。

在了解了创建 Thread 的具体步骤之后，下面通过一个示例查看创建过程具体是如何实现的。

```
public class MyThread extends Thread{
    public MyThread(String name){
        super(name);
    }
    @Override
    public void run(){
        System.out.println("Hello,MyThread");
    }
    public static void main(String[] args){
        Thread thread = new MyThread("mythread");
        thread.start();
    }
}
```

在代码示例中，定义了 MyThread 子类，其中声明了一个构造函数，输入参数为 String 类型 name，用以记录当前线程的名称，super( ) 表示调用父类 Thread 的构造方法，run( ) 方法是在控制台输出一条信息，一般实际系统中的业务逻辑都是定义在 run( ) 之内的。

基于 new 关键字创建 MyThread 实例，这里使用多态性将这个变量类型声明为 Thread。然后调用 Thread 的 start( ) 启动线程。线程在调用 start( ) 之后，启动运行，在控制台输出“Hello，MyThread”信息。

7.4.2 实现 Runnable 接口

Runnable 是 Java 语言提供的基于接口的线程定义方式。因为 Java 语言有单继承的限制和约束，所以，与基于 Thread 继承相比，基于接口的方式更为灵活和简单。开发者可以根据需要灵活选择是否实现 Runnable 接口。

基于 Runnable 接口创建线程的具体步骤如下：

(1) 定义线程实现类，实现 Runnable 接口，重写其中的 run( )方法。

(2) 这里的 run( )方法和之前 Thread 中的 run( )方法一样，都是用来封装具体业务逻辑的方法体。

(3) 创建 Runnable 实现类的实例，将这个实例对象作为参数，传递给 Thread 的构造方法，用以创建真正的 Thread 对象，这个 Thread 对象才是真正的线程对象。

(4) 通过调用线程对象的 start( )方法来启动线程。

在了解了基于 Runnable 定义线程的步骤之后，下面来学习 Runable 接口，参看下面的 Runnable 类定义：

```
public interface Runnable{
    public abstract void run();
}
```

从代码示例 Runnable 的定义中可以看到，其中只定义了唯一抽象 run( )方法，该方法描述需要在线程中执行的业务逻辑代码，该方法没有输入和返回参数。

下面通过具体示例查看如何使用 Runnable 接口，代码如下：

```
public class MyRunnable implements Runnable{
    @Override
    public void run(){
        System.out.println("Hello,MyRunnable");
    }
    public static void main(String[] args){
        Runnable myrun = new MyRunnable();
        Thread thread = new Thread(myrun,"myrunnable");
        thread.start();
    }
}
```

在这个示例中，MyRunnable 类实现了 Runable 接口，重写了 run( )方法。在 run( )方法中定义实现用户的业务逻辑。这里的逻辑是向控制台输出“Hello，MyRunnable”的测试信息。

7.4.3　实现 Callable 接口

Callable 接口是在 JDK 5 之后引入的一种创建线程方式，该接口提供了一个 call( )方法作为线程执行体。相比而言，call( )方法比 run( )方法功能要强大。

下面来看看 JDK 源代码中关于 Callable 类的代码定义：

```
@FunctionalInterface
public interface Callable<V> {
    V call()throws Exception;
}
```

Callable 所在的包路径为 java. util. concurrent，定义在 concurrent 包，这个包是用来支持多线程并发编程的类库。从代码示例中可以发现，Callable 中定义了一个方法 call( )，这个方法类似于 run( )，用来封装在线程中执行的业务逻辑过程。<V>表示 Java 语言中的泛型，V 是泛型中的具体数据类型，在定义具体线程类时需要指定这个线程类中 V 的具体数据类型。

Callable 虽然与 Runnable 功能比较类似，但是仍然有诸多不同之处，主要有以下几点：

(1) call( )方法可以有返回值。

(2) call( )方法可以声明抛出异常。

(3) call( )返回值的方式是异步的，run( )是同步方法。

JDK 5 提供了 Future 接口来代表 Callable 接口里 call( )方法的返回值，并且为 Future 接口提供了一个实现类 FutureTask，这个实现类既实现了 Future 接口，还实现了 Runnable 接口，因此可以作为 Thread 类构建线程的入口参数。

Future 接口定义了若干公共方法以控制与它关联的 Callable 任务：

(1) boolean cancel (boolean mayInterruptIfRunning)。尝试取消该 Future 里面关联的 Callable 任务，但不一定可以做到。

(2) V get( )：返回 Callable 接口中 call( )方法的返回值。调用这个方法会导致程序阻塞，必须等到子线程结束后才会得到返回值。

(3) V get (long timeout, TimeUnit unit)。返回 Callable 接口中 call( )方法的返回值，由于 get( )方法在返回值的时候是阻塞当前线程等待的，这里可以设置最多阻塞 timeout 时间，超过指定时间没有返回预期的结果值则抛出 TimeoutException。

(4) boolean isDone( )判断 Callable 线程是否执行完毕。若 Callable 任务完成，则返回 true。

(5) boolean isCancelled( )，判断 Callable 线程是否取消。如果在 Callable 任务正常完成前被取消，则返回状态 true。

Future 类可以看作 Callable 结果的封装类，提供基于异步等待方式返回结果信息的结果类，提供了若干方法用以判断 Callable 所在的线程执行状态，提供给了开发者更多细粒度的线程控制方式。

在介绍了相关的概念之后，创建并启动有返回值的线程的具体步骤如下：

（1）创建 Callable 接口的实现类，实现 call( )方法，然后创建该实现类的实例。

（2）使用 FutureTask 类包装 Callable 对象，FutureTask 对象封装了 Callable 对象的 call( )方法的返回值。

（3）使用 FutureTask 对象作为 Thread 类构造函数的入口参数，创建线程对象，并启动线程。

（4）调用 FutureTask 对象的 get( )方法，以获得子线程执行结束后的返回值。

在了解了具体流程之后，接下来通过代码示例了解具体使用 Callable 的过程。

```
public class MyCallable implements Callable<Integer>{
    @Override
    public Integer call()throws Exception{
        int i=0;
        for(i=0;i<3;i++){
            System.out.println(Thread.currentThread().getName()+":"+i);
        }
        returni;
    }
}
```

上述示例实现了 Callable 接口以及 call( )方法，注意这里设置 Callable 接口的泛型数据类型为 Integer，所以 call( )的返回值为 Integer，默认异常抛出为 Exception。

在 call( )的实现中，进行循环次数为 3 的循环。打印当前线程的名称和 i 值，将最终的 i 值返回调用者。

该如何基于 Callable 实现类创建线程呢？一起来查看如下的创建示例：

```
public static void main(String[] args){
    MyCallable calltask=new MyCallable();
    FutureTask<Integer> fTask=new FutureTask<Integer>(calltask);
    System.out.println(Thread.currentThread().getName()+"线程工作中");
    new Thread(fTask,"有返回值的 Callable 子线程").start();
    System.out.println("ready to sleep 5 seconds in main thread");
    try{
        Thread.sleep(5000);
        System.out.println("Callable 子线程的返回值:"+fTask.get());
        System.out.println("end of main thread");
    }catch(InterruptedException e){
        e.printStackTrace();
```

```
        }catch(ExecutionException e){
            e.printStackTrace();
        }
    }
```

上述示例创建了 MyCallable 实例对象 calltask。然后将 calltask 放入 FutureTask 构造方法中创建了对象 fTask。FutureTask 中泛型指定为 Integer 类型。通过 Thread. currentThread ( ). getName( )获取当前运行线程的名字，并打印输出到控制台。这里是打印 main 主线程的名称。FutureTask 由于实现了 Runnable 接口，故可以将 fTask 对象传入基于 Thread 的构造方法，创建出 Thread 对象，调用 start( )启动线程。

通过 Thread. sleep （5000） 让 main 主线程休眠 5 秒钟。然后调用 fTask. get( ) 获取 calltask 中的返回结果值。sleep( )方法和 fTask. get( )方法声明了 throws 异常，所以需要外层进行 try-catch 的异常捕获，异常捕获处理逻辑将异常信息打印输出到控制台。

程序运行之后的输出结果如下：

```
main 线程工作中
ready to sleep 5 seconds in main thread
有返回值的 Callable 子线程:0
有返回值的 Callable 子线程:1
有返回值的 Callable 子线程:2
Callable 子线程的返回值:3
end of main thread
```

上述运行结果正确地输出了 MyCallable 线程 call( )方法返回的 i 值：3。大家可以在各自的开发环境中运行一下，看看具体的结果。通过本节示例的学习，大家应掌握基于 Callable 接口创建线程的过程。相比于 Runnable 接口，Callable 接口更为复杂并且功能更强大，那么它主要用于什么场景呢？

Callable 主要用于执行某些需要耗时的操作，并且返回值不是立刻返回。可以使用 Callable 创建线程，完成这个操作。当前线程在使用这个返回值之前可以进行其他的操作，等到需要这个返回值时，再通过 Future 得到最终的结果。从而实现了两个线程的并发处理，提升程序和系统的处理能力。

7.5　多线程应用示例

在学习了关于线程的概念和创建方式之后，读者心中一定非常迫切地想知道多线程技术实际的应用案例。本节将从线程池入手，对多线程应用典型案例进行深入探讨。

池化是计算机领域中特别常见的概念。常见的池化应用有数据库连接池、任务线程池、Socket 网络通信对象池和 Web 请求中的多线程处理池等。池化要解决的问题是创建和销毁对象的过程时间消耗比较长，频繁创建对象会大大降低系统的处理效率。池化的方案正是为了避免频繁的回收与创建这些实体类。在系统正式使用时，提前将这些对象初始化好，放入一个类似池子的数据结构中。在需要使用时从中提取可用的实例，使用完毕之后重新放回池中。

线程池是用来存放多个线程实例的列表，这些线程实例执行完一个任务，并不被销毁，而是可以继续执行其他的任务，即可以被反复使用，而不用担心线程实例需要反复地创建与回收的时间消耗。线程池在实际项目开发中应用极为广泛，例如，著名的开源 Web 服务器 Tomcat、JBoss、Jetty 和 Spring 框架等，在底层实现中都大量应用了线程池的技术，为这些应用提供高效快速和响应处理的技术支持保障。

JDK 对线程池提供了非常好的实现和支持。线程池的实现类为 ThreadPoolExecutor。首先来了解一下如何创建一个线程池，下面是 ThreadPoolExecutor 的构造方法：

```
ThreadPoolExecutor(corePoolSize,maximumPoolSize,keepAliveTime,
  milliseconds,runnableTaskQueue,threadFactory,handler)
```

在上述构造方法中有如下几个参数：

（1）corePoolSize（线程池的基本大小）。当提交一个任务到线程池时，线程池会创建一个线程来执行该任务。无论其他空闲的基本线程能否执行新任务，都会创建线程。等到当前的线程数大于线程池基本大小时，就不再按照这种方式创建线程了。

（2）maximumPoolSize（线程池最大数值）。这个参数表示线程池允许创建的最大线程数。如果任务队列满了，并且已创建的线程数小于最大线程数，则线程池会再创建新的线程执行任务。

（3）keepAliveTime（线程活动保持时间）。这个参数表示线程池的工作线程空闲后，保持存活的时间。如果任务很多，并且每个任务执行的时间都比较短，可以调长这个时间，提高线程的利用率。

（4）TimeUnit（线程活动保持时间的单位）。这个参数表示可选的单位有天（days）、小时（hours）、分钟（minutes）、秒（seconds）、毫秒（milliseconds）、微秒（microseconds）和毫微秒（nanoseconds）。

（5）runnableTaskQueue（任务队列）。这个参数用于保存等待执行的任务的阻塞队列，可以选择的阻塞队列包括 ArrayBlockingQueue、LinkedBlockingQueue、SynchronousQueue 和 PriorityBlockingQueue。

（6）threadFactory（非必填）。这个参数用于设置创建线程的工厂。开发者可以根据自身的需要继承这个类自行实现。

（7）RejectedExecutionHandler（饱和策略，可选字段）。当队列和线程池都满了，说明线程池处于饱和状态，那么必须采取一种策略处理提交新任务。这个策略默认情况下是

AbortPolicy，表示无法处理新任务时抛出异常。除此之外还有 CallerRunsPolicy（只用调用者所在线程来运行任务）、DiscardOldestPolicy（丢弃队列里最近一个任务，并执行当前任务）、DiscardPolicy（不处理，丢弃掉）。

在创建完线程池之后，就需要向线程池中添加任务，线程池对象通过 execute( )方法来添加任务，通过以下代码演示使用 execute( )方法的示例：

```
threadsPool.execute(new Runnable(){
    @Override
    public void run(){
        System.out.println("Hello,MyRunnable");
    }
})
```

上述示例使用了匿名内部类创建 Runnable 实例，也可以直接传入 Runnable 对象实例。但是 execute( )方法没有返回值，所以无法判断任务是否被成功执行。如果需要获取任务执行的状态，则可以使用 submit( )方法提交任务。基于 get( )方法获取返回的 Future 对象，然后基于 Future 对象判断执行状态或者获取最终的执行结果。

下面通过一个完整的示例来展示创建线程池的过程，并向线程池中加入任务。代码实现如下：

```
public class ThreadPoolTest{
    public static void main(String[] args){
        ThreadPoolExecutor executor = new ThreadPoolExecutor(5,10,200,
            TimeUnit.MILLISECONDS,new ArrayBlockingQueue<Runnable>(5));
        for(inti = 0;i <15;i ++){
            MyTask myTask = new MyTask(i);
            executor.execute(myTask);
            System.out.println("线程池中线程数目:"+
              executor.getPoolSize()",队列中等待执行的任务数目:"+
              executor.getQueue().size() +",已执行完的任务数目:"+
              executor.getCompletedTaskCount());
        }
        executor.shutdown();
    }
    class MyTask implements Runnable{
        private int taskNum;
```

```
        public MyTask(int num){
            this.taskNum = num;
        }
        @Override
        public void run(){
            System.out.println("正在执行 task"+ taskNum);
            try{
                Thread.currentThread().sleep(4000);
            }catch(InterruptedException e){
                e.printStackTrace();
            }
            System.out.println("task"+ taskNum + "执行完毕");
        }
    }
}
```

在代码示例中定义实现 Runable 接口的 MyTask 类，MyTask 构造方法中以 num 为入口参数，用以表示不同的线程序号，重写了 run( )方法，在方法中输出 task 序号，并让当前线程休眠 4 秒钟，然后向控制台输出 task num 执行完毕的信息。

在 main( )方法中，创建了线程池 ThreadPoolExecutor 实例。这个线程池最小线程数为 5，最大线程数为 10，线程存活时间为 200 ms。等待任务存放到 ArrayBlockingQueue 列表中，该列表是以数组为基础实现的阻塞队列，初始大小为 5，其基于范型声明的队列数据类型为 Runnable 类型的对象。

for 循环 15 次，创建 15 个 MyTask 对象，分别赋予不同序号值，并将其放入线程池中。然后在控制台打印出当前线程池的线程数量、等待队列中的任务数量和任务完成的数量。

当执行完程序之后，观察当前线程池的日志输出会是一件很有意思的事情，你会发现线程池的管理机制是非常精妙的。首先根据当前任务的增加，动态创建新的进程，直到达到其 coreSize 的线程数量，这里的值为 5。然后线程池中的数量不再增加，新加入的任务被放入参数中声明定义的 ArrayBlockQueue 中。由于这个列表声明的大小为 5，新增了 5 个任务之后，任务列表填满这个队列。如果新创建的 task 继续放入线程池，由于任务列表已经填满，线程池并未达到 maxSize 的限制，将继续创建新的线程，用以满足新任务的处理要求，直到达到 maxSize 的限制。

这里设置的循环次数为 15，刚好达到了这个任务列表的上限。如果设置循环次数为 20，会发生什么事情呢？大家可以自己执行一下这个测试代码。由于 20 个 task 会超过其 15 个任务的最大承载数量，在这种情况下会触发饱和策略。默认情况下 AbortPolicy，即表示无法处理新任务时抛出异常，在控制台会输出异常信息。异常信息如下：

```
Exception in thread "main" java.util.concurrent.RejectedExecutionException:
  Task org. lang. book. chapter8. create. MyTask@579bb367 rejected from
  java.util.concurrent.ThreadPoolExecutor@1de0aca6[Running,pool size =
  10,active threads =10,queued tasks =5,completed tasks =0]
```

这个异常信息就是 AbortPolicy 策略抛出的异常。当然也可以将饱和策略设置为其他 4 种策略。可以在切换策略之后进行验证，查看饱和策略的执行结果情况。

除了上述基于 ThreadPoolExecutor 创建线程池的方式之外，JDK 类库也提供了若干工具方法，定义各类不同目的的线程池。这些工具方法都定义在 Executors 这个工具类中。这些线程池都实现了 ExecutorService 的线程池接口。之前使用的 ThreadPoolExcutor 类只是 ExecutorService 接口的一个具体实现类。本质上，Exeuctors 类只是基于工具类的方式帮开发者提前定义好 4 种不同类型的线程池，开发者可以开箱即用。

这 4 种线程池的使用方法如下：

（1） newCachedThreadPool( )。创建一个可缓存的线程池。如果线程池长度超过处理需要，可灵活回收空闲线程。若无可回收，则新建线程。

（2） newFixedThreadPool （int size）。创建一个固定大小的线程池，可控制线程最大并发数，超出的线程会在队列中等待，size 代表线程数量。

（3） newScheduledThreadPool （int size）。创建一个固定大小的线程池，支持定时及周期性任务执行，size 表示线程数量。

（4） newSingleThreadExecutor( )。创建一个单线程化的线程池，它只会用唯一的工作线程来执行任务，保证所有任务按照指定顺序（FIFO、LIFO、优先级）执行。

这 4 种线程池都是通过接口 ExecutorService 的对象实例来使用的。使用方法与之前的 ThreadPoolExecutor 相同，这里以 ScheduledThreadPool 为例做一个简要的用法演示，具体的代码如下：

```
scheduledThreadPool.scheduleAtFixedRate(new Runnable(){
    @Override
    public void run(){
        System.out.println("delay 1 seconds,do every 3 seconds");
    }
},1,3,TimeUnit.SECONDS);
```

上述代码中线程池会定时调用这个线程。初次调用时会延迟 1 秒，之后的频率是每隔 3 秒就调用一次。这个线程池适合处理定时调度的任务列表，在实际项目开发中是非常实用的功能。更多关于这个接口和方法的详细使用说明，大家可以参考 JDK 中提供的 API 文档。

7.6 多线程应用场景

多线程技术是一项可以大幅度提升 CPU 使用率的技术，与具体的实现语言无关。在绝大多数高级程序设计语言中，如 Java、C ++ 、Python、Ruby、Javascript 和 Go 等，都内置支持该技术。在实际的项目和系统中，多线程技术应用场景极为丰富。本节将尝试从应用场景的角度针对多线程技术进行分析。结合应用场景及其特点，尝试分析是否选择应用多线程技术。

首先需要思考一个问题，多线程技术对于系统的开发和最终的运行来说，有什么真实的价值和意义呢？多线程技术的价值主要体现在以下几个方面：

（1）提升系统处理任务的吞吐量。一般现在的系统都运行在多 CPU 多核心的硬件服务器上，启动多线程可以大大提升系统支持的业务吞吐量，充分发挥硬件系统的性能。

（2）实现通过增加 CPU 核心数来提升性能。除了购买新机器扩充硬件资源外，还可以选择在硬件上增加 CPU 核心数，进而支持更多的线程数。多线程技术在系统硬件升级方案中提供了一种更为灵活的选择。

（3）提高系统响应用户请求的灵敏度和缩短任务处理的响应时间。在一些对用户操作的响应以及对响应时间要求比较苛刻的系统中，可以将其对应的操作进行拆解。将耗时的操作或者可以异步的操作放入独立的线程中，基于异步的方式进行处理。在主线程中针对应用的请求直接进行响应。这样对于用户来说，可以在很短的时间内获取响应，用户的使用体验就会很好。

（4）进行并行化分析，提升整个系统的并行化程度。多线程技术的使用，可以帮助开发者和系统设计者将系统中关键的业务操作进行并行化分析。将耗时的操作和可以并行化的操作都基于独立的线程来执行。在串行化的操作中基于异步的方式获取请求结果。对于系统整体的处理时间而言，其主要取决于串行操作的占用时间，从根本上提升了系统的性能。

以上我们重新深入分析了多线程技术的价值和意义。在实际的项目中有哪些领域和系统应用了多线程技术呢？这里针对这些系统和领域做一个总结和分析。

（1）Web 应用服务器（Tomcat、Jetty、JBoss 等）。在底层的通信处理和 Servlet 请求处理中，都是用多线程技术提升系统的吞吐量和处理性能的。一般来说，这些单个的 Web 服务是可以支持数以百计的并发量的。

（2）日常生活中使用的浏览器（Firefox、Chrome 等）。在浏览器中可以同时打开多个标签页浏览不同的网页，这些都是通过独立的线程进行请求和访问的。

（3）一般常用软件中的云盘和上传下载工具（FTP/文件服务器等）。这些工具都是基于多线程技术支持多个文件的并发下载和上传的。

（4）在各类数据库系统（MySQL、Oracle 和 Derby 等）内部实现中以及各类应用系统中耗时的后台任务和离线业务处理。这些任务无须用户界面，如银行系统每月定时向信用卡用户（1 000 W 以上）发送账单，定期更新配置文件、任务调度（如 quartz），一些监控用于定期信息采集和数据汇总分析等。

（5）桌面应用开发（Swing、.Net 开发的界面应用）。在桌面应用开发中，一般主线程会处理界面上用户的行为和操作。每个操作在触发之后会启动独立的线程来执行，提示等待界面，等待异步返回执行结果。避免在用户单击界面之后，直到操作处理完成才给予用户响应提示的尴尬局面，提升应用的用户体验。

（6）基于消息系统的业务处理和调度。消息系统在现代业务系统中应用极为广泛，如 Apache 的 JMS、RabbitMQ，阿里巴巴公司的 RocketMQ 等，在业务系统中扮演着核心的连接作用。这些系统的请求和消息处理操作都是基于多线程来处理的。

（7）网络爬虫（百度 Spider、WebMagic 等）。在 JVM 中的内存回收操作是基于多线程技术来实现的。

（8）耗时的 IO 操作。由于磁盘本身和网络的读写操作比较耗时，一般都是基于多线程技术进行文件和网络的读写操作。创建独立的线程进行读写，异步返回执行的结果。

在了解了诸多的多线程应用场景之后，可以发现其中有若干的共同点，就是在是否选择使用多线程技术时的评价标准和应用准则。

（1）彼此独立且耗时较多的操作，可以基于多线程技术（如线程池）方式进行处理。

（2）对于时间消耗比较长的操作，可以将其进行拆分。对于耗时较长且可以异步的操作，考虑使用独立线程来完成，主任务中基于异步获取各任务的操作结果。

（3）在高并发和高吞吐的系统中需要使用多线程的线程池技术进行响应处理。

（4）在与用户操作相关的应用中，将用户响应线程与实际操作系统进行分离，提升用户体验。

在实际项目开发中，开发者可以依据上述原则，根据实际情况谨慎选择是否使用多线程技术。多线程技术在带给系统高性能和高效的响应处理的同时，也提高了编程和实现上的复杂度，在调试和追踪定位问题上也是非常困难的，这也是在选择多线程技术中需要权衡和考虑的。

7.7　多线程并发与同步

7.7.1　并发概念

多线程是指在一个进程中的程序运行时，其中运行了不止一个线程。通过 CPU 的调度算法，让用户看上去是在同时执行，而实际上从 CPU 操作层面看并不是真正的同时执行，只是通过分配不同的运行时间片来实现高效的调度。线程在逻辑上彼此独立且从外部看来同时执行的方式就是并发。

多线程的运行是并发的，但是无法做到完全彼此独立，往往在操作和逻辑中存在彼此共享的资源，如缓存数据、数据库连接和执行相同的代码方法等。这些共享资源的并发导致了资源的状态需要进行控制，保证在不同的线程运行时，保持正确的状态，这就是并发所要解决的问题。

线程安全是指在并发的情况下，如果代码基于多线程运行，线程的调度和执行顺序不影响结果输出，那么这种类型的代码就称为线程安全的代码和逻辑。反之，不能确保线程安全的代码，如果运行在多线程环境下，将会出现各种不可预计的结果和状态。从功能上来说，保持线程同步和线程安全在含义上是等价的。

不同的线程彼此独立执行。当多个线程同时访问一个变量或对象时，如果这些线程中既有读又有写操作，就会导致变量值或对象的状态混乱，从而导致程序的运行结果不正确。以日常生活中的存钱和取钱为例。如果一个银行账户同时被两个线程操作，一个线程取 100 元，另一个线程存 100 元。假设账户原本有 0 元，如果取钱线程和存钱线程同时发生，会出现什么结果呢？可能的情况包括：取钱不成功，账户余额是 100 元；取钱成功了，账户余额是 0 元；余额为负数等情况。这些情况都是随机出现的，多线程同步就要解决这些问题。

下面通过具体示例来演示在多线程情况下银行账户的变化，代码示例如下：

```
public class BankAccount{
    private int count=0;//账户余额
    public void addMoney(int money){
        count +=money;
        System.out.println(System.currentTimeMillis()+"存进:"+money);
    }
    public void subMoney(int money){
        if(count-money<0){
            System.out.println("余额不足");
            return;
        }
        count -=money;
        System.out.println(System.currentTimeMillis()+"取出:"+money);
    }
    public void lookMoney(){
        System.out.println("账户余额:"+count);
    }
}
```

在上述类定义中，属性 count 表示银行账户当前金额。subMoney( ) 是从账户取钱，如果余额不足，则提示余额不足信息，并直接返回。addMoney( ) 是给账户存钱，lookMoney( ) 方法是查看当前账户余额。

接下来定义 Taker 类用以扮演取款人的角色，定义在一个独立的线程中。定义 Saver 类用以扮演存款人的角色，在一个独立的线程中实现。Taker 类的代码定义如下：

```
public static class Taker implements Runnable{
    private BankAccount bankAccount;
    private Random rand = new Random();
    public Taker(BankAccount bankAccount){
        this.bankAccount= bankAccount;
    }
    @Override
    public void run(){
        while(true){
            bankAccount.subMoney(100);
            bankAccount.lookMoney();
            try{
                Thread.sleep(rand.nextInt(5));
            }catch(InterruptedException e){
                e.printStackTrace();
            }
        }
    }
}
```

在上述类定义中，构造方法使用 bankAccount 作为入口参数，重写了 run( )方法。在方法内部是一个 while 循环，每次循环操作包括：取 100 元，打印账户信息，将当前线程随机休眠一段时间。

Saver 类定义代表储蓄者的角色，实现 Runnable 接口，以独立的线程来执行。具体的代码实现示例如下：

```
public static class Saver implements Runnable{
    private BankAccount bankAccount;
    private Random rand = new Random();
    public Saver(BankAccount bankAccount){
        this.bankAccount= bankAccount;
    }
    @Override
    public void run(){
        while(true){
            try{
                Thread.sleep(rand.nextInt(500));
            }catch(InterruptedException e){
```

```
                e.printStackTrace();
            }
            bankAccount.addMoney(100);
            bankAccount.lookMoney();
        }
    }
}
```

在上述类定义中，Saver 构造方法使用 bankAccount 作为入口参数，重写了 run( )方法。在方法内部是一个 while 循环，每次循环操作包括：将当前线程随机休眠一段时间，休眠时间为 0 ~ 500 ms，存 100 元，打印账户信息。

在定义完存取款主要的实体类之后，创建一个用例来测试这个过程。参见 MoneyTest 代码示例：

```
public class MoneyTest{
    public static void main(String[] args){
        BankAccount bankAccount = new BankAccount();
        Saver saver = new Saver(bankAccount);
        Taker taker = new Taker(bankAccount);
        Thread tSaver = new Thread(saver);
        Thread tTaker1= new Thread(taker);
        Thread tTaker2= new Thread(taker);

        tTaker1.start();
        tSaver.start();
        tTaker2.start();
    }
}
```

在这个测试代码中，首先创建了 bankAccount 实例，创建 Saver 和 Taker 的实例对象。然后 Saver 创建了一个线程执行，代表一个存款人。为 Taker 实例创建了两个线程，代表两个具体的取款人。之后启动 3 个线程执行。

根据之前的分析讨论，在这个测试程序执行过程中，会出现各种账户的不正常状态。主要的不正常状态如下：

```
余额不足
账户余额:100
1521083387987 存进:100
余额不足
```

上述这种情况是钱存进去之后，依然提示余额不足。

```
余额不足
账户余额:0
1521083388044 取出:100
账户余额: -100
余额不足
```

上述的输出日志信息显示，在余额为 0 的情况依然进行了取款操作，结果余额变成了 -100，在账户余额不足的情况下，依然发生了取款操作。

```
余额不足
账户余额:0
1521083388148 取出:100
账户余额:0
```

从上述输出日志中可以发现，在账户余额不足的情况下，出现了可以取现的情况。

通过这个测试示例可以看到，在多线程运行环境下，如果没有并发控制确保程序逻辑的线程安全性，是非常容易出现各类不可预估的错误情况的。之所以出现这种情况，其根本原因还是线程是独立执行的，彼此之间互不干扰，同时不同线程之间又存在共享的数据和资源，从而造成了这些数据和资源的不可预知性，带来了各种随机不可预知的错误信息。

7.7.2　实现并发的机制

针对银行取钱这个示例，在多线程环境下出现的问题，本节将提供不同的方式解决实现线程安全的问题。下面将针对这些实现方式进行详细说明。

7.7.2.1　使用 synchronized 关键字

synchronized 关键字在 Java 语言中用于实现代码块和方法的线程独占性，通过某一时刻只有一个线程可以执行代码块和方法来实现业务代码的线程安全。

synchronized 使用了 Java 对象内置的锁。当用此关键字修饰时，内置锁会保护整个被修饰对象。在线程需要执行该方法时，需要首先获得内置锁，否则线程就处于阻塞状态，直到其他线程释放锁之后，当前线程获取锁方可执行。synchronized 关键字也可以修饰静态方法，此时如果调用该静态方法，将会锁住整个类。

针对之前示例中存在的问题，基于 synchronzied 有以下两种解决办法：

（1）使用 synchronized 修改方法。

（2）使用 synchronized 修改关键代码块。

基于 synchronized 修改方法的示例如下：

```
public synchronized void methodName(){}
```

在方法名之前使用 synchronized 关键字，则该方法在某一时刻只会被一个线程执行。

基于 synchronzied 修饰代码块的示例如下：

```
synchronized(object){
    //代码的业务逻辑
}
```

object 是用作锁的对象，需要在类中提前创建。用 synchronized 修饰这个对象实例，然后用{}将逻辑代码包装起来。

针对之前示例中银行存取款的多线程问题，上述两种 synchronized 方式皆可实现线程安全。限于篇幅，这里仅将 addMoney()作为演示示例，而 subMoney()方法采用同样的方式处理即可，这里不再赘述。

基于 synchronized 修饰方法的方式，修饰 addMoney()，示例如下：

```
public synchronized void addMoney(intmoney){
    count += money;
    System.out.println(System.currentTimeMillis() + "存进:" + money);
}
```

基于 synchronized 修改代码块的方式，修饰 addMoney()方法中的业务逻辑，示例如下：

```
public void addMoney(intmoney){
    synchronized(this){
        count += money;
        System.out.println(System.currentTimeMillis() + "存进:" + money);
    }
}
```

在上述示例中，synchronized 使用的对象锁是当前对象。使用 this 关键字来指代当前对象，将该方法的主要业务逻辑封装到了代码块中，确保了代码块本身是线程安全的。

关于这两种方式，synchronized 可以直接修饰方法，让整个方法线程安全。修饰代码块的方式比较灵活，可以根据实际需要挑选合适的业务逻辑放入代码块中。

7.7.2.2 使用 volatile 修饰变量

volatile 是由 Java 语言提供的用以保证变量实现线程安全的关键字。为线程对变量的访问提供了一种免锁机制。使用 volatile 修饰符，相当于告诉 Java 虚拟机，该变量可能会被其他线程更新。线程需要直接访问主存中的变量，而不是线程寄存器中的值，从而保证线程读到的都是最新值。volatile 不会提供任何操作，也不能用于修饰 final 类型的变量。

volatile 主要用于修饰简单数据类型，如 int、long、float、char 等非对象的数据类型。如果修饰对象，则无法保证线程安全。其使用方式的语法如下：

```
private volatile int varName;
```

volatile 一般放在数据类型之前，表示该变量是线程安全的，可以在多线程环境下应用。

针对 BankAccount 在多线程环境下的问题，使用 volatile 来修饰 count 属性，这个属性用于存储账户中的余额。代码修改如下：

```
private volatile int count=0;//账户余额
```

具体的测试代码，大家可以自行执行本书附带代码中 chapter7 目录下的 MoneyTest 测试类。

7.7.2.3　使用 ThreadLocal

ThreadLocal 用以在多线程环境下实现变量的线程安全。每一个使用该变量的线程都获得该变量的副本，副本之间相互独立。这样每一个线程都可以随意修改自己的变量副本，而不会对其他线程产生影响。ThreadLocal 变量能够被多个线程共享使用，并且能够达到线程安全的目的。

下面以 String 类型的数据为例，演示如何使用 ThreadLocal，声明示例如下：

```
public final static ThreadLocal<String> resources = new ThreadLocal
  <String>();
```

在上述定义中，ThreadLocal 使用泛型定义了其中的变量类型为 String，且声明为 final，不允许 resources 实例引用被修改和覆盖。

ThreadLocal 类的常用方法如下：

（1）ThreadLocal()：构造方法，用于创建一个线程本地变量。

（2）get()：返回此线程局部变量的当前线程副本中的值。

（3）initialValue()：返回此线程局部变量的当前线程的“初始值”。

（4）set（T value）：将此线程局部变量的当前线程副本中的值设置为 value，T 在这里指代 Java 语言中的泛型。

在了解了基础知识之后，接下来将使用 ThreadLocal 来解决 BankAccount 线程安全的问题。具体代码示例如下：

```
public class BankAccount{
    private static ThreadLocal<Integer> counts = new ThreadLocal<Integer>(){
        @Override
        protected Integer initialValue(){
            return 100;
        }
    };
```

```
    public void addMoney(int money){
        counts.set(counts.get()+money);
        System.out.println(System.currentTimeMillis()+"存进:"+money);
    }
    public void subMoney(int money){
        if(counts.get()-money<0){
            System.out.println("余额不足");
            return;
        }
        counts.set(counts.get()-money);
        System.out.println(System.currentTimeMillis()+"取出:"+money);
    }
    public void lookMoney(){
        System.out.println("账户余额:"+counts.get());
    }
}
```

在示例代码中创建了 ThreadLocal 实例，使用 Integer 作为存储数据的类型，基于匿名类的方式重写了 initialValue( )方法，默认为每个账户初值为 100 元。然后将之后访问余额的方式由之前直接访问 count 变量转换为 counts. get( )，默认以其执行的当前线程为参数，各个线程各自访问独立的副本。将设置余额的方式修改为 counts. set( )方法。

ThreadLocal 与之前的同步机制相比，其采用以“空间换时间”的方式，为每个线程都存储了一个独立的副本，而后者采用以“时间换空间”的方式，以性能损耗和时间等待为代价实现同步。

7.7.2.4 使用锁机制

从 JDK 5 开始，新增了 java. util. concurrent 包支持多线程的并发和同步。其中 ReentrantLock 类是一个在多线程环境下，提供线程安全的可重入互斥锁，实现了 Lock 接口。它与使用 synchronized 具有相同的基本行为和语义，并且扩展了其能力，提供了更为丰富和细粒度的并发控制。

ReentrantLock 类的常用方法主要有以下几个：

（1）ReentrantLock( )：创建一个 ReentrantLock 实例。

（2）lock( )：获得锁。

（3）unlock( )：释放锁。

一般使用 Lock 锁的主要步骤如下：

（1）声明 Lock 对象。

```
private Lock lock = new ReentrantLock();
```

（2）在需要同步的代码之前使用 lock. lock( )。

（3）在需要同步的代码之后使用 lock. unlock( )。

下面将基于 Lock 锁机制来解决 BankAccount 在多线程环境下的线程安全问题。其核心代码修改示例如下：

```
public class BankAccount{
    private int count=0;//账户余额
    private Lock lock=new ReentrantLock();
    public void addMoney(int money){
        lock.lock();
        count +=money;
        System.out.println(System.currentTimeMillis()+"存进:"+money);
        lock.unlock();
    }
    public void subMoney(int money){
        lock.lock();
        if(count-money<0){
            System.out.println("余额不足");
            return;
        }
        count -=money;
        lock.unlock();
        System.out.println(System.currentTimeMillis()+"取出:"+money);
    }
}
```

在上述代码示例中，基于 Lock 锁的 lock( )和 unlock( )方法将代码包装起来，从而保障这些代码在多线程环境下程序的正常执行。

7.7.2.5　原子类

在 java. util. concurrent 包中有一个 atomic 子包，其中有以 Atomic 开头的类，如 AtomicInteger 和 AtomicLong，这些类被称为原子类。它们利用了现代处理器的特性，可以用非阻塞的方式完成原子操作，其效果等同于 synchronized。这些原子类提供了很多原子操作。原子操作是指在多线程环境下，将读取变量值、修改变量值、保存变量值等看成一个整体来操作，从而保证在线程访问和操作时这些变量的线程安全。

这里以 AtomicInteger 为例说明其基本用法，AtomicInteger 提供用原子操作方式更新 int 的值，可用在应用程序中（如以原子操作方式增加的计数器），但不能用于替换 Integer。

在 AtomicInteger 类中的常用方法主要有：

（1）AtomicInteger（int initialValue）：创建具有给定初始值的 AtomicInteger 实例。

（2）addAndGet（int dalta）：以原子操作方式将给定值与当前值相加，并返回结果值。

（3）get()：获取当前值。

（4）getAndSet（int newValue）：以原子操作方式设置为 newValue 的值，并返回旧值。

（5）compareAndSet（int expect，int update）如果输入的数值等于预期值，则以原子操作方式将该值设置为输入的值。

如果使用 AtomicInteger 类来解决 BankAccount 在多线程环境下的问题，则可以直接将 count 的数据类型修改为 AtomicInteger，并将相应的读写操作替换为 get()和 addAndGet()方法对余额进行操作。其中，核心代码的修改如下：

```
private AtomicInteger count= new AtomicInteger();//创建实例
count.getAndAdd(money* - 1);  //从当前余额中提取 100 元,加 - 100
```

从上述示例中可以看出，原子操作方式非常简单。替换数据类型，然后将之前基于属性的访问操作替换为原子类的方法，将线程安全类的控制放到了这些原子类的方法内部来实现，开发者无须关心其内部是如何实现的。

7.7.2.6 容器类

在 JDK 类库中，Java Collection Framework 提供了丰富的容器，包括 map、list、set 和 queue 等各类数据结构，但是其也存在不足：多数容器类是非线程安全的。即使部分容器是线程安全的，但使用 sychronized 进行锁控制导致读/写均须进行锁操作，性能很低。

Java Collection Framework 可以通过以下两种方式实现容器对象读写的并发控制，但是都是基于 sychronized 的锁控制，性能比较差，这两种实现方式如下：

（1）使用 sychronized 方法进行并发控制。支持的容器类包括 HashTable 和 Vector。以 Vector 类的 add()在 JDK 8 实现代码为例：

```
public synchronized boolean add(E e){
    modCount ++ ;
    ensureCapacityHelper(elementCount + 1);
    elementData[elementCount ++ ]= e;
    return true;
}
```

从上述代码实现中，可以发现在方法层面使用了 synchronized 实现线程安全。

（2）使用 Collections 提供的工具方法将非线程安全容器包装成线程安全容器。在这个工具类中可以支持的类型包括 Collection、List、Map 和 Set。JDK 类库针对这些容器提供了不同的并发方法，将线程不安全的数据结构转换为线程安全的数据结构。这里以 Map 为例，其使用 Collections. synchronizedMap（Map < K，V > m）将原始 Map 包装为线程安全的 SynchronizedMap。但是在实际最终操作时，仍然是在被包装的原始的数据结构 m 上进行的，只是为 SynchronizedMap 的所有方法都加上了 synchronized 锁控制。以基于 JDK 8 的实现为例，具体代码如下：

```
public static <K,V> Map <K,V> synchronizedMap(Map <K,V> m){
    return new SynchronizedMap <>(m);//将原始 Map 包装为线程安全的
                                      //SynchronizedMap
}
```

SynchronizedMap 是在 Collections 类中定义的内部类。它的实现机制就是在内部定义了一个对象锁，然后基于这个锁对各个方法实现线程安全，抽取其中一个方法为例。具体代码如下：

```
final Object mutex;     //Object on which to synchronize
public boolean isEmpty(){
    synchronized(mutex){return m.isEmpty();}
}
```

代码中的 mutex 就是一个 SynchronizedMap 类的实例引用。

7.7.3 并发容器

JDK 的 java. util. concurent 包中实现了若干常用的实现线程安全的容器。这些容器用于实现与之前容器同样的接口，但是在内部实现了线程安全，可以直接用在多线程的并发环境中。

与之前基于 synchronized 并发锁机制不同，在 concurrent 包中实现的各类并发容器都是基于 CAS 机制来实现的。CAS 机制是一种非常轻量的锁机制，在并发系统中比基于 synchronized 的加锁处理更加高效。

7.7.3.1 CAS

CAS（Compare-And-Swap，比较并交换）是一种无锁的非阻塞同步算法。其大致思路是：先比较目标对象现值是否与旧值一致。如果一致，则更新对象为现值；如果不一致，则表明该对象已经被其他线程修改，直接返回。实现算法的伪码如下：

```
function cas(p:pointer to int,old:int,new:int)returns bool{
    if*p≠old{
        return false
    }
    *p←new
    return true
}
```

在这个方法中，p 代表最终需要修改的值，old 是已有的值，new 是新值。先判断 p 的值与 old 的值是否相等，若不等则表示其已经被修改了，返回 false，表示修改失败，如果相等则将其值设置为 new，返回 true，表示设置成功。这个 cas 操作的原子性是由 CPU 在硬件层面实现的。

7.7.3.2 容器类

在并发包中并发容器主要有以下 4 类：

（1）ConcurrentMap，主要存放 key-value 形式的数据。

（2）List，存放一组同种类型的数据，提供以类似数组形式的下标访问。

（3）Queue，提供以先进先出之类方式存储的数据结构。

（4）Set，提供一组值的存放，这些元素之间彼此没有重复。

在 concurrent 包中针对这 4 类提供了满足不同功能需求的线程安全的数据结构，以满足开发者在不同场景下的业务需求。这些类可以参考图 7－5。

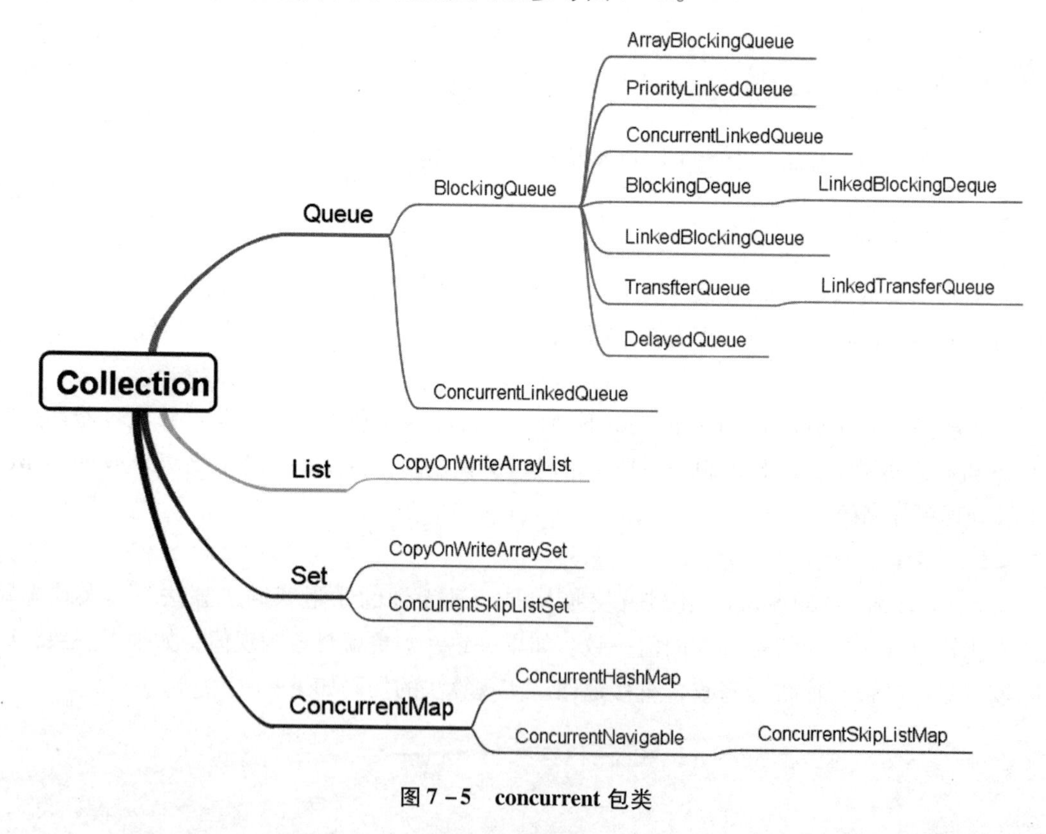

图 7－5 concurrent 包类

这些并发容器类由于分别实现了抽象的容器类，所以其基本上仍然可以遵守之前的接口使用方式，在内部实现线程安全。对于使用者而言，无须感知其内部是如何实现的，只需要在多线程的运行环境中使用这些 concurrent 数据结构。

7.7.4　同步

在 Java 多线程运行环境下，多个进程之间并不都是各自完全独立运行的。从之前的学习中我们了解到，进程之间需要彼此共享资源和数据，引起了并发和线程安全的问题。除此之外，在多个线程之间还存在彼此等待的情况。例如，线程 A 需要等待线程 B 计算的结果。待线程 B 计算完成之后，通知线程 A 继续执行后续的操作。这种情况属于线程间通信和同步的情况。

7.7.4.1　生产者—消费者问题

生产者和消费者问题是线程模型中的经典问题。生产者和消费者在同一时间段内共用同一个存储空间。如图 7－6 所示，生产者向缓冲区里存放数据，而消费者从缓冲区取用数据。消费者消费数据需要依赖生产者首先生产数据。即先生产数据，再消费数据。

图 7－6　生产者—消费者问题

如果生产者和消费者分别由不同的线程来执行，且在代码中对于消费者、生产者和缓冲区不予以协调和控制，则可能会出现以下情况：

（1）存储空间已满，而生产者占用着存储空间，消费者等待生产者让出空间从而消费产品，生产者等待消费者消费产品，从而向空间中添加产品。互相等待从而发生死锁。

（2）当缓冲区中为空时，消费者仍然请求读取数据，读取到空的数据或者报错。

（3）当缓冲区已满时，生产者仍然向缓冲区写入数据，数据丢失或者报错。

（4）多个消费者和多个生产者之间重复读取和重复消费同一条数据。

生产者—消费者模式通过一个公共区域解决生产者和消费者的强耦合问题。生产者和消费者彼此之间不直接通信，而是通过锁机制或阻塞队列进行通信。因此，生产者生产完数据之后不用等待消费者处理，而是直接扔给阻塞队列。消费者不找生产者要数据，而是直接从阻塞队列里读取数据。阻塞队列就相当于一个缓冲区，平衡了生产者和消费者的处理能力。

这个问题中，共有 3 个实体类，即生产者、消费者和缓存区域。生产者和消费者分别通过独立的线程来实现对缓冲区域的操作和访问。缓冲区域是存放数据的区域，以独立的类来实现，提供写入和读取的方法。

解决生产者—消费者问题的方法可分为以下两类：

（1）采用某种机制保护生产者和消费者之间的同步。

（2）在生产者和消费者之间建立一个管道。

第一种方式效率较高，并且易于实现，代码的可控制性较好，属于常用的模式。第二种管道缓冲区不易控制，被传输数据对象不易封装，实用性不强。

Java 关于管道的方式暂不涉及。以下 3 种方法实现同步控制：

(1) Object 对象的 wait( )/notify( )方法。

(2) Lock 机制的 await( )/signal( )方法。

(3) BlockingQueue 阻塞队列方法。

针对上述生产者和消费者中存在的问题，该如何协调生产者和消费者的操作顺序，以实现高效的生产和消费呢？本章将以 Object 对象的 wait - notify、concurrent 中的 Lock 和基于并发容器类 3 种方式实现线程安全的同步控制。

在生产者—消费者模式实现中，Producer 的类定义如下：

```
public class Producer extends Thread{
    private Zone cachedZone;
    private Random random = new Random();
    public Producer(String name,Zone cachedZone){
        this.setName(name);
        this.cachedZone = cachedZone;
    }
    @Override
    public void run(){
        int count=0;
        while((count ++) <100){
            this.cachedZone.produce(this.getName());
            try{
                Thread.currentThread().sleep(random.nextInt(1000));
            }catch(InterruptedException e){
                e.printStackTrace();
            }
        }
    }
}
```

在 Producer 类定义中，构造方法分别以线程名称和缓冲区实例为入口参数。其中，重写 run( )方法，启动循环调用缓冲区的 consume( )方法 100 次，每次执行 consume( )操作之后，随机休眠一个时间段，休眠时间为 0 ~ 1 s。

Consumer 类代表消费者的角色，其类定义如下：

```
public class Consumer extends Thread{
    private Zone cachedZone;
    private Random random = new Random();
    public Consumer(String name,Zone cachedZone){
        this.setName(name);
        this.cachedZone = cachedZone;
    }
    @Override
    public void run(){
        int count=0;
        while((count ++) <100){
            this.cachedZone.consume(this.getName());
            try{
                Thread.currentThread().sleep(random.nextInt(1000));
            }catch(InterruptedException e){
                e.printStackTrace();
            }
        }
    }
}
```

在 Consumer 类定义中，构造方法分别以线程名称和缓冲区实例为入口参数。其中，重写 run()方法，启动循环调用缓冲区的 consume()方法 100 次。每次执行 consume()操作之后，随机休眠一个时间段，休眠时间为 0 ~ 1 s。

测试生产者/消费者问题的代码如下：

```
public static void main(String[] args){
    Zone zone = new CachedZone();
    Producer producer1= new Producer("producer1",zone);
    Producer producer2= new Producer("producer2",zone);
    Consumer consumer1= new Consumer("consumer1",zone);
    Consumer consumer2= new Consumer("consumer2",zone);
    producer1.start();
    producer2.start();
    consumer1.start();
    consumer2.start();
}
```

上述测试程序创建了一个缓冲区，创建了两个生产者和两个消费者，然后分别启动生产者和消费者线程，这 4 个线程围绕缓冲区运行。从输出结果选取如下部分片段：

```
[producer2]:生产了一个数据,[现在缓冲区数据量]:2,[可用空间]:8
[consumer1]:消费了一个产品,[现在缓冲区数据量]:1,[可用空间]:9
[consumer2]:消费了一个产品,[现在缓冲区数据量]:0,[可用空间]:10
[producer1]:生产了一个数据,[现在缓冲区数据量]:2,[可用空间]:8
[producer1]:生产了一个数据,[现在缓冲区数据量]:1,[可用空间]:9
[consumer1]:消费了一个产品,[现在缓冲区数据量]:0,[可用空间]:10
缓冲区已空,[consumer1]:暂无数据可以消费
缓冲区已空,[consumer2]:暂无数据可以消费
[producer2]:生产了一个数据,[现在缓冲区数据量]:1,[可用空间]:9
[consumer1]:消费了一个产品,[现在缓冲区数据量]:0,[可用空间]:10
[producer2]:生产了一个数据,[现在缓冲区数据量]:1,[可用空间]:9
[consumer2]:消费了一个产品,[现在缓冲区数据量]:0,[可用空间]:10
[producer1]:生产了一个数据,[现在缓冲区数据量]:1,[可用空间]:9
[consumer1]:消费了一个产品,[现在缓冲区数据量]:0,[可用空间]:10
缓冲区已空,[consumer2]:暂无数据可以消费
```

Producer 和 Consumer 完整的类定义请参阅本书附带代码中 consumer 示例。

7.7.4.2 Object 之 wait-notify

缓冲区 CachedZone 使用 wait( ) 和 notify( ) 方法实现线程安全。wait( )/notify( ) 方法是基类 Object 的两个方法。

（1）wait( ) 方法。当缓冲区已满/空时，生产者/消费者线程停止自己的执行，放弃拥有的锁，使自己处于等待状态，让其他线程执行。

（2）notify( ) 方法。当生产者/消费者向缓冲区放入/从缓冲区取出一个产品时，向其他等待的线程发出可执行的通知，同时放弃锁，使自己处于等待状态。

基于 wait-notify 实现的缓冲区定义如下：

```
public class CachedZone implements Zone{
    private final int MAX_SIZE = 10;     //缓冲区大小
    private List <Object> storage = new LinkedList <Object>();
    public void produce(String producer){
        synchronized(storage){           //对象锁
            while(storage.size() == MAX_SIZE){
                System.out.println("缓冲区已满,
                    ["+ Thread.currentThread().getName() + "]:暂无放入更多数据");
                try{
                    storage.wait();      //由于缓冲区已满,生产者阻塞
```

```
                }catch(InterruptedException e){
                    e.printStackTrace();
                }
            }
            storage.add(new Object());  //生产的数据放入缓冲区
            System.out.println("["+ Thread.currentThread().getName() + "]:
              生产了一个数据,[现在缓冲区数据量]:"+ storage.size() +",[可用空
              间]:"+ (MAX_SIZE - storage.size()));storage.notifyAll();
                                              //唤醒所有等待的线程
        }
    }
...//省略 consume()方法
}
```

代码示例中声明了 List 结构实例 storage 作为缓冲区。以 produce()方法为例，其中使用了 synchronized （storage） 语句，包装整个生产的业务逻辑代码，用以实现线程安全。基于 while 循环判断缓冲区大小，如果为最大值，则表示缓冲区已满，当前线程阻塞，直到缓冲区中数据被消费掉一个。如果缓冲区未满，则放入缓冲区数据。这里以一个新建的对象作为数据，打印当前缓冲区的状态信息。基于 storage. notifyAll()通知唤醒所有等待的线程。

consume()方法的实现与 produce()流程类似，完整代码可参阅 waitnotify 中的内容。

7.7.4.3　Lock 之 await-signal

Lock 是 concurrent 包的锁实现。其中定义的 await()和 signal()方法用以实现线程的同步操作。Lock 的 await()和 signal()在功能上基本与 Object 的 wait()/notify()相同，且完全可以取代它们，其功能更为强大，使用上更为灵活。通过在 Lock 对象上调用 newCondition()方法，将条件变量和一个锁对象进行绑定，进而控制并发程序访问竞争资源的安全。

基于 Lock 的缓冲区类定义如下：

```
public class CachedZone implements Zone{
    private final int MAX_SIZE = 10;                               //缓存最大存储空间
    private List <Object> storage = new LinkedList <Object>(); //缓存的存储区域
    private final Lock lock = new ReentrantLock();               //线程安全的锁机制
    private final Condition full = lock.newCondition();          //缓存满的条件变量
    private final Condition empty = lock.newCondition();         //缓存空的条件变量
    @Override
    public void produce(Stringproducer){
        lock.lock();                                              //线程加锁
```

```
        //缓存满的情况
        while(storage.size()== this.MAX_SIZE){
            System.out.println("缓冲区已满,[Producer]:暂无放入更多数据");
            try{
                full.await();
            }catch(InterruptedException e){
                e.printStackTrace();
            }
        }
        storage.add(new Object());
        System.out.println("["+ Thread.currentThread().getName() +"]:生产
          了一个数据,[现在缓冲区数据量]:"+ storage.size() +",[可用空间]:"+
          (MAX_SIZE - storage.size()));
        empty.signalAll();//唤醒所有等待的消费者线程
        lock.unlock();//线程释放锁
    }
...//省略其他代码
}
```

基于 Lock 的缓冲区实现类中，定义了 Lock 锁实例。基于 Lock 锁实例，创建了缓存充满的条件变量和缓存清空的条件变量，分别用于缓存为满和缓存为空的情况，阻塞/唤醒对应的生产者线程和消费者线程。与 synchronized 锁相比，Lock 将并发和同步功能分别进行了控制。lock()/unlock()用以控制线程的并发，await()和 signal()用以控制线程之间的同步操作。这些操作更为轻量和高效。

7.7.4.4 BlockingQueue 阻塞队列

BlockingQueue 是一个在内部实现了同步的队列。实现方式采用的是 Lock 的 await()/signal()方法。它可以在创建对象时指定容量大小，用于阻塞操作的是 put()和 take()方法。

(1) put()方法：类似上面的生产者线程，当容量达到上限时，自动阻塞。

(2) take()方法：类似上面的消费者线程，当容量为 0 时，自动阻塞。

基于 BlockingQueue 实现的缓冲区定义如下：

```
public class CachedZone implements Zone{
    private final int MAX_SIZE = 10;                        //缓存最大存储空间
    private BlockingQueue <Object> storage =
        newLinkedBlockingQueue <Object>(MAX_SIZE);    //缓存的存储区域
    @Override
    public void consume(String consumer){
```

```
        //判断缓存区是否有数据
        if(storage.size()==0){
            System.out.println("缓冲区已空,["+
                Thread.currentThread().getName()+"]:暂无数据可以消费");
        }
        try{
            storage.take();
        }catch(InterruptedException e){
            e.printStackTrace();
        }
        System.out.println("["+Thread.currentThread().getName()+"]:消费
          了一个产品,[现在缓冲区数据量]:"+storage.size()+",[可用空间]:"+
          (MAX_SIZE - storage.size()));
    }
...//省略其他代码
}
```

在类定义中声明了 BlockingQueue 实例，storage 作为缓冲区，指定缓冲区大小为 10。其中以 consume( ) 为例，首先判断缓冲区是否为空，若为空，则输出缓冲区的状态信息。当前线程尝试从缓冲区中读取数据时，如果数据为空，则将线程阻塞；如果缓冲区数据不为空，则从缓冲区中正常提取数据，进行消费。

基于 BlockingQueue 的同步实现是 3 种实现方式中最简洁的方式。其将同步机制放入 Queue 的内部实现，在业务逻辑中无须考虑线程安全和并发同步的问题。其底层实现是基于 Lock 和 AtomicInteger 的。

7.8　死锁

多线程技术在带给软件系统高性能和高并发能力的同时，也带来了神秘莫测的死锁问题。死锁问题最早于 1965 年由 Dijkstra 在研究银行家算法时提出，它是计算机操作系统乃至整个并发程序设计领域最难处理的问题之一。本节将针对死锁问题进行深入分析和讲解。

7.8.1　死锁的概念

死锁是指两个或两个以上的进程/线程在执行过程中，由于竞争资源或者彼此通信造成的一种阻塞的现象。若无外力作用，它们都将无法推进，这些永远在互相等待的情况称为系统处于死锁状态或系统产生了死锁。

在操作系统层面，多进程产生的死锁容易引起整个系统的崩溃或者功能异常。在特定进程中的多线程死锁，容易引起进程无法正常工作，进而引发应用的崩溃或无法响应请求。

例如，对于一种临时性资源，某一时刻线程 A 等待线程 B 发来的信息，线程 B 等待线程 C 发来的信息，而线程 C 又等待线程 A 发来的信息。信息未到之时，A、B、C 三个线程均无法向前推进，就会发生通信上的死锁。另外，线程推进顺序不合适也可能引发死锁。资源少也未必一定产生死锁，所以死锁的发生往往有一定的随机性。就如同两个人过独木桥，如果两个人同时过必然会由于竞争资源而产生死锁。

7.8.2 死锁产生的必要条件

经过对死锁现象进行深入的分析和研究发现，一般死锁的产生有如下 4 个必要条件：

（1）资源互斥条件，即某个资源在一段时间内只能由一个进程/线程占有，不能同时被两个或者两个以上的进程/线程占有。这种独占性的资源比较容易引发死锁。

（2）资源不可抢占条件。进程/线程获得的资源在未使用完毕之前，资源申请者不能强行从资源占有者手中夺取资源，而只能由资源占有者自行释放。

（3）占有且申请资源条件。进程/线程至少已经占有一个资源，但又申请新的资源，由于该资源已被其他进程/线程占有，此时该进程/线程阻塞。进程/线程在等待新的资源之时，仍然继续占有已占用的资源。

（4）换路等待。存在一个进程/线程等待序列{p1,p2,…,pn}，其中 p1 等待 p2 所占有的资源，p2 等待 p3 占有的资源，而 pn 等待 p1 所占有的资源，如此依赖形成一个资源循环。

上面这 4 个条件在死锁时会同时发生，都是围绕线程/进程在执行过程中的资源争用和分配调度而产生的各种情况。由于它们都是必要条件，只要有一个死锁条件不满足，则死锁就可能不发生。

7.8.3 应对死锁措施

当系统中出现死锁后，应该及时检测到死锁的发生，并采取适当的措施来解除死锁。应对死锁的主要方式有死锁预防、死锁避免、死锁检测和死锁解除。

（1）死锁预防是一种较简单和直观的事先预防的方法。具体通过设置某些限制条件，破坏产生死锁的 4 个必要条件中的一个或者几个，预防发生死锁。预防死锁的发生是一种较易实现的方法，已被广泛使用。但是由于所施加的限制条件往往太严格，可能会导致系统资源利用率和系统吞吐量降低。

（2）死锁避免是系统对进程发出的每一个请求能够满足的资源申请进行动态检查，并根据检查结果决定是否分配资源。如果分配后系统可能发生死锁，则不予分配，否则予以分配。这是一种保证系统不进入死锁状态的动态策略。

（3）死锁检测无须事先采取任何限制性措施，也不必检查系统是否已经进入不安全区。此方法允许系统在运行过程中发生死锁。但可通过系统所设置的检测机构，及时检测出死锁的发生，并精确地确定与死锁有关的进程和资源。检测方法包括定时检测、效率低时检测、进程等待时检测等。

（4）死锁解除是指通过采取适当措施，清除系统中将已发生的死锁。这是与死锁检测相配套的一种措施。当检测到系统中已发生死锁时，须将进程从死锁状态中解脱出来。常用的实施方法是撤销或挂起一些进程，以便回收一些资源，再将这些资源分配给已处于阻塞状态的进程，使之转为就绪状态，以便继续运行。死锁检测和解除措施，有可能使系统获得较好的资源利用率和吞吐量，但在实现上难度也最大。

7.8.4　死锁示例

了解了关于死锁的内容之后，本节来看一个死锁的示例。首先看一下代码实现：

```
public class DeadLock implements Runnable{
    public int flag = 1;
    public static Object o1= new Object();
    public static Object o2= new Object();
    public static void main(String[] args){
        DeadLock deadLock1= new DeadLock();
        DeadLock deadLock2= new DeadLock();
        deadLock1.flag = 0;
        deadLock2.flag = 1;

        Thread thread1= new Thread(deadLock1);
        Thread thread2= new Thread(deadLock2);
        thread1.start();
        thread2.start();
    }
    public void run(){
        System.out.println("flag:"+ flag);
        if(flag ==1){    //deadLock2 占用资源 o1,准备获取资源 o2
            synchronized(o1){
                try{
                    Thread.sleep(1000);
                }catch(InterruptedException e){
                    e.printStackTrace();
                }
                synchronized(o2){
                    System.out.println("1");
                }
            }
        }
```

```
        else if(flag == 0){     //deadLock1 占用资源 o2,准备获取资源 o1
            synchronized(o2){
                try{
                    Thread.sleep(1000);
                }catch(InterruptedException e){
                    e.printStackTrace();
                }
                synchronized(o1){
                    System.out.println("0");
                }
            }
        }
    }
}
```

在上述代码死锁示例中，定义了两个资源 o1 和 o2，创建了两个对象 deadLock1 和 deadLock2。对象 deadLock1 占有资源 o1，需要资源 o2，对象 deadLock2 占有资源 o2，需要资源 o1，于是死锁就在两个线程彼此等待对方占用的资源中产生了。

本章小结

本章首先介绍了类进程和线程的基本概念，然后分析两者之间的联系与区别，在对线程有了初步了解之后，尝试分析多线程在实际应用中的优势和价值。帮助大家学习在实际项目中多线程技术的应用及其意义。

本章分别介绍了基于 Thread、Runnable 和 Callable 创建线程的 3 种方式，结合具体的示例讲解了其实现方式。在多线程技术中有两个非常重要的概念：并发和同步。对于多线程中的并发问题，结合存取款示例中存在的线程安全问题，给出了基于 synchronized、volatile、ThreadLocal、锁、原子类和容器类等方式实现线程安全的技术解决方案。对于多线程技术中的同步问题，结合生产者—消费者示例，讲解了基于 Object、Lock 和 BlockingQueue 3 种技术方案，用以实现在多线程应用中的同步操作。本章的最后介绍了死锁的概念、死锁产生的必要条件，以及死锁的应对措施。通过对具体的死锁示例的分析加深大家对这个概念的理解。

参考资料

1. 摩尔定律

https://baike.baidu.com/item/摩尔定律/350634

2. Tick-Tock 模式

https://baike.baidu.com/item/Tick-Tock/5676371

3. IO 设备与接口

https://baike.baidu.com/item/IO/5918?fr=aladdin

自 测 题

一、单项选择题

1. 编写线程类，需要继承的父类是（　　）。

   A. Object　　B. Runnable　　C. Thread　　D. Callable

2. 编写线程类，需要实现的接口是（　　）。

   A. Runnable　　B. Throwable　　C. Clonable　　D. Serializable

3. 编写线程类，能够返回线程执行结果的接口是（　　）。

   A. Runnable　　B. Callable　　C. Clonable　　D. Serializable

4. Runnable 接口中定义的方法是（　　）。

   A. start()　　B. stop()　　C. resume()　　D. run()

5. 下列代码创建一个新线程并启动线程。

```
Runnable target = new MyRunnable();
Thread myThread = new Thread(target);
```

   其中，（　　）类可以创建 target 对象，并能编译正确。

   A. public class MyRunnable extends Runnable{public void run(){}}

   B. public class MyRunnable extends Object{public void run(){}}

   C. public class MyRunnable implements Runnable{public void run(){}}

   D. public class MyRunnable extends Runnable{void run(){}}

   E. public class MyRunnable implements Runnable{void run(){}}

6. 下列方式中，能够实现代码线程安全的是（　　）。

   A. 给方法添加 synchronized 关键字

   B. 将变量声明为 final 类型

   C. 修改方法为 static 类型

   D. 继承 Runnable 接口

7. 下列方式中，能够实现变量线程安全的是（　　）。

   A. 给变量添加 final 修饰符

   B. 使用 static 修饰符

   C. 使用 volatile 修饰符

   D. 使用将变量转化为对应的对象类型

8. 下列方式中，能够实现同步的是（　　）。

   A. synchronized 方式

B. 使用 volatile 修饰符

C. 使用 ThreadLocal 方式

D. 基于 BlockingQueue 的数据接口来存储

二、问题答

1. 简述进程和线程之间的关系。
2. 简述多线程程序。
3. 如何在 Java 程序中实现多线程?
4. 简述创建线程的 Thread、Callable 和 Runnable 之间的异同。
5. 简述并发和同步的概念，以及两者之间的区别与联系。
6. 描述实现并发的几种方式。

第8章　综合案例——系统分析与设计实现

导　言

经过了前面7章的学习，同学们对Java语言程序设计已经有了深入的了解。在掌握了这些技能之后，接下来会思考一个问题：现在掌握的这些技能是否可以满足实际项目开发的需求呢？目前业界都在使用哪些技术栈进行项目和工程的开发呢？本章将紧紧围绕这两个话题展开，通过一个具体的案例分析，帮助大家近距离观察目前业界所使用的技术栈，为后续的学习和深造找准方向。

本章案例将围绕开发一个在线商品查询系统展开。在这个案例中，选用目前业界最为主流的技术栈进行开发，涉及从前端Web页面的开发、中间层Web服务器的使用、Spring框架的应用、数据访问层和数据库储等诸多技术。在系统的架构设计上采用了分层和模块化的设计思路，这些都是在实际项目开发中常用的技术框架和方案。

在案例中选用的技术栈可能很多都是崭新的技术。本章将针对这些技术方案和框架做出点评，从基本功能、应用场景、优势和不足等多个方面进行深入分析，方便大家对这些技术框架有一个基本的了解和认知。在后续的工作中如有需要，可以快速地将其应用到实际项目中。

学习目标

学习完本章之后，你将可以：

【掌握】

（1）Java工程项目的基本结构。

（2）Java工程项目中使用的技术栈。

（3）Java工程项目开发过程中选用合适技术栈的规则。

【理解】

（1）Java工程项目是由多种技术框架协同开发而成的。

（2）Web应用项目的特点与核心技术点。

【了解】

（1）Java工程项目中应用的各类技术框架的应用场景和优缺点。

（2）Java工程项目中的分层设计原则。

8.1 案例概述

小智收银系统在推向市场之后，赢得了众多便利店和超市的赞誉，自动化的结账收银让生活变得更加轻松。虽然小智收银系统已经可以很好地解决众多商家繁杂的收银工作，但是商家还是提出了非常多的反馈意见，希望小智收银系统能够支持更多的功能，这样才能解决商家的其他业务问题。

在众多反馈意见中，有一条是希望小智收银系统能够提供一个 Web 页面，让商家可以在浏览器中直接查询商品的信息。目前小智收银系统主要的操作界面是在命令行模式下进行的，虽然简单明了，但是在系统美观和易用性上还有待提高。经过慎重考虑和权衡，整个研发团队决定开发这样一个 Web 系统，使商家可以在浏览器中对商品信息进行查询。这个系统被命名为小智商品查询系统。如果这个功能开发顺利，后续会将整个小智收银系统迁移至 Web 系统，提供给商家更美观和易用的使用体验。

8.2 案例功能分析

研发团队决定开发小智商品查询系统之后，就开始进行功能分析。小智商品查询系统主要的功能如下：

（1）提供一个简洁的搜索界面，用户可以通过输入商品名称或者商品制造商的名称搜索具体的商品信息。

（2）将用户搜索的商品信息以表格的形式展示在页面里，由于商品本身可能会比较多，需要进行分页展示。

（3）允许用户定制每页的商品数量。

（4）允许用户针对展示的商品信息进行模糊搜索。

（5）商品信息主要包括商品序号、商品名称、制造商、上架时间、库存数量、保质期的时间单位和保质期时间等。

综上所述，小智商品查询系统的核心功能就是根据用户输入的商品信息进行查询，将查询的商品结果信息展示在页面上，供用户查阅。

8.3 系统界面设计

在明确了系统的功能之后，就需要考虑如何呈现这些功能，以一个美观简洁的界面展示整个系统的功能，研发团队经过一番激烈的讨论，最终的系统界面设计如图 8－1 所示。

图 8－1　最终的系统界面设计

这个界面是整个查询系统的首页面。用户可以在输入框中输入商品名称或者制造商的名称，后台会自动进行模糊匹配，单击“商品搜索”按钮即可开始搜索，搜索完毕后系统将自动跳转到结果展示页面。

查询结果的展示页面效果如图 8－2 所示。

Open Java Course

localhost:1080/public/advsearch?keyword=牛奶&searchType=any

小智商品　查询　商品名称或供应商　搜索

每页显示 10 条记录　　名称:

序号	名称	价格	制造商	质保时间单位	质保时间	存货数量	上架时间
1	面包	4.5	面包物语	日	10	100	2018-07-23
2	纯牛奶	8.5	伊利牛奶	日	30	50	2018-06-06
3	西瓜	3.5	北京大兴	日	7	60	2017-08-23
4	可乐	3.5	可口可乐公司	月	6	30	2017-05-23
5	西虹市	3.99	菜品之光	日	10	200	2018-07-10
6	黄瓜	2.99	菜品之光	日	10	50	2018-07-18
7	芹菜	1.99	菜品之篮	日	70	40	2018-08-01
8	雪碧	3.5	可口可乐公司	月	6	300	2018-08-03
9	冰棒	2	冰雪物语	月	3	50	2018-08-10
10	酸奶	10	光明牛奶	小时	120	120	2018-03-23

从 1 到 10 /共 15 条数据　　前一页　1　2　后一页

图 8－2　查询结果的展示页面效果

用户的搜索结果将以列表的形式展示在页面中。在表格的左上方可以选择每页显示的数据条数。在表格的下方将展示总数据条数、总分页数，以及当前页的页码。结果展示页面的表格上方也为用户预留了搜索框，方便用户根据当前的搜索结果进行二次查询检索。展现数据表格的每一列都可以进行排序，方便用户查看。

下面是用户根据关键词进行商品检索，效果如图 8－3 所示。

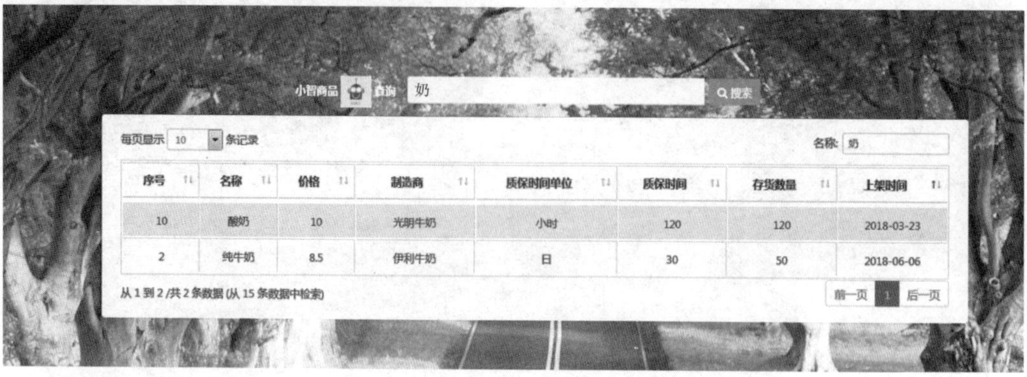

小智商品 查询 奶 搜索

每页显示 10 条记录　　名称：奶

序号	名称	价格	制造商	质保时间单位	质保时间	存货数量	上架时间
10	酸奶	10	光明牛奶	小时	120	120	2018-03-23
2	纯牛奶	8.5	伊利牛奶	日	30	50	2018-06-06

从 1 到 2 /共 2 条数据 (从 15 条数据中检索)　　前一页 1 后一页

图 8－3　商品检索

这里的关键词搜索支持模糊匹配，不需要用户输入完整的名称，只需要输入其中某些关键信息，即可进行数据的检索和匹配，非常简洁易用。

8.4　技术栈分析与选择

8.4.1　技术栈

技术栈（technology stack）是某项工作或某个职位需要掌握的一系列技能组合的统称。技术栈一般指将 N 种技术互相组合在一起（N >1），是软件技术与编程语言的组合，作为一个有机整体使用，也可以指掌握这些技术以及配合使用的经验。

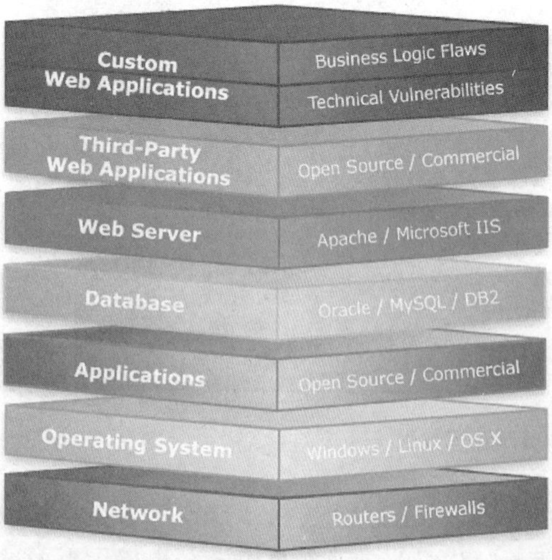

Custom Web Applications | Business Logic Flaws / Technical Vulnerabilities
Third-Party Web Applications | Open Source / Commercial
Web Server | Apache / Microsoft IIS
Database | Oracle / MySQL / DB2
Applications | Open Source / Commercial
Operating System | Windows / Linux / OS X
Network | Routers / Firewalls

图 8－4　技术栈

这里的技术栈是指为了开发和实现小智商品查询系统，需要选取的一系列软件框架、程序语言和技术组件，包括前端开发语言（Frontend）、后端开发语言（Backend）、操作系统、Web 服务器、应用服务器、数据库和软件开发工具等，如图 8－4 所示。一个软件项目的顺利开发和实施是需要多种技术组合协作完成的。项目开发过程需要不同角色的技术人员协作参与，其中涉及的角色包括：产品经理、界面设计师、软件工程师（前端工程师、后端工程师和数据工程师）、测试工程师和运维工程师等整个技术团队协作，完成软件项目的开发和部署实施。

综上所述，软件项目的开发和部署实现是由一组技术栈组合实现的，也是由多个角色组成的技术团队来负责执行完成的。

8.4.2　项目技术实现分析

在项目中选择技术方案时，需要结合项目特点选取合适的技术栈，如图 8－5 所示。

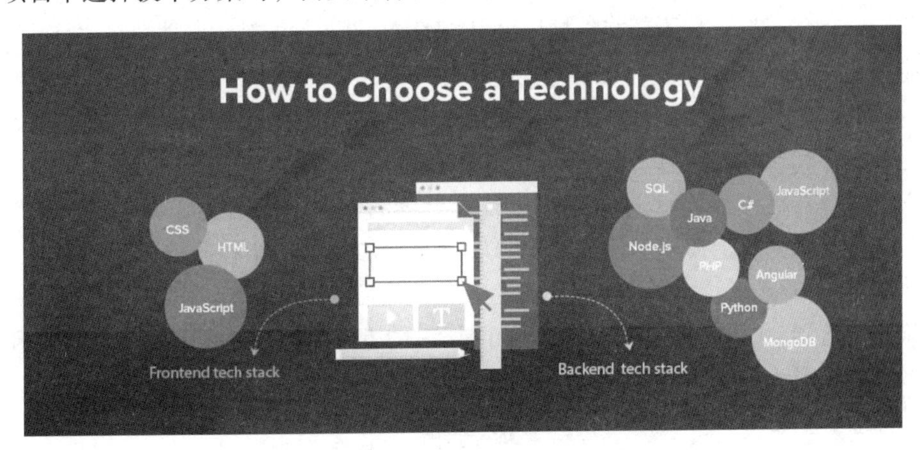

图 8－5　前后端技术栈

针对小智商品查询系统中的特点，其中主要的技术点诉求如下：

（1）用户基于浏览器进行访问，所以为 Web 应用项目，需要选择合适的前端开发框架。

（2）Web 应用项目需要使用 Web 应用服务器。

（3）选取 Java 语言作为后端开发语言，项目需要选择基于 Java 的技术框架来进行应用开发，提升整体的开发效率和开发速度。

（4）商品的信息需要存放在数据库中，这里需要选择具体的数据库和数据库管理工具。

（5）由于 Java 语言天然地支持多平台的部署和开发，所以对于操作系统没有要求。

（6）实际项目都是基于技术框架进行开发的，所以在开发工具的选择上需要对技术框架有良好的支持。

（7）Java 应用项目需要使用项目管理工具进行管理，方便后续类库管理和发布部署工作。

综上所述，研发团队将针对这些技术诉求点，梳理出相应的技术框架和方案，根据具体的需求进行选取。

8.4.3　技术栈分析

8.4.3.1　前端技术方案

运行于浏览器中的 Web 应用，以其简单易用和跨平台的友好性，成为目前业界事实上的标准。日常生活中使用最多的是基于浏览器的各类 Web 应用。基于移动端的很多应用也是标准的 Web 应用或者混有部分 Web 页面的混合应用。目前，市场主流的浏览器有 Chrome（Google 公司）、Firefox（开源免费）、Safari（苹果公司）和 IE（微软公司），国内很多的浏览器都是在这几种浏览器中添加不同的外壳演化而来的，其浏览器的内核都是基于 Chrome 和 Firefox 内核而来。

Web 页面技术主要由 HTML、CSS 和 JavaScript 组成，如图 8－6 所示。HTML 是 HyperText Markup Language 的缩写，称为超文本标记语言。HTML 是一种能被浏览器解释执行并渲染成页面的标签语言。目前，HTML 主流的版本是 5.0，于 2008 年正式颁布实施。CSS 是 Cascading Style Sheets 的缩写，称为层叠样式表，主要用于控制 HTML 页面中的各类样式和外观，如字体、颜色、大小和位置等信息。JavaScript 是解释器被内置在浏览器内部的一种直译式脚本语言。它的解释器被称为 JavaScript 引擎，是浏览器的一部分。它是广泛应用于客户端的脚本语言，主要是在网页上使用，用来给 HTML 网页增加动态功能和各类页面操作行为。2009 年 5 月，基于 JavaScript 语言的 Node. js 诞生。从此之后，JavaScript 成为一种通用脚本语言，不再依赖于浏览器。Node. js 依赖于 JavaScript 语言的事件驱动和非阻塞模型以轻量和高效的特性风靡世界，成为一个非常庞大、活跃的 Node. js 社区。

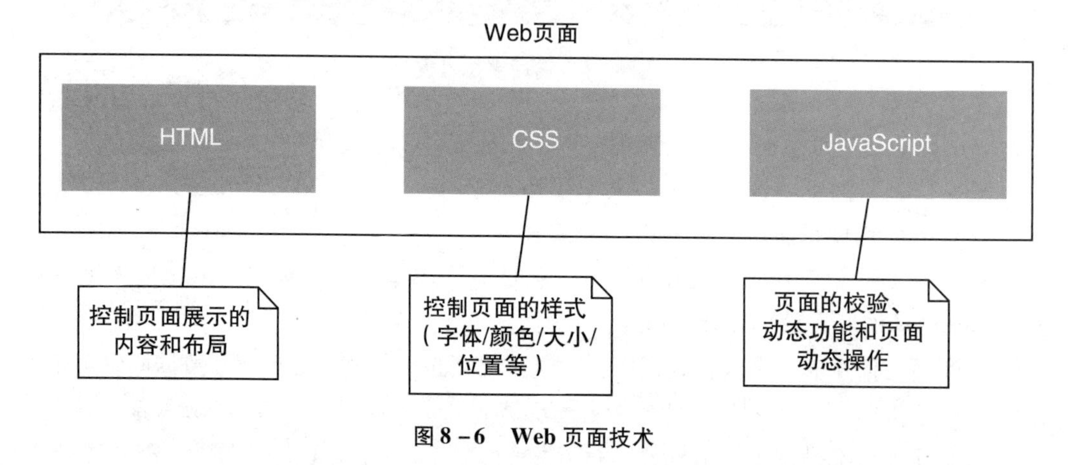

图 8－6　Web 页面技术

市场对于 Web 应用有巨大的需求，业界也涌现了大批设计精良、功能强大的前端技术方案，这些技术方案各领风骚、各有千秋。这里主要聚焦在 PC 端的前端技术方案，移动端的技术方案这里不再涉及。主流的前端技术方案有：JQuery、Bootstrap、Vue. js、ReactJS 和 AngularJS。

（1）jQuery 是一个快速、简洁的 JavaScript 框架。jQuery 设计的宗旨是“write Less, Do More”，即倡导写更少的代码，做更多的事情。它封装 JavaScript 常用的功能代码，提供一种简便的 JavaScript 设计模式，优化 HTML 文档操作、事件处理、动画设计和 Ajax 交互。如图 8－7 所示。

图 8 -7　jQuery

jQuery 的核心特性可以总结为：具有独特的链式语法和短小、清晰的多功能接口，具有高效、灵活的 CSS 选择器，并且可对 CSS 选择器进行扩展，拥有便捷的插件扩展机制和丰富的插件。jQuery 以其简单易用、插件众多成为目前使用最为广泛的 JavaScript 框架。

（2）基于 jQuery 涌现了众多强大的前端框架，BootStrap 就是其中最为著名的一个，其来自著名互联网公司 Twitter，基于 HTML、CSS 和 JavaScript 开发的简洁、直观、强悍的前端开发框架，使得 Web 开发更加快捷。Bootstrap 提供了优雅的 HTML 和 CSS 规范，它由动态 CSS 语言 Less 写成。Bootstrap 一经推出便颇受欢迎，一直是 GitHub 上的热门开源项目。国内一些移动开发者较为熟悉的框架，如 WeX5 前端开源框架等，也是基于 Bootstrap 源码进行性能优化而来的，目前其最新版本为 4. 1。如图 8 -8 所示。

图 8 -8　Bootstrap

Bootstrap 提供了诸多开箱即用的 Web 组件，同时也为这些组件提供了不同的样式风格，支持市场主流的浏览器。这是其优点，也是其得以流行的原因，其不足之处依然是基于 jQuery 插件体系的框架，对于复杂的页面让程序本身也变得复杂。

（3）Vue. js（见图 8 -9）是一个构建数据驱动的 Web 界面的渐进式框架。Vue. js 由中国人尤雨溪独立开发完成。Vue. js 的目标是，通过尽可能简单的 API 实现响应的数据绑定和组合的视图组件。它不仅易于上手，还便于与第三方库或既有项目整合。Vue. js 自身不是一个全能框架，它只聚焦于视图层。因此，它很容易学习，很容易与其他库或已有项目进行整合。

图 8－9　Vue. js

Vue. js 社区目前上升的趋势非常明显，其基于组件化的思路在实际开发中可以实现非常高的复用性。对于大型项目而言，其更有价值。其不足之处在于，项目启动时间略短，各类可用的组件相比其他框架而言还略显匮乏。

（4）ReactJS（见图 8－10）是由大名鼎鼎的互联网巨头 Facebook 开源的前端开发框架。在 ReactJS 中，引入了虚拟 DOM（Virtual DOM，文档对象模型）和组件化开发的思想，属于革命性创新，性能出众，且代码逻辑非常简单。ReactNative 版本还可以用来开发原生应用。开源之后立刻征服了世界各地的开发者，是目前业界最为流行和接受程度最高的前端开发框架。

图 8－10　ReactJS

虽然 ReactJS 功能强大且组件化开发，但是相比其他前端框架而言，ReactJS 具有一定的学习门槛。其虚拟 DOM 和组件化开发都是需要开发者在学习一段时间之后才可以深入理解的。综合而言，ReactJS 适合大的前端项目，尤其是对于有移动端需求的团队，可以直接基于 ReactNatvie 框架开发原生应用，一套技术方案解决全平台的需求。

（5）AngularJS 是由谷歌公司（Google）推出的前端 JavaScript 框架，如图 8－11 所示，应用于谷歌公司的多款产品中，目前可以用于开发移动应用和桌面应用。AngularJS 有着诸多特性，最为核心的是：MVW（Model-View-Whatever）、模块化、自动化双向数据绑定、语义化标签、依赖注入等。AngularJS 试图成为 Web 应用中的一种客户端的完整解决方案，通过为开发者呈现一个更高层次的抽象来简化应用的开发，但如同其他的抽象技术一样，这也会损失一部分灵活性。

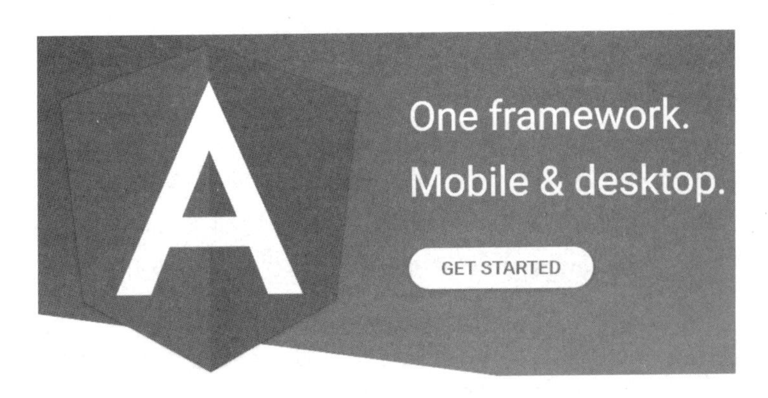

图 8－11　AngularJS

AngularJS 提供了一整套前端解决方案以及开发中使用的工具链。开发者基于 AngularJS 框架，基本上可以覆盖所有的技术需求和从开发到最终发布的整个过程。AngularJS 版本升级非常快，从 2009 年推出 1.0 版本之后，目前最新的版本是 6.1.4。其不足之处在于，AngularJS 虽然大而全，但是有“陡峭”的学习门槛，需要学习和熟悉一整套崭新的技术方案。由于其在各个需求环节都提供了解决方案，开发者只能遵守和使用其已有的方案，灵活性比较差。

8.4.3.2　后端技术方案

后端技术方案主要用以解决系统中的业务处理、业务系统调度和数据的存储访问等，其主要以服务的方式供外部页面和系统调用。Java 语言是后端应用系统开发中使用最为广泛的程序设计语言之一，这得益于近二十年的社区生态和开源技术的蓬勃发展，依托于 Java 语言已经构建起了完整的技术解决方案。

2010 年左右，SSH（Struts/Spring/Hibernate）的快速应用开发技术如日中天，成为业界事实上的开发技术标准。其灵活、快速和开源免费成为众多项目的技术首选。SSH 覆盖了 Web 请求处理框架、业务逻辑处理框架和数据访问层框架这 3 个关键技术方案，后续随着技术的不断更迭，Struts 不断爆出各类安全漏洞，因此逐渐被 Spring MVC（Spring 提供的 Web 请求处理框架）取代。

Spring 是在 2003 年兴起的一个轻量级 Java 开发框架，如图 8－12 所示。它是为了解决企业应用开发的复杂性而创建的。该框架的主要优势之一就是分层架构，分层架构允许使用

图 8－12　Spring

者选择具体的组件，同时为 J2EE 程序开发提供应用集成。Spring 使用基本的 JavaBean 完成以前只可能由复杂的 EJB（Enterprise Java Bean）完成的事情，进而逐步将当时主流的 EJB 技术方案赶出了历史舞台。

从简单性、可测试性和松耦合的角度而言，任何 Java 应用都可以从 Spring 中受益。Spring 的核心是控制反转（Inversion of Control，IoC）和面向切面（Aspect Oriented Programming，AOP）。Spring 是一个分层的 JavaSE/EE full-stack（一站式）轻量级开源框架，是 Java 领域开发框架的王者。

Spring Boot 是由 Spring 团队在 2014 年左右推出的全新框架，如图 8-13 所示。其设计目的是简化新 Spring 应用的初始搭建和开发过程。该框架使用了特定的方式进行配置，从而使开发人员不再需要定义样板化的配置。通过这种方式，Spring Boot 致力于在蓬勃发展的快速应用开发领域（Rapid Application Development，RAD）成为领导者。

图 8-13　Spring Boot

Spring Boot 推出之后，其以灵活高效的开发方式迅速成为目前微服务开发的不二之选。其将大量重复的配置和不同技术栈之间的整合工作交由 Spring Boot 框架来处理。开发者将大部分精力聚焦在处理具体的业务逻辑上，从而极大地提升了开发团队的开发效率和响应速度。Spring Boot 整合 Spring MVC（Spring 提供的处理 Web 请求框架）、JPA（Java Persistence API，Java 持久化应用标准）、Spring Data（Spring 提供的数据持久化框架）和 Hibernate（Object Relational Mapping，ORM，Java 对象与关系型数据库表映射的持久化框架）等诸多技术方案，这些方案以插件的形式整合进入 Spring Boot 的技术栈，开箱即用，学习和使用的门槛很低，非常容易上手。

后端模板引擎技术是后端系统针对页面的显示请求，对页面进行处理和渲染之后，将结果 HTML 页面交给浏览器进行显示。在模板层面会进行安全控制、后端数据与页面的整合输出以及最终的 HTML 页面生成等操作。目前在 Java 领域应用比较多的后端模板引擎技术主要有 Thymeleaf、FreeMaker 和 Mustache。这 3 种后端模板引擎技术的功能非常类似，都是用来解决后端 HTML 页面的处理和输出，基本上能满足一般系统页面处理的需求。在 FreeMaker 和 Mustache 中，HTML 页面必须经过它们的引擎处理之后，才可以在浏览器中正确显示。FreeMaker 已经很久没有进行过大的升级，上一次大的升级还是在 2014 年。在笔者编撰本书之时，Mustache 还未发布 1.0 的正式版本，其当下最新版本是 0.9.6。对于开发者而言，Mustache 技术方案还处在快速探索和迭代之中，待其正式发布 1.0 之后，才能够正式进入商业使用的状态。

Thymeleaf 是目前主流的后端 Java 模板引擎，如图 8－14 所示，可以用于 Web 应用和独立应用，其具有很多优良特性。页面在引擎处理前后皆可直接在浏览器中进行显示，方便 UI 设计师和开发者之间彼此分工协作调试。其支持各类页面布局和页面子模块的复用，对页面和后台数据的整合输出提供了完整、友好的支持。在 Spring Boot 中其作为官方的默认模板引擎被推荐使用。

图 8－14　Thymeleaf

Thymeleaf 目前升级速度很快，2018 年 10 月已升级至 3.0.11 版，在模板处理性能上有了大的提升。其官方的文档非常完善，提供了丰富的入门学习和帮助说明文档，非常有利于大家快速学习和掌握 Thymeleaf。

8.4.3.3　数据存储方案

在现代应用中，需要存储和记录大量的数据。这些数据往往需要持久化在数据库中，供各类应用进行查询、修改和访问。目前，业界根据其技术特性的不同，将这些数据存储技术划分为关系型数据库和非关系型数据库（如 NoSQL）两个类别。关系型数据库系统目前业界主流的方案有 Oracle、SQLServer、DB2、MySQL、PostgreSQL 和 Derby 等，这里针对这些数据库做一个简要的分析与梳理。

Oracle、SQLServer 和 DB2 都是目前商用比较多的数据库系统，广泛应用于各行各业，每天支持着数以亿级的数据访问和操作。它们以功能全面、系统稳定、工具完善和性能高效等诸多特性，在政府企业中被大量采买使用。但是其购买价格和后续支持服务都是比较昂贵的，主要是企业的关键商业应用和实力雄厚的企业单位使用的商业数据库。

MySQL 和 PostgreSQL 是由开源社区提供的免费关系型数据库，如图 8－15 所示。由于其开源免费且能够提供与商业化数据库相当的功能，被广大中小初创企业广泛使用。它们主要的支持来自社区的回馈和广大志愿者的贡献。这些开源数据库与商业数据库功能基本一致，可以满足日常的数据库功能需求。

图 8－15　免费关系型数据库

开源数据库在商业化支持上会略差一些。在碰到技术问题时，更多地需要技术人员来解决各类问题。这些开源数据库对于千万级别以上的数据操作访问，与商业化数据库存在较大的性能和系统稳定性差异。例如，MySQL 数据库正常的单表数据量最大为 500 万左右，超过这个阈值，则需要采用分库、分表等技术方案进行拆解。对于 Oracle 之类的商业数据库而言，单表可以支持数亿级别的数据访问操作。

Apache Derby 是一个完全用 Java 编写的开源数据库，非常小巧，其核心文件只有 2 MB，可以作为单独的数据库服务器使用，也可以内嵌到应用程序中。虽然该数据库系统很小，却可以实现一个完整的关系型数据库的功能。由于其非常灵活易用，主要应用于一些数据量不大的小型应用中，一般单表数据量在几十万左右是可以正常使用的。对于访问量比较大的应用，由于 Derby 在高性能并发访问上存在性能瓶颈问题，所以在这种场景下不建议使用，需要考虑其他的数据库选择，如 MySQL 和 PostgreSQL。Derby 由于无须部署，可以直接嵌入应用程序使用，很多小型应用都乐于采用 Derby。

NoSQL 指非关系型且不遵守 SQL（Struture Query Language）规则的数据库，如图 8－16 所示。随着互联网应用的兴起和数据规模的快速扩大，传统的关系型数据库在应付数据处理，特别是超大规模和高并发的数据应用上已经显得力不从心，暴露了很多难以克服的问题。NoSQL 数据库的出现正是为了解决大规模数据集带来的挑战，尤其是大数据应用难题。目前主流 NoSQL 方案都是开源的，可以免费使用。

图 8－16　NoSQL 数据库

NoSQL 主要分为以下 4 类，即键值（Key-Value）存储数据库、列存储数据库、文档型数据库和图数据库。

（1）键值存储数据库主要是利用基于键值进行快速查找的技术，快速地在数据系统中命中所需的数据。其原理类似于一个超大的哈希表，这个表中存储特定的键和键指向的数据。此类数据库系统主要用于高速缓存和高并发情况下的在线实时更新，常用技术方案有 Tokyo Cabinet/Tyrant、Redis、Voldemort 和 MemCache 等。

（2）列存储数据库通常用来解决在分布式环境下海量数据的存储问题。单个键指向了多列，这些列都是由列家族安排的。其主流技术方案有 Cassandra、HBase 和 Riak 等。列存储系统都是由数以百计的服务器集群组成的，可以存储亿级的海量数据，在查询速度上可以达到秒级的响应时间。

(3) 文档型数据库的存储结构与键值存储数据库的存储结构类似，数据模型以特定的格式存储，如 JSON。文档型数据库可以看作键值数据库的升级版，它允许数据之间嵌套键值。文档型数据库可以达到比键值数据库更高的查询效率。目前主流的技术方案有 CouchDB、MongoDB 和国内的 SequoiaDB。文档型数据库主要用于没有稳定数据结构的数据系统。当存储的数据结构之间存在一定的关联性和类似性，但是在不同的时间段，差异较大时，可以考虑使用文档型数据库。文档型数据库适合初创期的小公司进行各类业务探索，适应快速变更的数据模型。

(4) 图数据库使用灵活的图形模型来存储数据，提供 REST 式的数据接口或者查询 API。其主流技术方案有 Neo4J、InfoGrid 和 Infinite Graph。图数据库主要应用于多重数据关联，如人的社交关系数据，这是传统的关系型数据库无法解决的存储难题。利用图数据库则可以建立多重数据之间的关联，并提供快捷和易用的关系操作接口。

8.4.3.4　Web 服务器技术方案

Web 服务器一般指网站服务器，对于来自浏览器的 HTTP 请求进行响应，响应结果以 HTML 形式的页面为主。在用户请求的浏览器中进行渲染，用户就可以看到结果页面的显示，从而完成一次基本的页面请求响应过程。

单独的 Web 服务器主要用于响应页面请求。但是在实际项目中，在响应用户请求之前，还需要对业务逻辑进行处理。将业务逻辑处理的结果放入响应页面中，这些业务逻辑操作是由应用程序服务器来完成的。由于案例使用 Web 页面展示数据，用户使用浏览器进行访问，所以需要考虑选择一款 Web 服务器和应用程序服务器，用来响应用户的请求。

常见的 Web 服务器主要有 Apache Web Server、IIS 和 Nginx。Apache Web Server 是目前应用最为广泛的开发 Web 服务器。IIS 是由微软公司开发的、内置于 Windows 系统的 Web 服务器。Nginx 是开源领域著名的高性能 HTTP 和反向代理服务，Web 服务只是其中的一部分功能，由于其具有稳定、轻量和高效的优点，广泛应用于各大互联网公司的系统中。

随着技术的演进，目前 Web 服务的功能都已经集成到了应用程序服务器中。这里将针对市场主流的 Web 应用服务器进行简要介绍分析。这些应用服务器包括 Tomcat、Jetty、Undertow，如图 8－17 所示。

图 8－17　Web 应用服务器

（1）Tomcat 服务器是 Apache 开源基金会下的顶级项目。一个免费开放源代码的 Web 轻量级应用服务器，是 Spring Boot 默认使用的应用服务器。Tomcat 现被广泛应用于各大互联网公司，是目前使用最多的应用服务器。Tomcat 是 Apache Web Server 的扩展，但它是以进程形式独立运行的，目前 Tomcat 最新版本为 9.0。

（2）Jetty 是一个开源的 servlet 容器和基于 Java 的 Web 容器。Jetty 是基于 Java 语言编写的，API 以一组 JAR 包的形式发布。开发者可以将 Jetty 容器实例化为对象，为独立运行（Stand-alone）Java 应用提供网络和 Web 服务。Jetty 的特点是轻量、高效和易于定制化。

（3）Undertow 应用服务器是一款基于 JavaNIO 实现的高性能开源应用服务器，其支持非常多的新特性，如 HTTP2、WebSocket 等。Undertow 还允许嵌入应用直接使用，在功能上与 Jetty 和 Tomcat 基本一致，相对于其他两种 Web 服务而言，使用人群略少。

8.4.3.5 Java 项目构建管理工具

在 Java 实际项目开发中，需要用到不同的软件系统和组件，也需要利用第三方组件和类库实现，这就需要一个良好的类库管理方式。Java 项目从开发到最终部署上线，需要进行编译、测试、打包和部署等多个步骤才可以成为稳定的服务，提供给最终用户使用。这些烦琐的工作需要一个良好的构建管理工具。

在 Java 社区中，主要有 3 大构建管理工具，即 Ant、Maven 和 Gradle，如图 8－18 所示。

图 8－18 项目构建管理工具

（1）Ant 是第一个“现代”构建工具，2000 年发布后在很短的时间内就成为 Java 项目上最流行的构建工具，简单易学上手快，因此不需要什么特殊的准备即能上手，其支持基于插件的方式进行功能扩展。Ant 采用了 Apache Ivy 进行依赖包的管理。Ant 主要的优点体现在对构建过程的控制上，其可以实现细粒度的控制，缺点是其用 XML 作为脚本编写格式，XML 本质上是层次化的，不能很好地贴合 Ant 过程化编程的初衷。随着项目规模的扩大，XML 文件也会日益复杂，除非是很小的项目，否则维护日益膨胀的 XML 文件会是一个持续令人头疼的工作。

（2）Maven 发布于 2004 年，目的是解决 Java 项目中使用 Ant 所带来的一些问题。Maven 仍旧采用 XML 作为编写构建配置的文件格式，但是文件结构有巨大的变化。Ant 需要开发者将执行 task 所需的全部命令一一列出，然而 Maven 依靠约定（convention）并提供现成的可调用目标（goal），这样极大地缩小了配置文件的规模。

Maven 的问题是依赖管理不能很好地处理类库文件不同版本之间的冲突（Ivy 在这方面更好一些）。XML 作为配置文件的格式，有严格的结构层次要求，定制化目标（goal）很困难。Maven 主要聚焦于依赖管理，在实现定制化的构建过程时会比较复杂。Maven 的优点是生命周期管理，内置了常用的过程任务，代价是牺牲了其灵活性。

（3）Gradle 结合了前两者的优点，在此基础之上做了很多改进。它既具有 Ant 的强大和灵活，又具有 Maven 的生命周期管理且易于使用。Gradle 在 2012 年华丽登场后，很快获得了广泛关注。例如，Google 采用 Gradle 作为 Android 移动操作系统的默认构建工具。

Gradle 不用 XML，它使用基于 Groovy（构建在 JVM 上的脚本语言）的 DSL（Domain Specific Languages，领域特定语言），从而使 Gradle 构建脚本变得比用 Ant 和 Maven 的配置更为简洁、清晰。Gradle 样板文件的代码很少，这是因为 DSL 被设计用于解决特定的问题：贯穿软件的生命周期，覆盖从编译、静态检查、测试、打包和部署所有过程。它使用 Apache Ivy 处理 JAR 包的依赖。Gradle 的优势可以概括为：约定好，灵活性也高，其不足之处是需要重新学习 DSL，熟悉 Groovy 语言基本的用法，这些都让 Gradle 的初学者需要花费额外的时间和精力重新学习。

8.4.3.6　Java 应用开发工具

实际的 Java 项目都是基于 Spring 之类的框架进行开发的，所以需要开发工具对开发框架提供良好的支持，如各种内置的语法、语义检查和功能提示等。对于 Eclipse 来说，因为其本身就是基于插件结构进行构建的，所以可以使用不同的插件对其功能进行扩展，从而对各类框架提供良好的支持，如 Spring 和 Spring Boot 等框架的插件。

除了下载 Eclipse 插件对 Eclipse 进行扩展之外，还可以直接下载基于 Eclipse 和各类插件集成好的开发工具，这里推荐 Spring 社区基于 Eclipse 构建的 Spring 开发工具 Spring Tool Suite，其中内置了各类 Spring 常用的开发工具插件，使用方式与 Eclipse 完全一致。

该开发工具下载的方式非常简单，在浏览器中直接访问 https://spring.io/tools，然后单击页面中的 Downloads STS 按钮即可下载，如图 8－19 所示。

图 8－19　STS 下载

将其下载到本地之后，解压到文件夹，然后进入 sts-bundle 目录，直接单击 STS. exe 可执行文件，即可启动 STS 开发工具，其运行界面如图 8 - 20 所示。

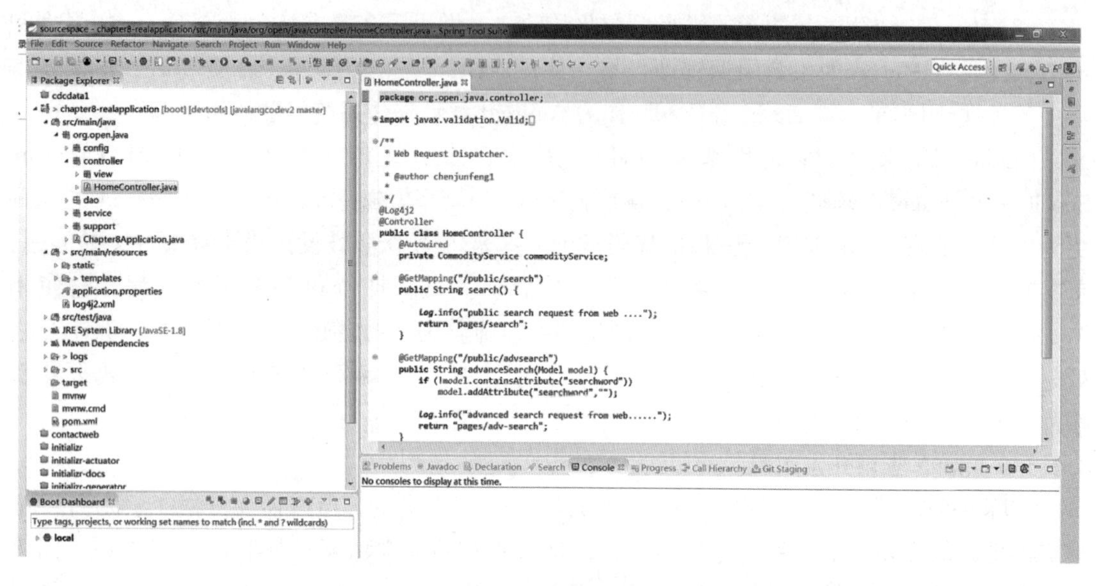

图 8 - 20 STS 运行界面

除了上述 Eclipse 和 STS 之外，JetBrains 公司在其大名鼎鼎的 Java 开发工具 IntelliJ IDEA 商业版本的基础上，提供了开源版本供开发者免费使用。IntelliJ IDEA 是功能最为强大和对各类技术框架集成最好的 Java 开发工具，但其不足之处在于，IntelliJ IDEA 的使用方式与 Eclipse 差异比较大，在开发工具的切换过程中需要一定的学习周期和迁移成本。

IntelliJ IDEA 的下载方式是在浏览器中访问 https://www. jetbrains. com/idea/download/#section = windows，然后单击下载安装文件即可，其下载页面如图 8 - 21 所示。

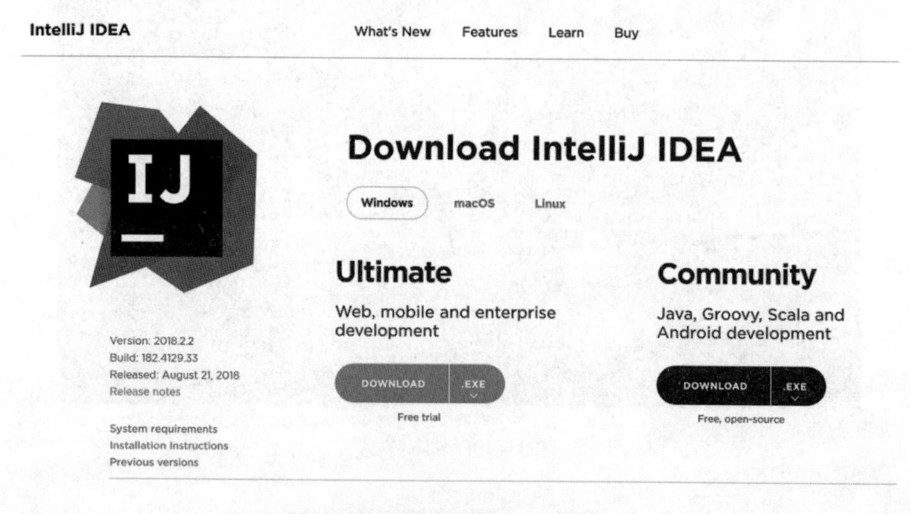

图 8 - 21 IntelliJ IDEA 下载页面

下载完毕之后，直接单击可执行文件进行安装。安装完成之后，即可直接使用。

8.4.4　技术栈选取

在经过一番认真的分析和梳理之后，结合项目案例中的需求，整个研发团队决定选取如图 8－22 所示的技术栈。

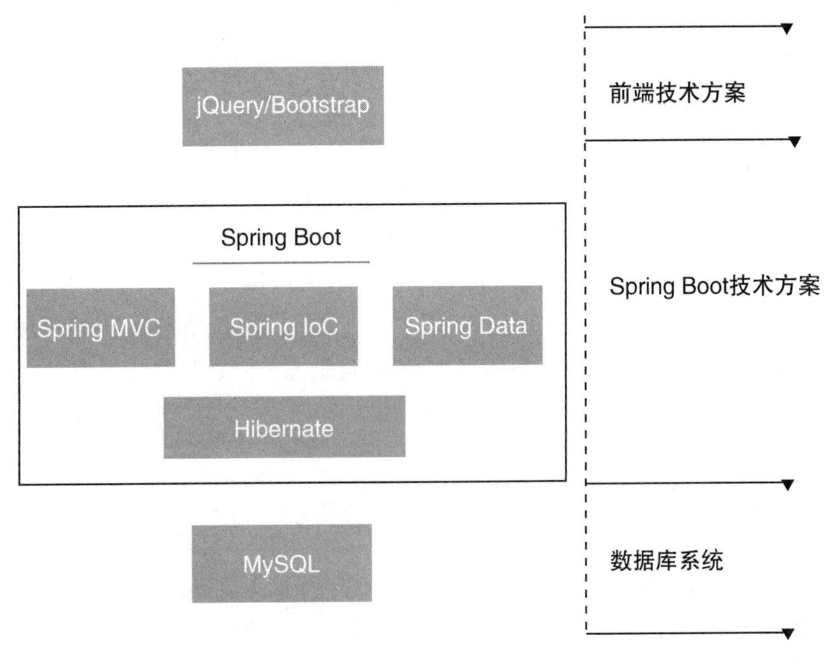

图 8－22　技术栈

在图 8－22 中，前端技术方案选用了 jQuery 和 Bootstrap 结合使用的方案。jQuery 简单易用，学习成本低、上手快，在简单学习几个示例之后就可以直接上手使用。Bootstrap 提供了丰富的页面组件，其使用方式与 jQuery 插件保持一致，易于上手，且可以和 jQuery 直接结合使用，短时间内就可以进入开发。在使用过程中出现问题也可以快速从互联网上找到相应的答案，社区使用人群众多。对于规模较小的应用系统来说，基本满足 Web 页面开发的基本需求。

Spring Boot 是 Java 应用快速开发中的必选方案，其集成了诸多常用的技术方案，包括页面请求处理方案（Spring MVC）、实体 Bean 容器管理（Spring IoC）、数据层管理（Spring Data）和底层的数据库映射技术方案（Hibernate）等。对于开发者而言，只需按照规则进行使用，学习成本很低，可以直接上手使用。

数据库系统经过权衡最终选择了 MySQL。对于小智商品查询系统的研发团队而言，开源免费的系统是第一选择，这样可以在满足系统数据需求的情况下，节省购买数据库的成本。MySQL 在国内使用人群众多，其支持的数据量基本可以满足未来若干年的数据需求。由于目前暂无嵌入式数据库的需求，所以暂时没有考虑 Derby。

Web 应用服务器选用 Tomcat，其版本为 8.5。Tomcat 是使用最为广泛的开源应用服务器，Spring Boot 中已经内置了良好的支持。对于预估整个系统的访问量，Tomcat 是完全可以胜任的。在 Spring Boot 中，Tomcat 将与整个应用实现良好的集成，无须单独启动 Tomcat 部署应用。Tomcat 将作为应用的一部分实现集成部署。

页面模板技术选择 Thymeleaf 技术。Thymeleaf 是 Spring Boot 默认使用的模板引擎，其社区非常活跃，版本持续升级，其页面可以不经过模板引擎的处理就在浏览器上直接显示页面布局，实现了页面设计与页面开发的彼此分离。其余两种模板引擎与 Thymeleaf 相比，在活跃度和成熟度上，与 Thymeleaf 有一定的差距。

Java 项目构建工具选用 Maven。Gradle 学习门槛和学习周期是整个团队非常关心的。DSL 和 Groovy 这两个新的技术将为项目的研发带来诸多不确定因素和学习时间消耗。Ant 庞大的配置文件复杂度太高，在多方权衡之后，最终选择 Maven 作为整个项目的项目构建和管理工具。

Java 应用开发工具选用 STS。Spring 社区提供的 Eclipse 开发型版本，其中内置了 Spring、Spring MVC 和 Spring Boot，并获得了良好的支持。直接下载解压即可使用。STS 的使用习惯与 Eclipse 保持一致。IntelliJ IDEA 虽然功能强大，但是其使用习惯上的差异让大家感觉这个迁移成本是否值得去切换，够用就好。最终 STS 成为整个研发团队的一致选择。

8.5 案例项目架构设计

在选取了项目使用的技术栈之后，如何根据项目的业务需求设计整体架构呢？古语有云：凡事预则立，不预则废。对于软件应用项目来说，也遵循同样的规则。良好的架构设计将让整个研发团队各司其职，协作良好，尽可能减少彼此之间的冲突和灰色地带。反之，则会带来沉重的后续维护和变更成本。因此，尽量避免整个团队被各种业务问题和系统问题所困扰。架构设计类似于建筑的房屋结构设计，缺乏良好结构设计的房屋，最终的命运就是抗震能力差、房屋问题多乃至若干年后成为危房，只能拆除重新建造。

结合小智商品查询系统的业务特点，将这个项目按照分层的设计原则，划分为 4 个层次，即 Web Controller（Web 请求控制层）、Service（服务层）、Repository（数据访问层）和 DataBase（数据持久层）。具体如图 8-23 所示。

（1）Web 请求控制层主要接收 Web 请求，并调用 Service 服务层提供的服务。在获取服务层处理结果之后，将响应结果以 HTML 页面的形式返回请求方。在 Web 控制层会进行页面的跳转和页面的模板处理工作。页面模板的数据处理是由 Thymeleaf 引擎完成的。

（2）服务层主要是定义具体的业务逻辑处理过程，调用数据访问的接口，进行数据的业务逻辑操作。应用系统核心的业务逻辑操作将被定义在服务层，不同的业务逻辑会被封装到不同的 Service 里。

（3）数据访问层是定义访问数据库的数据层，主要针对数据库中的表数据进行增、删、改、查操作，向服务层提供访问数据库的抽象层。数据访问层主要是基于 Spring Data 数据

请求/响应
Thymeleaf
模板引擎
Web Controller
（Web请求控制层）
Service（服务层）
日志系统
Log4j2
数据表
Entity
Repository（数据访问层）
DataBase（数据持久层）

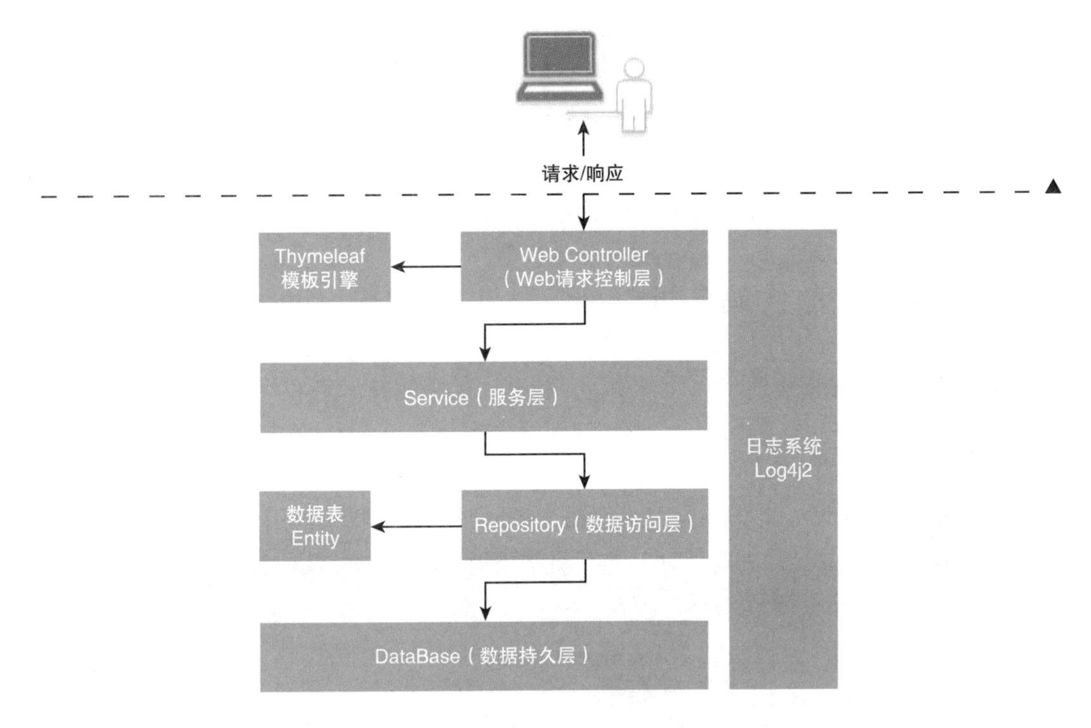

图 8-23　系统架构

方案来实现的。

（4）数据持久层是数据库系统提供的数据服务，应用系统通过数据库驱动访问数据库中的数据。在实际项目中，数据库是独立部署的，和应用服务器是分离的。它们之间通过应用程序接口实现通信。

在如图 8-24 所示的代码目录结构中，代码目录与系统的层次结构是有对应关系的，controller/service/dao 分别对应 Web 请求控制层、服务层和数据访问层。这些层次是依次向下依赖的，不同的层次不允许跨层调用。层次结构可以实现逐层的抽象和封装，任何一个层次的变动和修改只会影响相关的层次，而不会扩展影响整个系统。分层设计是系统设计中的一个基本方法和准则。

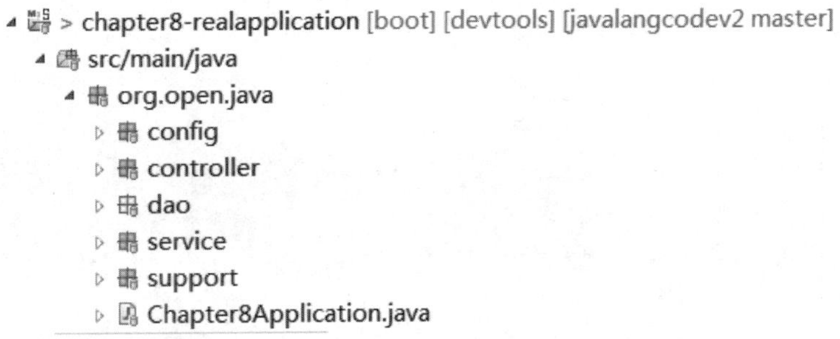

> chapter8-realapplication [boot] [devtools] [javalangcodev2 master]
src/main/java
org.open.java
config
controller
dao
service
support
Chapter8Application.java

图 8-24　代码目录结构

基于 Log4j2 的日志系统记录整个系统在运行过程中的各类日志信息。一般来说，开发人员会在系统中记录请求、业务处理和关键操作中的日志信息。记录日志的主要目的是捕捉系统的运行状态，在系统发生异常和出现错误信息后，可以结合日志系统对问题进行排查和追踪。基于系统的日志还可以对整个系统的运行状态进行统计和分析。总之，在实际运行的系统中记录运行日志信息是极为关键和重要的。

8.6 关键点与核心代码分析

本节将结合系统的整体架构设计思路，分析其中的关键技术点和代码实现。

8.6.1 Web 请求控制层

HomeController 是 Web 请求控制层中的请求控制器，其接收来自用户的 Web 请求，并调用 Service 层中定义的方法，进行处理，然后将结果返回请求方。其核心代码如下：

```
@Log4j2
@Controller
public class HomeController{
    @Autowired
    private CommodityService commodityService;
    @GetMapping("/public/search")
    public String search(){
        log.info("public search request from web...");
        return"pages/search";
    }
    @GetMapping("/public/advsearch")
    public String advanceSearch(Model model){
        if(!model.containsAttribute("searchword"))
            model.addAttribute("searchword","");

        log.info("advanced search request from web...");
        return"pages/adv - search";
    }
    @RequestMapping(value ="/public/open/java",method = RequestMethod.POST)
    @ResponseBody
    public DataTablesOutput <CommodityBean> getAllCommodities(@Valid
      @RequestBody DataTablesInput input){
        log.info("DataTable Ajax data request for commodity list...");
```

```
        return this.commodityService.getCommodities(input);
    }
}
```

@ Controller 是 Spring MVC 框架中用来声明 Web 控制器的注解。@ GetMapping/@ RequestMapping 是用来声明处理不同 Web 请求的注解，其中，value 定义的是 URL 地址中的请求路径。例如，在 search( ) 方法中，当用户使用 Get 请求/public/search 路径时，将跳转到 pages/search。pages 是静态页面文件所在的目录，其将自动转换为 pages/search. html，search. html 文件经过 Thymeleaf 模板引擎处理之后，将处理结果发给请求用户。

这里介绍一下静态资源，静态资源是指 Web 页面中使用的 html 文件、JavaScript 文件、CSS 文件、图片资源文件和字体文件等各类资源文件。如图 8－25 所示。

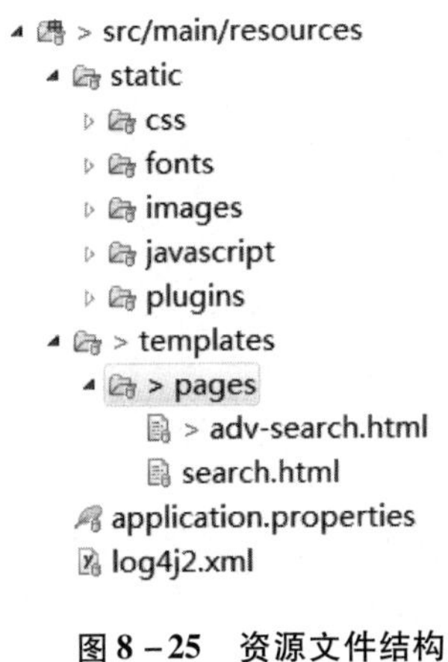

图 8－25　资源文件结构

search( ) 方法 return 的路径，将被映射到 templates 目录下的 pages/search. html。这个文件会经过 Thymeleaf 引擎的处理，处理结果将在用户的浏览器中正常展示。

static 目录下主要定义了 html 页面中使用的各类资源文件。plugins 目录下主要存放了 jQuery 的各类插件，包括 datatables 的表格插件和 bootstrap 类库等。images 存放的是各类图片和图标文件，CSS 存放了页面中使用的各类样式表，fonts 存放了系统中页面使用的各类字体。对于具体的静态内容细节，大家可以自行到本书附带代码中 chapter8 目录下的代码中查看，这里不再赘述。

@ Autowired 是 Spring 中引入实体 Bean 的注解，其表示从 Spring 容器中提取 CommodityService 接口类型的对象，放入 commodityService 变量中。通过 CommodityService 访问服务层的具体服务方法。

在 getAllCommodities( ) 方法中，@ ResponseBody 注解表示将处理的结果转换为 json 字符串的形式返回请求方，而非 HTTP 请求的 html 页面。

8.6.2 服务层

在 Service 层定义了 CommodityService 接口类，用以定义具体商品服务中的操作，具体定义如下：

```
public interface CommodityService{
    public DataTablesOutput <CommodityBean>
        getCommodities(DataTablesInput input);
}
```

在接口中定义了 getCommodites()方法，其以 DataTableInput 类型变量作为入口参数，返回结果为 DataTablesOutput 类型变量。

其实现类 CommodityServiceImpl 定义如下：

```
@Service
@Log4j2
public class CommodityServiceImpl implements CommodityService{
    private DateFormat dateFormat= new SimpleDateFormat("yyyy - MM - dd");
    @Autowired
    private CommodityRepository commodityRepo;
    @Override
    public DataTablesOutput <CommodityBean> getCommodities(DataTablesInput
      input){
        DataTablesOutput <CommodityEntity> entities =
            this.commodityRepo.findAll(input);
        DataTablesOutput <CommodityBean> viewBeans = null;
        try{
            viewBeans = this.adapt(entities);
        }catch(Exception e){
            log.error("adapt error in datatables",e);
        }
        return viewBeans;
    }
```

CommodityServiceImpl 类使用@ Service 注解，表示其将由 Spring 容器创建一个服务的实例对象，交由 Spring 容器来管理。@ Autowired 注解表示将从 Spring 容器提取一个 CommodityRepository 类型的实例，将其赋值给 commodityRepo 变量。

在类中实现了 CommodityService 中定义的 getCommodities( ) 方法。在方法实现中，其调用数据访问层的 commodityRepo 实例获取 CommodityEntity 的数据对象，并通过 adapt( ) 方法转换为 CommodityBean 对象，返回调用者。adapt( )方法具体的实现主要通过对象的数据复制，这里不再赘述对象复制的逻辑，完整的代码实现请参阅本章附带代码中 chapter8 目录下的样例。

CommodityEntity 类是对于数据库中商品表的映射，代表数据库中的具体商品数据信息。CommodityBean 表示将要返回页面请求的商品数据信息，两者虽然大部分信息一致，但是仍有若干数据库层面的信息无须返回页面显示。

CommodityBean 类定义在 controller/view 目录下，具体代码实现如下：

```
@Data
public class CommodityBean{
    private long id;//商品 id
    private String name;
    private float price;
    private String vendor;
    private int dataUnit;
    private int validTimeValue;
    private int count;
    private String createdTime;
}
```

@ Data 注解用于在程序过程中自动帮助 CommodityBean 类生成 get/set 之类的读取和设置属性值的方法，例如，对于 name 属性来说，动态为 name 属性创建 getName( ) 和 setName（String name）的两个实现方法，对于其他的属性皆按照此规则进行处理。

8.6.3　数据访问层

数据访问层将对数据库表的增、删、改、查操作进行抽象和封装，让应用层的代码无须感知具体的数据库访问操作逻辑，从而为服务层的调用提供一层数据库操作的抽象封装。在 Spring Boot 中一般都是使用 Spring Data 的数据封装进行数据库访问操作的。CommodityRepository 接口的代码实现如下：

```
@Repository
public interface CommodityRepository extends DataTablesRepository
        <CommodityEntity,Long>{
    public boolean existsByName(String name);
}
```

CommodityRepository 被定义为接口，而非具体的 Java 类，这是需要格外注意的事情。DataTableRepository 是扩展 Spring Data 框架中定义的 PagingAndSortingRepository 和

JpaSpecificationExecutor 接口。这些接口声明了表数据的分页和排序操作以及基于 Specfication 机制的条件查询操作。在应用运行过程中，将由 Spring Data 框架基于面向切面编程（Aspect Oriented Programming，AOP）技术动态为这些接口创建实现类，完成实际的数据库访问操作。

CommodityEntity 在 Repository 层中代表数据库中的数据表对象，Long 代表数据表的主键数据类型。CommodityEntity 的核心代码实现如下：

```
@Data
@EqualsAndHashCode(callSuper = true)
@Entity
@Table(name = "t_commodity")
public class CommodityEntity extends BaseEntity{
    @Column
    private String name;                    //商品名称
    @Column
    private float price;                    //价格
    @Column
    private String vendor;                  //生产厂家
    @Column(name = "data_unit")
    private int dataUnit;                   //质量有效期的时间单位
    @Column(name = "valid_time_value")
    private int validTimeValue;             //质量有效期的时间
    @Column
    private int count;                      //库存数量
}
```

CommodityEntity 类使用@ Entity 表示 CommodityEntity 类的对象实例将由 Java Persistence 层框架进行管理。单个对象映射了数据库表的一行数据，底层实现是基于 Hibernate 进行管理的。@ Table 定义了数据库具体映射的表，如未声明 name 属性，则使用类名作为数据库的表名称。@ Column 用以定义具体的表字段与类中的对象之间的映射关系。

CommodityEntity 继承 BaseEntity 类，从基类中继承了数据库表的若干通用属性信息。BaseEntity 的代码实现与定义如下：

```
@Data
@MappedSuperclass
public abstract class BaseEntity implements java.io.Serializable{
    @Id
    @GeneratedValue(strategy = GenerationType.IDENTITY)
    private Long id;
```

```
    @Column(name = "created_time")
    @Temporal(TemporalType.TIMESTAMP)
    private Date createdTime;
    @Column(name = "updated_time")
    @Temporal(TemporalType.TIMESTAMP)
    private Date updatedTime;
    @Version
    private long version = 0;
}
```

BaseEntity 是一个抽象类，不能直接用于创建对象，只能用作子类扩展的基类。@ Data 注解是用来辅助当前类生成属性的 get/set 读写方法。@ MappedSuperclass 表示将实体类的多个属性分别封装到不同的非实体类中。类将无法使用@ Entity 或者@ Table 类注解。总结来说，就是作为不同的数据表的基类，定义其中通用的属性信息。@ Id 用来标识当前列为数据库标的主键映射，@ GeneratedValue 定义了主键生成的策略和方式。@ Temporal 定义属性映射的数据表列的时间类型。@ Version 标识当前属性映射的数据列为乐观锁。

CommodityRepository 通过继承 BaseEntity 抽象类，获取其中定义的诸多属性。这些属性包括主键（id）、创建时间（createdTime）、更新时间（updatedTime）和乐观锁（version）。

8.6.4　系统配置信息与启动

在 Spring Boot 项目中，application. properties 配置文件定义了项目系统层面的配置信息，主要的关键信息如下：

（1）spring. application 项目的名称。

（2）server. port 系统运行启动的端口。

（3）thymeleaf 模板引擎的配置信息。

（4）数据库的数据连接信息。

（5）静态资源的路径信息。

（6）日志文件的路径。

在小智商品查询系统的 application. properties 配置文件中，关键的配置信息如下：

```
spring.application = Spring Code Analysis
server.port = @appserver.port@
logging.config = classpath:log4j2.xml

spring.thymeleaf.mode = HTML5
spring.thymeleaf.encoding = UTF - 8
spring.thymeleaf.servlet.content - type = text/html
```

```
spring.thymeleaf.cache = false
spring.mvc.static - path - pattern = /static/**

spring.jpa.hibernate.ddl - auto = @database.ddl.action@
spring.datasource.url = @database.url@
spring.datasource.username = @database.username@
spring.datasource.password = @database.password@
spring.jpa.properties.hibernate.dialect= @database.dialect@
spring.datasource.driver - class - name = @database.driver@
```

在上述配置信息中，static 资源路径设置为 URL 地址中 static 后面跟随的文件，将被系统认为静态资源。以 spring. thymeleaf 开头的设置项定义了模板引擎相关的配置。以 spring. jpa 开头的设置项定义了 Spring 持久化的相关配置。以 spring. datasource 开头的配置项定义了数据库相关的连接信息，包括数据库的 URL 地址信息、驱动类名称、用户名和密码等配置信息。logging. config 定义了 log4j2 的日志配置文件的位置。

application. properties 中定义的配置信息值，使用了“@ 属性值@ ”的方式，这是 Spring Boot 中用来动态替换配置属性值的占位符。真实的属性值会在打包部署过程中，从 Maven 的 pom. xml 文件的 Profile 信息中动态提取加以替换。换句话说，在打包发布完成后，application. properties 中占位符信息将被真正的属性值替换。

pom. xml 文件中，运行开发者根据部署环境的不同声明对应的 profile。profile 定义不同部署环境的整套配置信息，如数据库信息、服务器地址、配置文件信息和用户相关信息等。案例中的 pom. xml 文件定义了 3 个不同的 profile，即 clouddev、mysqldev 和 derbydev，它们分别描述基于云服务器版本的配置信息、mysql 开发版本和 derby 开发版本的配置信息。这里仅以 mysqldev 为例来进行 profile 的定义声明，其核心配置如下：

```
<project>
    …
    <profiles>
        <profile>
            <id> mysqldev </id>
            <activation>
                <activeByDefault> false </activeByDefault>
            </activation>
            <properties>
                <appserver.port>3090 </appserver.port>
                <app.debug.mode> true </app.debug.mode>
                <database.type> MySQL </database.type>
                <database.username> root </database.username>
```

```
                <database.driver>com.mysql.jdbc.Driver</database.
                  driver>
                <database.password>root1234#</database.password>
        <database.url>jdbc:mysql://127.0.0.1:3306/openjava?
          characterEncoding=UTF-8&amp;&amp;useSSL=false
          </database.url>
                <database.ddl.action>update</database.ddl.action>
                  <database.dialect>org.hibernate.dialect.
                  MySQL5Dialect</database.dialect>
                </properties>
            </profile>
        ...
    </profiles>
</project
```

在 pom. xml 的 profile 区域，声明了 id 用于唯一标识 profile 名称。activation 设置其是否为缺省激活的 profile。properties 节点中定义的信息将会在 application. properties 和其他系统配置文件中使用和访问。xml 节点名称为其使用的属性占位符名称，通过这个名称实现属性值的映射替换。

在核心代码分析的最后，可以查看 Spring Boot 应用是如何启动的。整个应用的入口位置定义在 Chapter8Application. java 类中。其核心代码定义如下：

```
@SpringBootApplication
@EnableJpaRepositories(repositoryFactoryBeanClass =
    DataTablesRepositoryFactoryBean.class)
public class Chapter8Application{
    public static void main(String[] args){
        SpringApplication.run(Chapter8Application.class,args);
    }
}
```

main( )方法是整个应用启动的入口，方法中通过 SpringApplicaiton. run( )启动当前应用项目。@ SpringBootApplication 注解用来标注 Chapter8Application 类为 SpringBoot 应用，将按照 Spring Boot 的项目结构启动项目。@ EnableJpaRepositories 注解用于 Spring JPA 的代码配置，这里 respositoryFactoryBeanClass 用以指定创建 Repository 的工厂类，即所有的 Repository 注解声明的实体类将通过这个属性指定的工厂类进行创建。

关于 Spring Boot 框架更多的启动过程信息、项目结构和开发使用，感兴趣的读者可以通过访问 Spring Boot 的官方站点和查找相关资料进行学习。

8.7 案例总结与分析

通过整个研发团队近一个月的辛勤努力，小智商品查询系统终于如期上线了。各个商家可以愉快地使用浏览器进行商品查询和搜索了，研发团队感到非常自豪。整个研发团队经历了一个项目从立项，到需求分析、技术选型、架构设计和代码编写，乃至最终系统上线推送给用户使用的整个过程。技术团队加深了对 Java 语言和 Java 开源社区的各类技术方案的理解，掌握了很多驾驭和使用这些框架的宝贵经验。

在实际软件项目和互联网项目开发中，仅靠一门计算机程序设计语言是远远无法满足实际需求的。对于软件工程师来说，需要了解各类的技术方案和技术框架。掌握数据库、Web 应用开发和系统架构设计等诸多方面的技能和知识，才可以在未来的技术生涯中不断进步，在解决各类技术问题上事半功倍、游刃有余。

Spring Boot 是目前非常主流的 Java 微服务开发技术方案，这个技术方案融合了诸多 Java 社区的各类技术组件和方案，为开发者提供了统一的使用方式和开发体验。在企业实际项目开发中，大幅提升了开发的效率，缩短了项目开发周期，缩小了项目所需的人员规模。Spring Boot 框架目前仍然在不停地迭代升级，2.0 的正式版本已经发布。相信在不远的将来，整个 Java 领域将涌现出越来越多的优秀技术方案。

本章小结

本章以小智商品查询系统的开发为例，展示了软件项目所要经历的各个过程。从项目的立项开始，通过需求功能分析、系统界面的设计、可选技术栈的梳理分析、技术方案的确定、系统架构的设计、编码开发以及最终系统开发完成之后，推送给用户使用的整个过程。让各位读者可以理解项目生命周期的各个环节，相信大家对软件项目的设计过程已经有了直观、真切的认知和理解。

对于一个软件工程师而言，仅仅掌握一门程序设计语言（如 Java）是远远不够的。项目对于开发工程师的技术背景和技能需求是多方面的。对于开发人员来说，需要用技术手段来解决项目中的各类业务问题，很多的技术方案可能之前并没有接触过。这就要求工程师需要快速地学习和掌握这些技术框架，并将它们应用到具体的项目中，解决项目碰到的各类业务问题。因此，对于各位有志于涉足技术领域的读者来说，从决定踏上这条路的那一天起，永远在路上……

参考资料

1. Spring Boot 的官方首页

https://spring.io/

2. 软件项目开发流程

https://blog.csdn.net/omenglishuixiang1234/article/details/51728276

3. Java 学习路线图

https://blog.csdn.net/aa1215018028/article/details/81158544

4. jQuery 官方站点

https://jquery.com/

5. Bootstrap

官方站点：https://getbootstrap.com/

国内社区：http://www.bootcss.com/

自测题

一、单项选择题

1. 在软件项目开发过程中，不会涉及（　　）过程。

　A. 需求分析　　B. 架构设计　　C. 市场推广　　D. 代码开发

2. 下列技术中，不属于前端开发技术的是（　　）。

　A. jQuery　　B. Bootstrap　　C. Reactjs　　D. MySQL

3. 下列技术中，不属于数据存储技术范畴的是（　　）。

　A. Oracle　　B. MySQL　　C. PostgreSQL　　D. IntelliJ IDEA

4. 下列技术中，不是项目构建工具的是（　　）。

　A. Thymeleaf　　B. Ant　　C. Maven　　D. Gradle

5. 下列技术中，不属于 Web 页面开发技术范畴的是（　　）。

　A. HTML　　B. CSS　　C. JavaScript　　D. Derby

6. 在前端开发框架中，下列不属于 JavaScript 框架的是（　　）。

　A. Thymelaf　　B. Angular　　C. jQuery　　D. Vue.js

7. 下列技术中，不属于 Web 应用服务器的是（　　）。

　A. Tomcat　　B. Jetty　　C. Undertow　　D. DB2

二、问答题

1. 在实际项目开发中，主要涉及哪些过程？

2. 要求使用 Java 语言开发基于 Web 的应用系统，请你为项目选择一套技术栈，并列出这些技术框架方案的主要功能。

参 考 文 献

[1] ECKEL B. Java 编程思想：第 4 版. 陈昊鹏，译. 北京：机械工业出版社，2007.

[2] HORSTMANN. Java 核心技术：第 10 版. 卷Ⅰ. 基础知识：英文. 北京：机械工业出版社，2016.

[3] SIERRA，BATES. Head First Java（中文版）. O'Reilly Taiwan 公司，译. 北京：中国电力出版社，2007.

[4] 明日科技. Java 从入门到精通. 4 版. 北京：清华大学出版社，2016.

[5] HORSTMANN. Java 核心技术：第 10 版. 卷Ⅱ. 高级特性：英文. 北京：人民邮电出版社，2017.

[6] 杨冠宝. 阿里巴巴 Java 开发手册. 北京：电子工业出版社，2018.

[7] 关东升. Java 从小白到大牛. 北京：清华大学出版社，2018.